AF861711

Auftrage des Präsidenten
Wissenschaften der DDR
Prof. Dr. Heinrich Scheel

mie-Verlag, 108 Berlin, Leipziger Str. 3—4
Berlin 1978
· 100/239/78
EB Druckhaus Köthen
3166 (2001/78/3N) · LSV 1005

ABHANDLUNGEN

DER AKADEMIE DER WI

Abteilung Mathematik – Naturwisse

Jahrgang 1978 · Nr. 3 N

Festakt und Tagung aus Anlaß des 200. G von Carl Friedrich G

22./23. April 1977 in Berlin

Herausgegeben von Prof. Dr. Hors

bearbeitet von Dr. Wolfgang Ecka

Mit 6 Abbildungen

AKADEMIE-VERLAG ·

Herausgegeben

der Akademie d

von Vizepräside

Erschienen im Aka
© Akademie-Verla
Lizenznummer: 20
Gesamtherstellung
Bestellnummer: 76
Printed in GDR
DDR 24,— M

Vorwort

Namens und im Auftrage des Gauss-Komitees bei der Akademie der Wissenschaften der Deutschen Demokratischen Republik übergebe ich hiermit diesen Sammelband zu Ehren des großen Mathematikers, Astronomen, Physikers und Geodäten Carl Friedrich Gauss aus Anlaß seines 200. Geburtstages am 30. April 1977 der Öffentlichkeit. Möge dieses Werk davon Kunde geben, wie in der DDR mit der ständig wachsenden Rolle der Mathematik bei der Beschleunigung des wissenschaftlich-technischen Fortschritts steigender Wert auch auf die Rezeption des Erbes überragender Mathematiker der Vergangenheit gelegt wird!

Die Beiträge, die in diesem Band vereinigt sind — in erster Linie, aber nicht ausschließlich, Vorträge, die auf dem Festakt und der sich anschließenden wissenschaftlichen Tagung zum Gauss-Jubiläum am 21. und 22. April des Jahres in der Hauptstadt der DDR, Berlin, gehalten wurden —, legen beredtes Zeugnis davon ab, was wir unter Erberezeption verstehen: nicht beschauliche, rückwärts orientierte Rekapitulation, sondern kritische Aneignung erhaltenswerter Traditionen mit der Blickrichtung nach vorn, in die Zukunft, offen gegenüber allen positiven Beiträgen aus dem Ausland.

Es bleibt anzumerken, daß der Band natürlich nicht die ganze Vielfalt der zu einem erheblichen Teil vom Gauss-Komitee angeregten und koordinierten Aktivitäten in der DDR zum 200. Geburtstag von Gauss in Monographien, wissenschaftlichen und populärwissenschaftlichen und Schüler-Zeitschriften und Veranstaltungen, an den Universitäten, Technischen Hochschulen und Schulen, in der Presse, im Rundfunk, im Fernsehen und an anderen Orten widerspiegeln kann und soll. Aber er wird, wie ich hoffe, doch einen lebendigen Eindruck der Zielsetzung unserer Gauss-Ehrung vermitteln: Sie hat das Werk von Gauss in seiner Tiefe und Vielseitigkeit zum Leuchten gebracht, die Vorbildwirkung für die Jugend in seiner rückhaltlosen Hingabe an die Wissenschaft, in seinem unermüdlichen Fleiß, seinem Streben nach Vollendung und seiner bewußten Pflege der innigen Verbindung zwischen Theorie und Praxis verstärkt. Sie hat seine Kraft und Beharrlichkeit gewürdigt, das Fortwirken seiner grundlegenden Ideen verdeutlicht, die Erschließung unveröffentlichter Quellen fortgeführt, breiten Kreisen den Wert der Mathematik in Theorie und Anwendung erneut demonstriert und dergestalt einen angemessenen Beitrag zur Aufnahme und Verarbeitung dessen zu leisten gesucht, was Gauss geschaffen und uns als verpflichtendes Vermächtnis hinterlassen hat.

Es ist mir eine angenehme Pflicht, allen in- und ausländischen Autoren, die ihre Manuskripte zum ehrenden Gedenken von Gauss bereitwilligst zur Verfügung stellten, den aufrichtigen Dank des Gauss-Komitees zum Ausdruck zu bringen. Unser Dank gilt in gleicher Weise dem Vizepräsidenten der Akademie der Wissenschaften der DDR, Herrn Prof. Dr. habil. Dr. h. c. Heinrich Scheel, für ständige verständnisvolle Förderung aller Anliegen des Gauss-Komitees und dafür, daß er die „Abhandlungen" der Akademie für die Veröffentlichung zur Verfügung stellte.

Ilmenau, im Dezember 1977

Prof. Dr. habil. Horst Sachs

Vorsitzender des Gauss-Komitees
bei der
Akademie der Wissenschaften
der DDR

Inhalt

III. Weitere Beiträge zum Jubiläum

Teil I

Festakt im Marx-Engels-Auditorium der Humboldt-Universität Berlin

Helmut Klein

Rektor der Humboldt-Universität, Berlin

Meine sehr verehrten Damen und Herren!

Gestatten Sie mir, zu Beginn dieser Stunde, in der wir uns zusammengefunden haben, des 200. Geburtstages Carl Friedrich Gauss' zu gedenken und ihn und sein Werk zu würdigen, meiner Freude Ausdruck zu geben, hier die Repräsentanten der Sozialistischen Einheitspartei Deutschlands und der Regierung der DDR sowie hervorragende Vertreter des wissenschaftlichen Lebens unseres Landes und die zahlreichen ausländischen Gäste begrüßen zu dürfen.

Eine besondere Freude ist es mir, unter unseren Gästen das Mitglied des Zentralkomitees der SED, den Stellvertreter des Vorsitzenden des Ministerrats der DDR und Minister für Wissenschaft und Technik, Genossen Dr. Herbert Weiz auf das herzlichste zu begrüßen.

Ebenso herzlich darf ich das Mitglied des Zentralkomitees der SED, den Minister für das Hoch- und Fachschulwesen, Genossen Professor Hans-Joachim Böhme begrüßen.

Wir begrüßen herzlich das Mitglied des Zentralkomitees, den Leiter der Abteilung Wissenschaften im Zentralkomitee, den Genossen Johannes Hörnig sowie den Leiter der Abteilung Volksbildung im Zentralkomitee, den Genossen Dr. Lothar Oppermann.

Mit gleicher Freude begrüßen wir alle anderen anwesenden Mitglieder und Kandidaten des Zentralkomitees der SED und Vertreter von Partei und Regierung.

Meine Damen und Herren,

eine ganz besondere Freude und Ehre ist es mir, als persönlichen Vertreter des Generaldirektors der UNESCO Herrn Professor Dr. Nowoshilow, stellvertretender Direktor für exakte und Naturwissenschaften der UNESCO, begrüßen zu dürfen. Die Teilnahme eines Repräsentanten der UNESCO an den Gauss-Feierlichkeiten der DDR manifestiert die hohe Wertschätzung, die auch diese weltweite und bedeutendste internationale Organisation auf dem Gebiet von Erziehung, Wissenschaft und Kultur der Persönlichkeit und dem Wirken Carl Friedrich Gauss' entgegenbringt. Gleichzeitig begrüßen wir die anwesenden Mitglieder des Präsidiums der UNESCO-Kommission der DDR.

Mit großer Freude begrüßen wir auch unsere zahlreichen ausländischen Gäste, so die Delegation der Akademie der Wissenschaften der UdSSR unter der Leitung von Akademiemitglied Prof. A. N. Tichonow,
die Delegation der Polnischen Akademie der Wissenschaften unter der Leitung von Akademiemitglied Prof. Urbanik,
die Delegation der Akademie der Wissenschaften der Volksrepublik Ungarn unter der Leitung von Akademiemitglied Prof. Féjes-Tóth,
die Delegation der Akademie der Wissenschaften der ČSSR unter der Leitung von Akademiemitglied Prof. Novak,

Akademiemitglied Prof. SCHWARZ als Vertreter der Slowakischen Akademie der Wissenschaften,
die Delegation der Akademie der Wissenschaften der Volksrepublik Bulgarien unter der Leitung von Akademiemitglied Prof. ILIEW,
Herrn Prof. HLAWKA als Repräsentanten der Österreichischen Akademie der Wissenschaften,
sowie unsere Gäste aus der
Bundesrepublik, aus Dänemark, Finnland und Schweden.

Es erfüllt uns mit Stolz und ehrt uns auf besondere Art, Gastgeber für diese Feierstunde zur Würdigung der Persönlichkeit und des Schaffens des Mathematikers und Naturwissenschaftlers GAUSS sein zu dürfen, um den sich unsere alma mater seinerzeit mit dem Ruf auf einen ihrer Lehrstühle bewarb, wenn auch — leider — vergebens. Das Riesenwerk, das GAUSS der Welt hinterließ, trug in seinen Schülern und Fortsetzern, die auch hier an unserer Universität wirkten, beachtliche Früchte. Und so sehen sich die Humboldt-Universität zu Berlin und die an ihr tätigen Mathematiker insonderheit der Pflege seines Andenkens verpflichtet. Sie sehen sich eingebunden in die Tradition einer Stätte, an der seit mehr als 150 Jahren und vor allem seit Gründung des Berliner Mathematischen Seminars im Jahre 1860 die großen Leistungen solch hervorragender Gelehrter wie DIRICHLET, JACOBI, KRONECKER und WEIERSTRASS, um nur einige zu nennen, die Entwicklung aller mathematischen Disziplinen entscheidend bestimmten.

Wenn wohl auch unumstritten ist, daß GAUSS vor allem in seinen mathematischen Werken fortlebt, so sei doch auch auf sein Wirken als Astronom, Geodät und Physiker Bezug genommen. Es weist zum einen auf die fast als Symbiose zu bezeichnende Verkettung dieser Wissenschaften mit der Mathematik und auch untereinander hin und belegt zum anderen aber auch die tiefe Einsicht, die GAUSS in diese Zusammenhänge und Abhängigkeiten besaß.

Sie erlauben mir die ausdrückliche Betonung dieses Gedankens, der, wie ich meine, in unserer täglichen wissenschaftlichen Arbeit noch keineswegs zur praktizierten Selbstverständlichkeit geworden ist, und ich möchte auf die sich heute strenger denn je stellende Forderung verweisen, der Spezialisierung der Wissenschaften ihre Verknüpfung und gegenseitige Befruchtung zur Seite zu stellen. GAUSS nutzte in beispielhafter Weise dieses Wechselspiel und sah darin eine wesentliche Aufgabe für die Wissenschaften und für die, die sie betreiben. Eine Rückbesinnung und Verpflichtung darauf erscheint mir als eine Ehrung und Würdigung des Genies GAUSS', die uns heute gut zu Gesicht steht.

Heinrich Scheel
Vizepräsident der Akademie der Wissenschaften der DDR, Berlin

Hochansehnliche Festversammlung!

Die Pflege, die das humanistische und progressive nationale und internationale Kulturerbe der Vergangenheit in der Deutschen Demokratischen Republik erfährt, ist integrierter Bestandteil unserer sozialistischen Kultur. Diese Pflege gilt den großen Werken aus dem Reiche der Dichtung, der Musik und der bildenden Kunst ebenso wie den bleibenden Schöpfungen auf allen Gebieten der Betätigung menschlichen Geistes, darunter selbstverständlich auch den bahnbrechenden Ergebnissen in der Mathematik.

Diese Wissenschaft ist angesichts ihrer wachsenden Rolle bei der Beschleunigung des wissenschaftlich-technischen Fortschritts, angesichts der zunehmenden Durchdringung anderer Wissenschaften mit mathematischen Methoden — darunter auch solcher Wissenschaften, die mathematischer Behandlung zunächst ganz unzugänglich erschienen — in unserer Republik immer besonders gefördert worden. Solche Förderung setzt voraus und erzeugt zugleich ein Verhältnis zu den mathematischen Traditionen, das sich beileibe nicht nur, aber auch in Festsitzungen wie der heutigen manifestiert. So haben wir 1955 gemeinsam mit unseren sowjetischen Freunden des 100. Todestages von Carl Friedrich Gauss und 1957 des 250. Geburtstages Leonhard Eulers gedacht, so ehren wir heute wiederum Carl Friedrich Gauss, dessen Geburtstag sich am 30. April zum 200. Male jährt, als einen der bedeutendsten Mathematiker, die die gesamte Geschichte dieser alten Wissenschaft kennt.

Einen Einblick in die Elemente der Größe und in den wahrhaft revolutionären und revolutionierenden Charakter des Gaussschen Gesamtwerkes, das seiner Zeit weit vorauseilte, wird der Festvortrag des Ordentlichen Mitgliedes unserer Akademie, Herrn Hans Reichardts, vermitteln. Mir seien im Rahmen dieser Begrüßung lediglich einige Worte über die Beziehungen von Gauss zu unserer Akademie und über seine Vorbildwirkung gestattet.

Fast 45 Jahre lang hat Gauss der Berliner Akademie der Wissenschaften als ihr Auswärtiges Mitglied angehört, das er 1810 auf Veranlassung Wilhelm von Humboldts und auf Betreiben Alexander von Humboldts geworden war. Wenn die mehrfach unternommenen Bemühungen, Gauss nach Berlin zu berufen, zu keinem Erfolg geführt haben, so tragen diese beiden Gelehrten daran ganz gewiß keine Schuld. Der Konservatismus in Gauss' ganzer Lebensführung stand vor allem einer solchen Verpflanzung entgegen. Dennoch hat Gauss immer betont, daß ihn die Mitgliedschaft in unserer Akademie mit besonderem Stolz erfülle. Und umgekehrt war sich die Akademie sehr wohl des Glanzes bewußt, den ihr das Mitglied Gauss zu geben vermochte. In dem Glückwunschschreiben, das die Akademie ihm auf Initiative Alexander von Humboldts aus Anlaß seines fünfzigjährigen Doktorjubiläums 1849 sandte, hieß es: „Wie Großes fast immer im Gefolge von Großem zu erscheinen pflegt, so waren auch GAUSS' seltene Erfolge auf dem Felde der reinen Mathematik von ähnlichen auf dem Gebiet der angewandten begleitet." Gerade dieser Punkt ist es aber, der unsere Verehrung für GAUSS sehr wesentlich mitbestimmt.

Bei aller Hochschätzung der mathematischen Grundlagenforschung ohne Absehbarkeit des späteren Nutzens hat sich GAUSS immer wieder auf den festen Boden der handgreiflichen Praxis begeben, um hier Anregung und Kraft zu neuem Höhenflug der Gedanken zu gewinnen; derart verlor er bei der Arbeit im Abstrakten nie die Orientierung an dessen Zusammenhang mit der realen Welt aus dem Blick. Erklärtermaßen erblickte er in der Wissenschaft eine Freundin der Praxis. Bei meisterlichem Gebrauch des Kalküls blieb er sich stets der ursprünglichen Bedingungen für dessen Handhabung bewußt – ganz im Geiste der Warnung GOETHES vor dem „blinden" Kalkül – und betrachtete die Produkte des „Mechanismus" wie er zu sagen pflegte, niemals über die klare Befugnis hinaus als sein Eigentum; der Kalkül war für ihn ein Hilfsmittel, um ein zuvor gedanklich ganz durchdrungenes Problem vollständig zu erledigen.

Als GAUSS 1828 als persönlicher Gast ALEXANDER VON HUMBOLDTS, dessen 200. Geburtstag wir übrigens vor acht Jahren in eben diesem Auditorium maximum feierlich begangen haben, in Berlin weilte, wurde der feste Grund für die Verwirklichung einer schon früher bei ihm in Ansätzen vorhandenen Absicht gelegt, die Phänomene des Geomagnetismus systematisch zu erforschen. Wie GAUSS auf allen Gebieten, die er der mathematischen Behandlung unterzog, Neuland betrat – mochte es sich nun um die rechnende Astronomie, um wahrscheinlichkeitstheoretische Fragen oder um solche der Optik, des Elektromagnetismus, der geodätischen Vermessung oder der Regulierung von Maß und Gewicht handeln –, so hat er auch auf diesem Felde der Theorie und Praxis der erdmagnetischen Forschung wahre Pionierleistungen erzielt. Daß wesentliche Impulse hierzu von seinem Berlin-Aufenthalt ausgegangen sind, verdient, wie ich meine, hier und heute der Hervorhebung.

Die geniale Kreativität dieses Princeps mathematicorum ist derart überwältigend und auf so vielfältige Weise vorbildlich und leitbildhaft, daß sein Konservatismus in Lebensführung und Gesinnung, der ihn eindeutig hinderte, sich auf der Höhe der gesellschaftlichen Aufgaben seiner Zeit zu bewegen, für uns heute durchaus unerheblich ist. Erheblich sind für uns seine kühnen, in die Zukunft weisenden Taten auf wissenschaftlichem Gebiet.

Vorbildlich nennen wir sein unbeirrbares Streben nach Wahrheit und seinen beharrlichen Fleiß, dem neben der genialen Intuition eine sehr große Bedeutung in seinem Forschungspensum einzuräumen ist. Diese Bestandteile seines Wirkens erheben wir zur ethischen Zielsetzung für jeden Wissenschaftler, Studenten und Schüler unseres sozialistischen Staates und nutzen wir in unmittelbarer Verbindung mit der Traditionspflege, um Erfolg, Freude und Befriedigung am und im Beruf zu vermitteln.

Als vorbildlich für unsere mathematischen Grundlagenforscher bezeichnen wir, wie GAUSS die Anwendungen bis hin zur Technik der Meßinstrumente in den Kreis seiner Forschungen einbezog. Wenn er auch seiner geliebten Zahlentheorie den höchsten Rang in der Mathematik eingeräumt hat, so versagte er seine intellektuelle Kraft doch nicht den notwendigen Lösungen praktischer Probleme zum Wohl seiner Mitmenschen. Es war ihm ein Genuß des Herzens, ich zitiere, Menschen die Mühsale, die Beschwerden des Lebens zu erleichtern.

Vorbildlich nenne ich seinen Wissensdrang, der beispielsweise den über Sechzigjährigen noch veranlaßte, die russische Sprache bis zur vollständigen Beherrschung zu erlernen.

Vorbildlich nenne ich endlich die Förderung, die er im Zusammenwirken mit seinem Freunde Alexander von Humboldt talentierten jungen Wissenschaftlern hat angedeihen lassen. So wenig ihm auch die Vorlesungstätigkeit lag, hat er doch viel hilfreiches Verständnis für begabte Nachwuchskräfte bewiesen. Ganz im Sinne von Gauss ist es, wenn auf den Olympiaden junger Mathematiker der Nachwuchs um Siegeslorbeeren ringt und sich auf die künftigen Aufgaben vorbereitet.

Unsere sozialistische Gesellschaftsordnung bietet den Mathematikern Möglichkeiten der Forschung und der Anwendung in einem Umfang und Ausmaß, von dem sich der noch unter feudalen Zwängen aufgewachsene Gauss nichts hat träumen lassen. Seien wir uns dessen anläßlich dieses Jubiläums erneut bewußt und nutzen wir die Chancen zugunsten der Wissenschaft und der materiellen Produktion, zum Wohle unseres Staates und Volkes. Das wäre sicher die sinnvollste Ehrung von Carl Friedrich Gauss.

Juri Viktorovich Novožilov (Юрий Викторович Новожилов)
Stellvertreter des Generaldirektors der UNESCO

Hochverehrter Herr Vorsitzender des Ministerrates der DDR,
hochverehrter Herr Rektor,
hochverehrter Herr Präsident, liebe Kollegen!

Im Namen des Generaldirektors der UNESCO möchte ich vor allem der tiefen Dankbarkeit für die Einladung Ausdruck geben, an den Feierlichkeiten anläßlich des 200. Geburtstages des großen deutschen Gelehrten Carl Friedrich Gauss teilzunehmen. Die UNESCO ist überzeugt, daß die Würdigung der Jubiläen bedeutender Gelehrter immer ein Ereignis von großem intellektuellem Wert darstellt. Solche Feierlichkeiten geben uns erneut die Möglichkeit, uns des großen Weges, den diese bedeutenden Wissenschaftler durchmessen haben, und des großen Beitrages zu erinnern, den sie zur Entwicklung der Wissenschaft geleistet haben. Und mehr noch, wenn wir im Verlaufe solcher Jubiläen über den Einfluß der Ideen dieser bedeutenden Gelehrten auf die Entwicklung der Wissenschaft nachdenken, denken wir dadurch an die Entwicklung der Wissenschaft selbst. Wir erhalten weiterhin die Möglichkeit, den Prozeß des wissenschaftlichen Schöpfertums besser zu verstehen. Des weiteren stellen Jubiläen von Gelehrten eine der die Menschen zusammenführenden Kräfte dar, weil die Wissenschaft international ist und die Errungenschaften der Wissenschaften der ganzen Welt gehören. Aus diesem Grunde erachtet es die UNESCO stets als ihre Pflicht, an Festveranstaltungen dieser Art teilzunehmen.

Aber der Name von Gauss ist ein Name besonderer Bedeutung. Gauss stellt eine Epoche in der Wissenschaft dar. Er ist eines der herausragendsten Genies der Wissenschaft, dessen Werk in einigen Fällen die Entwicklung der Wissenschaft für ein Dreivierteljahrhundert bestimmt hat. Gauss wurde auf deutschem Boden geboren, hat sein ganzes Leben auf deutscher Erde gearbeitet, aber sein Werk gehört der ganzen Welt. Deshalb ist auch das Gauss-Jubiläum ein Jubiläum der gesamten wissenschaftlichen Welt. Und das ist ein zusätzlicher Grund, weshalb die UNESCO so erfreut war, an diesem Jubiläum teilnehmen zu können.

Eines der Mandate der UNESCO ist die Entwicklung der Kultur. Es ist unsere tiefe Überzeugung, daß die wissenschaftliche Methode des Denkens einen Teil der heutigen Kultur darstellt. Und wir sind überzeugt, daß das Gauss-Jubiläum ein guter Zeitpunkt ist, an dasjenige zu denken, was Gauss auch zur Entwicklung der Kultur beigetragen hat. Das Bestreben von Gauss, seine Fähigkeit, neue Begriffe und Konzeptionen einzuführen, sind für unsere Denkweise von grundlegender Bedeutung. Und jetzt, wo die Wissenschaft eine hohe Entwicklungsstufe erreicht hat, wo sich verschiedene Disziplinen weit voneinander entfernt haben, können wir nicht umhin, uns der Bemühungen und Versuche von Gauss zu erinnern, die Mathematik zu einer einheitlichen harmonischen Disziplin zu gestalten.

Wir hoffen, daß die Vorträge dieser Konferenz, dieser Festveranstaltung in andere Länder verbreitet werden.

Am Schluß möchte ich nochmals der Befriedigung der UNESCO anläßlich der Organisierung dieser Festveranstaltung und der Zuversicht Ausdruck verleihen, daß das festliche Begehen des Gauss-Jubiläums dem Fortschritt von Wissenschaft und Technik dienen wird.

Глубокоуважаемый председатель Совета Министров ГДР,
глубокоуважаемый товарищ ректор,
глубокоуважаемый президент, дорогие коллеги!

От имени генералького директора ЮНЕСКО мне хотелось бы прежде всего выразить глубокую благодарность за приглашение прибыть и участвовать в юбилее, посвящённом 200-летию со дня рождения великого немецкого учёного Карла Фридриха Гаусса. ЮНЕСКО убеждено, что празднование юбилеев великих учёных представляет собой всегда событие большого интеллектуального значения. Такие празднования дают нам вновь возможность напомнить о том большом пути, который прошли эти великие учёные и о том большом вкладе, который они внесли в развитие науки. Но более того, когда мы в ходе таких юбулеев размышляем о влиянии идей на развитие науки, о влиянии идей таких великих учёных на развитие науки мы, тем самым, размышляем о самом развитие науки. Мы получаем ещё одну новую возможность лучше понять процесс научного творчества. Далее юбилеи учёных представляют собой одну из объединяющих сил между людьми, поскольку наука международна и научные достижения принадлежат всему миру. По этим причинам ЮНЕСКО считает всегда своим долгом участвовать в празднованиях такого типа.

Но имя Гаусса — это имя особого значения. Гаусс представляет собой эпоху в науке. Он представляет собой один из величайших гениев науки, труды которого в некоторых случаях определили развитие науки на три четверти века. Гаусс родился на немецкой земле, всю жизнь работал на немецкой земле, но труды его принадлежат всему миру. Поэтому юбилей Гаусса — это юбилей всего научного сообщества мира. И это есть дополнительная причина, почему ЮНЕСКО было так радо участвовать в этом юбилее.

Одним из мандатов ЮНЕСКО является развитие культуры. Наше глубокое убеждение заключается в том, что научный метод мышления есть часть современной культуры, и мы убеждены, что юбилей Гаусса — это хорошее время подумать о том, что внёс Гаусс также в развитие культуры. Стремление Гаусса, его умение вводить новые понятия и концепции существенно для нашего образа мышления. И теперь, когда наука достигла существенного развития, различные дисциплины лежат далеко друг и друга, мы не можем не вспомнить о стараниях и попытках Гаусса сделать из математики одну стройную дисциплину.

Мы хотели бы надеяться, что труды этого совещания, этого празднования будут разостланы в другие страны.

В заключение мне хотелось бы выразить ещё раз удовлетворение ЮНЕСКО по поводу организации этого празднования и выразить уверенность в том, что празднование юбилея великого Гаусса послужит ещё раз прогрессу науки и техники.

HANS REICHARDT
Ordentliches Mitglied der Akademie der Wissenschaften der DDR, Berlin

Festvortrag

Magnifizenz, Herr Präsident, meine sehr verehrten Damen und Herren!

Der Akademie der Wissenschaften der DDR, der Humboldt-Universität Berlin und der Mathematischen Gesellschaft der DDR möchte ich zunächst meinen Dank für die Ehre aussprechen, hier über GAUSS' überragendes wissenschaftliches Genie sprechen zu dürfen. Das Lebenswerk dieses Mathematikers, Astronomen, Geodäten und Physikers ist ebenso umfangreich wie hochbedeutend, und so erscheint es sehr schwierig, in einer Stunde einen richtigen Eindruck davon zu vermitteln. Wegen der Zusammensetzung des Auditoriums will ich nun versuchen, ein gewisses Prinzip von WOLFGANG AMADEUS MOZART zu befolgen, das für ihn darin bestand, so zu komponieren, daß die Fachleute erkennen, warum seine Musik schön ist, während die Laien sich über seine Kompositionen freuen sollen, ohne daß sie zu wissen brauchen, warum.

Es gibt nur bei wenigen Mathematikern so viele verschiedene Möglichkeiten, sich bei ihnen selbst über ihr Werk zu unterrichten, wie bei GAUSS. Zunächst stehen die Gesammelten Werke in 12 dicken und großen Bänden zur Verfügung. Sie enthalten nicht nur seine Bücher und seine Abhandlungen, sondern auch, was nur den wenigsten bekannt ist, Besprechungen von eigenen Arbeiten und von Büchern anderer Autoren. Vor allem die Autorreferate sind äußerst interessant, weil darin meist mehr an Motivierungen als in den Originalarbeiten selbst steht. Außerdem hat GAUSS oft genug Gedanken allgemeinerer Natur darin ausgesprochen oder manchmal auch nur vorsichtig angedeutet. Ähnliches gilt von Briefen und Zitaten daraus, die in passender Auswahl an die einzelnen Abschnitte angehängt sind sowie geeignete Stücke aus dem Nachlaß. Weiter ist den Gesammelten Werken ein Faksimile des Tagebuches von GAUSS beigegeben, das von einer Reihe von Wissenschaftlern wie FELIX KLEIN, BACHMANN, STÄCKEL, SCHLESINGER usw. kommentiert wird, und schließlich gibt es noch von etwa denselben Mathematikern eine Reihe von Aufsätzen, die als Materialien für eine wissenschaftliche Biographie von GAUSS gedacht sind. Sie ist jedoch noch nicht geschrieben.

Eine große Überraschung erlebt man, wenn man sich dem Briefwechsel von GAUSS zuwendet. Die Korrespondenz mit Mathematikern und Physikern ließe sich in einem dünnen Band unterbringen. Der Briefwechsel mit seinen astronomisch-geodätischen Freunden BESSEL, GERLING, OLBERS und SCHUMACHER jedoch füllt 10 umfangreiche Bände, zu denen in den letzten Jahrzehnten noch 2 Ergänzungsbände hinzugekommen sind. Wenn auch der größte Teil dieser Briefe sich auf astronomische und geodätische Einzelbeobachtungen, Rechenergebnisse und technische Einzelheiten bezieht, so findet man doch so viele sehr persönlich gehaltene Bemerkungen und Ausführungen über GAUSS' Beziehungen zu rein mathematischen Problemen und zu Fragen über die Anwendungen, daß man einen tiefen Eindruck von GAUSS' Einstellung zur Wissenschaft und zur Welt empfängt.

Eigenartig war auch GAUSS' Einstellung zur Vorlesungstätigkeit. Er hatte eine ausgesprochene Abneigung dagegen, Vorlesungen zu halten. So glaubte er, damit seine Zeit wegzuwerfen, und er klagte über die Schwierigkeit, sich vor und nach der Vorlesung umkonzentrieren zu müssen. Trotzdem gibt es eine schöne Schilderung von DEDEKIND über GAUSS' Vorlesungen: „GAUSS sprach ganz frei, sehr deutlich, einfach und schlicht; wenn er aber einen neuen Gesichtspunkt hervorheben wollte, wobei er ein besonders charakteristisches Wort gebrauchte, so hob er wohl plötzlich den Kopf, wandte sich zu einem der Nachbarn und blickte ihn während der nachdrücklichen Rede ernst mit seinen schönen, durchdringenden blauen Augen an. Das war unvergeßlich."

Auf seine Kollegen in der Fakultät wirkte GAUSS wie der Löwe auf die Tiere in der Fabel.

Wenn sich auch eine ganze Reihe von Mathematikern Schüler von GAUSS nennen konnten, so gab es doch keine eigentliche GAUSSsche Schule in der Mathematik, sondern die Schüler hatten vielleicht einige oder auch gar keine Vorlesungen bei GAUSS gehört, wohl aber seine Werke studiert, und daraus konnte man viel lernen, da GAUSS großen Wert auf die Darstellung seiner Publikationen legte. So ging jeder seiner Schüler einen ganz individuellen Weg.

Auf dem Gebiet der Astronomie und Geodäsie dagegen kann man von einer GAUSSschen Schule sprechen. So gehörten dazu außer den oben schon genannten (selbst OLBERS, der zunächst väterlicher Freund von GAUSS war, wurde bald zum Ratsuchenden) vor allem NICOLAI, MOEBIUS, ENCKE, v. LINDENAU, WACHTER, TITTEL und STEINHEIL. Wie sich GAUSS seine Schüler vorstellte, schrieb er an deren ersten, an SCHUMACHER: „Einen solchen muß man nicht bei der Hand fassen und zum Ziel führen, sondern nur von Zeit zu Zeit ihm Winke geben, um sich selbst auf dem kürzesten Wege hinzufinden."

Bei großen Wissenschaftlern pflegt man darauf hinzuweisen, daß sie keine isolierten Erscheinungen sind, sondern daß ihr Werk dem Boden entwachsen ist, den ihre kleineren Vorgänger kultiviert haben. Bei GAUSS kommt man mit einer solchen Auffassung nicht aus. Sein überragendes Genie konnte sich nur auf dem Fundament erheben, das die Mathematiker von EUKLID an gelegt hatten. Die BÜCHER EUKLIDS stammten ihrem Inhalt nach nicht nur von ihm selbst, sondern sie stellten eine Zusammenfassung des mathematischen Wissens seiner Zeit dar, und zwar hat EUKLID in diesem Lehrbuch die Mathematik in dem Sinn als Wissenschaft dargestellt, daß sowohl in der Zahlentheorie wie vor allem in der Geometrie gewisse Grundtatsachen an die Spitze gestellt wurden und daraus alles andere rein logisch folgte. Vor allem die Axiomatisierung der Geometrie wirkte trotz mancher Mängel als Vorbild für die Entwicklung aller Wissenschaften. GAUSS löste als erster Probleme, die auf EUKLID direkt zurückgingen und die also von den Mathematikern zweier Jahrtausende nicht hatten bewältigt werden können.

Für GAUSS gab es zwei Mathematiker, die er als seine Vorbilder ansah. Der erste war ARCHIMEDES, dessen große Schöpfungen er bewunderte wie z.B. in der Mathematik die Exhaustions-Methode, besonders in ihrer Anwendung auf Kreis und Parabel, die Ausnützung der Brennpunktseigenschaften von Ellipse und Parabel beim Hohlspiegel, und in der Mechanik das Hebelgesetz und das Prinzip des Auftriebes. Die weitere Entwicklung der Mathematik erfolgte in enger Verbindung mit der Astronomie und der Physik, und die Methoden von KOPERNIKUS, GALILEI und KEPLER verdichteten sich immer mehr zu einer Infinitesimalrechnung, die dann in der Fluxionsrechnung von NEWTON, dem zweiten Vorbild von GAUSS, und in der Differential- und Integralrechnung von LEIBNIZ ihre Krönung fand. Die neuen Möglichkeiten, die in dem Differentialkalkül schlummerten, faszinierten die nachfolgenden Generationen von Mathematikern, von denen als Beispiele hier nur die Dynastie der BERNOULLIS und EULER genannt seien, und es setzte eine überschäumende Entwicklung ein. Man arbeitete mit Reihenentwicklungen, berechnete Integrale, führte neue Funktionen ein, löste gewöhnliche und partielle Differentialgleichungen, erfand die Variationsrechnung und beschäftigte sich mit Wahrscheinlichkeitsrechnung. Im Rausch der Entdeckerfreude verlor man manchmal das rechte Maß und man kam zu Fehlschlüssen, die große Streitigkeiten auslösten und oft genug nicht gleich geklärt werden konnten. Ich denke dabei etwa an die schwingende Saite, an die Analysis im Komplexen und an das BUFFONsche Nadelproblem. Aber nicht nur die großen Entdeckungen phantasievoller Mathematiker, sondern auch deren Fehler können fruchtbar für die weitere Entwicklung werden, und diese Situation fand GAUSS in der Analysis vor. In der Zahlentheorie herrschte dagegen eine große Klarheit. Im Anschluß an EUKLID hatte FERMAT seine große, bis heute noch ungelöste Vermutung formuliert; doch konnte er wichtige Teilfälle schon erledigen. EULER behandelte ähnliche Probleme, LAGRANGE und LEGENDRE untersuchten quadratische Formen und verwandte Dinge. So war die Zahlentheorie vor GAUSS zu einer Ansammlung von nebeneinander stehenden Problemen, Methoden und Resultaten geworden, für die man noch kein rechtes einigendes Band gefunden hatte. Noch anders lagen die Dinge in der Geometrie. Kaum war das Euklidische Axiomensystem bekanntgeworden, versuchte man, das Parallelenaxiom aus den anderen Axiomen herzuleiten. Alle sich durch zwei Jahrtausende hin erstreckenden Versuche, das Parallelenproblem zu lösen, waren gescheitert, und noch in den verschiedenen Auflagen eines Geometriebuches von LEGENDRE sah man eine Entwicklung sich vollziehen, bei der am Anfang ein vermeintlicher Beweis des Parallelenaxiomes stand und die mit dem Verzicht auf die Lösung dieses Problemes und mit Resignation endete.

Ein weiteres Problem aus Euklids Zeiten war das der Kreisteilung, d.h. der Konstruktion eines regelmäßigen Vieleckes mit Zirkel und Lineal. Man kannte die Konstruktionen nur des regelmäßigen Dreiecks, Vierecks, Fünfecks, Fünfzehnecks und aller derjenigen Vielecke, deren Seitenzahlen durch wiederholte Verdopplung aus den genannten hervorgehen. Ebenso waren noch unerledigt das Delische Problem, die Verdoppelung des Würfels, die Dreiteilung des Winkels und die Quadratur des Kreises. — Das war in großen Zügen die Situation in der Mathematik gegen Ende des 18. Jahrhunderts.

Will man nun GAUSS in seiner ganzen Größe erfassen, so genügt es nicht, seinen Weg von der Schulzeit an zu verfolgen. GAUSS selbst berichtet aus seiner Kindheit, daß er eher richtig rechnen als sprechen konnte, und es wird erzählt, daß er in seinem 4. Lebensjahr beim Anhören einer Lohnabrechnung seines Vaters einen Fehler bemerkt und gleich das richtige Endergebnis angegeben habe. GAUSS hatte dann auf der Volksschule in Braunschweig, die er ab 1784 besuchte, das besondere Glück, daß seine ungewöhnliche Begabung sofort entdeckt und gefördert wurde, und zwar war es BARTELS, der Gehilfe seines Lehrers BÜTTNER, der selbst mathematisch sehr interessiert war und mit dem jungen GAUSS zusammen arbeitete. BARTELS war nur 8 Jahre älter als GAUSS und wurde später Professor für Mathematik in Kasan und in Dorpat. Normalerweise hätte GAUSS auf Grund seiner Herkunft — seine Eltern lebten in sehr einfachen Verhältnissen — die Volksschule bis zum Abschluß besuchen müssen. Wahrscheinlich auf Grund seiner besonderen Leistungen kam er jedoch 1788 auf das Gymnasium Catharineum, während

Bartels gleichzeitig zum Collegium Carolinum, der späteren Technischen Hochschule, überging. Hier wirkte Zimmermann als Professor für Mathematik und lernte den jungen Gauss durch Bartels kennen. 1791 stellte ihn Zimmermann, der großes Verständnis für die ungewöhnliche Begabung von Gauss zeigte, dem Herzog von Braunschweig vor, der daraufhin Gauss finanziell lange Zeit unterstützte. 1792 kam Gauss ebenfalls auf das Carolinum und blieb dort bis 1795. Aus der Zeit von 1791–1795 weiß man viel über die mathematische Tätigkeit von Gauss, die dadurch charakterisiert war, daß Gauss, ausgehend von sehr umfangreichen Zahlenrechnungen, mit einer unvorstellbaren Sicherheit zu Fragestellungen kam, deren Behandlung sowohl für sein ganzes Leben wie auch für die Entwicklung der Mathematik entscheidend wurde.

Ab 1791 beschäftigte er sich mit dem arithmetisch-geometrischen Mittel zweier Zahlen, das man erhält, wenn man von zwei positiven Zahlen das arithmetische und das geometrische Mittel bildet und diesen Prozeß unendlich oft wiederholt. 1792 vermutete er auf Grund von umfangreichen Zählungen in Primzahltafeln den Primzahlsatz, eine asymptotische Formel für die Anzahl der Primzahlen unterhalb einer gegebenen Größe, der allerdings erst etwa 100 Jahre später nach langen Entwicklungen der Funktionentheorie von Hadamard und de la Vallée-Poussin bewiesen werden konnte; selbst Vorstufen dazu wurden erst etwa 1850 von Tschebyscheff erreicht. Ebenfalls 1792, also im Alter von 15 Jahren, begann Gauss sich Gedanken darüber zu machen, wie eine Geometrie aussehen müsse, in der das Parallelenaxiom nicht gilt. Er hoffte natürlich, dabei auf einen Widerspruch zu stoßen und damit das Parallelenaxiom indirekt zu beweisen, doch fand er nur Sätze, die der euklidischen Anschauung zwar verständlicherweise sehr fremd, aber doch untereinander gut verträglich waren. 1793–1794 erfolgte die erste große Entdeckung, der Zusammenhang zwischen dem arithmetisch-geometrischen Mittel und den ϑ-Funktionen. Ab 1794 verwandte Gauss die Methode der kleinsten Quadrate als eine Selbstverständlichkeit und wollte später darauf wetten, daß diese Methode schon lange vor ihm bekannt gewesen sei, was aber nicht der Fall war.

Seine Meisterschaft im Zahlenrechnen und sein Zahlengedächtnis trainierte Gauss auch bereits in seinen Schuljahren, und zwar beim Berechnen und Ausnützen von umfangreichen Tabellen. Einen Beweis für seine rechnerische Zähigkeit liefert z.B. die Tafel der periodischen Dezimalbruchentwicklungen für die Reziproken der Primzahlpotenzen unterhalb von 1000. Das klingt noch relativ harmlos, aber die längste darin ausgerechnete Periode, die von 1/983, besitzt 982 Stellen, nachzuschlagen in den Gesammelten Werken II, Seite 433.

Natürlich rechnete Gauss nicht blind drauflos, sondern suchte nach jedem sich irgendwie nur anbietenden Kniff zur Abkürzung der Rechnungen. Ein Kniff aber, der zweimal angewandt wird, wird zur Methode, und so kommt man vom Zahlenrechnen zum Erkennen von allgemeinen Gesetzmäßigkeiten, die man bei jeder passenden Gelegenheit zur weiteren Vereinfachung von Berechnungen verwenden kann. So schaukeln sich Theorie und Praxis gegenseitig auf.

Als letztes Beispiel für Gauss' mathematische Leistungen während der Schulzeit sei die Theorie der quadratischen Reste genannt. Wieder stellte er eine große Tabelle auf und las daraus die wichtigste Gesetzmäßigkeit ab, das heute sogenannte quadratische Reziprozitätsgesetz, das aus einer eigenartigen Symmetrie-Eigenschaft besteht. Jedoch konnte er einen Beweis dafür während seiner Schulzeit nicht finden. Nun, Euler, der genau so vorgegangen war, hatte das Gesetz während seines ganzen Lebens nicht beweisen können, und der Beweis, den LEGENDRE angab, war insofern ungenügend, als er sich auf einen noch viel schwierigeren Satz stützte, den Satz von der arithmetischen Progression, für den erst DIRICHLET mit einer Methode, die selbst GAUSS in Bewunderung versetzte, 1837 einen Beweis fand.

GAUSS hatte in der Schule auch ausgezeichnete Leistungen in den alten Sprachen aufzuweisen gehabt, so daß er nicht wußte, als er zu studieren begann, ob er sich der Mathematik oder der Philologie zuwenden sollte. Eigentlich hätte er auf der Landesuniversität des Herzogtums Braunschweig in Helmstedt studieren müssen, aber er erhielt die Möglichkeit, nach Göttingen zu gehen, weil dort eine bessere Universitätsbibliothek als in Helmstedt zur Verfügung stand. Finanziert wurde das Studium vom Braunschweiger Herzog, und GAUSS erhielt somit ein Auslandsstipendium, denn Göttingen gehörte zum damaligen Kurfürstentum Hannover. Zum Studium der Mathematik entschloß sich GAUSS erst nach seinem ersten Semester, als er während der Semesterferien in Braunschweig am 30. März 1796, noch ehe er aus dem Bett aufgestanden war, erkannte, daß der innere Zusammenhang der Wurzeln der Kreisteilungsgleichung zahlentheoretischer Natur war. Seine Erkenntnis war so deutlich, daß er als erste Anwendung die Konstruktion des regelmäßigen Siebzehnecks auf der Stelle machen konnte. Mit dieser scheinbaren Kuriosität war seit 2000 Jahren der erste neue Schritt auf dem Gebiet der Kreisteilung getan, und das war, wie GAUSS in einer vorläufigen Mitteilung im „Intelligenzblatt der Allgemeinen Literaturzeitung“ von 1796 bekanntgab, nur ein Corollar zu einer allgemeinen Theorie von größerem Umfang, die noch nicht ganz vollendet sei, nach ihrer Vollendung aber sofort dem Publikum vorgelegt werden solle. Diese allgemeine Theorie der Kreisteilung ist der dritte Teil der „Disquisitiones arithmeticae“, das Buch, das für mich das größte Wunder in der gesamten mathematischen Literatur ist. Daran zu schreiben begann GAUSS 1796, und die Arbeit dauerte bis 1798. GAUSS nannte diese Zeit später seine zwei glücklichsten Jahre. Der erste Teil der Disquisitiones enthält die elementare Zahlentheorie, wobei er einen Kalkül einführte, der für die Zahlentheorie ebenso bedeutungsvoll und mit ebenso glücklich gewählter Schreibweise versehen ist wie der LEIBNIZsche Differential- und Integralkalkül für die Infinitesimalrechnung. Es handelt sich um den zahlentheoretischen Begriff der von GAUSS sogenannten Kongruenz nach einem Modul m, der eine Verfeinerung der Teilbarkeitslehre bedeutet, nämlich das Rechnen mit den Resten, die bei der Division beliebiger Zahlen durch m bleiben. Im täglichen Leben begegnet uns dieser Begriff dauernd. Der Umgang mit geraden und ungeraden Zahlen bedeutet das Rechnen modulo 2, bei den Wochentagen rechnet man mod. 7, bei der Winkelmessung in Gradzahlen rechnet man mod. 360, und auf der Uhr rechnet man mit den Stunden mod. 12, mit den Minuten und Sekunden mod. 60. Die bekannte Rechenprobe mit der Quersumme beruht auf dem Rechnen mod. 9. Allgemein heißen zwei Zahlen kongruent mod. m, wenn sie bei Division durch m den gleichen Rest lassen. Die Bezeichnung Kongruenz hat GAUSS ganz bewußt der Geometrie entlehnt, wo zwei Figuren zueinander kongruent heißen, wenn sie miteinander zur Deckung gebracht werden können. Aus dem gleichen Grund hat GAUSS auch in der Zahlentheorie das gleiche Kongruenzzeichen gewählt wie in der Geometrie. Das gemeinsame an beiden Kongruenzbegriffen liegt darin, wenn wir es mit unserer heutigen mengentheoretischen Ausdrucksweise aussprechen wollen, daß in beiden Fällen eine Äquivalenzrelation vorliegt. Der erste Teil der Disquisitiones gipfelt nun im Beweis des quadratischen Reziprozitätsgesetzes, den GAUSS inzwischen in einem Jahr angestrengtesten Nachdenkens gefunden hatte. Dieser erste Beweis durch vollständige Induktion ist eine Genieleistung ersten Ranges. Man kann daher sagen, daß Gauss schon im ersten Teil seiner Disquisitiones sowohl inhaltlich als auch systematisch weit über seine Vorgänger hinausgegangen ist. Das gleiche gilt mindestens im gleichen Maße für den zweiten Teil, in dem eine neue Theorie der quadratischen Formen, vor allem der binären, vom zahlentheoretischen Standpunkt aus aufgestellt wird. In einer solchen Theorie geht es hauptsächlich um Äquivalenz gegenüber ganzzahligen unimodularen Substitutionen der Veränderlichen, und in einem solchen Fall pflegt man nach Normalformen und vollständigen Invariantensystemen zu suchen. Die erste Aufgabe wird durch eine Reduktionstheorie erledigt, wie sie zu Gauss' Zeiten vor allem durch Lagrange schon weitgehend entwickelt war. Die zweite Aufgabe ist auch heute noch ungelöst, doch trieb Gauss die Untersuchungen so weit, wie es mit seinen neuen Methoden nur irgend ging. Er faßte nämlich die Klassen äquivalenter Formen gleicher Diskriminante je nach ihrem Kongruenzverhalten nach geeigneten Moduln zu den sogenannten Geschlechtern zusammen und konnte für diese ein vollständiges Invariantensystem angeben. Ein wesentliches Hilfsmittel war dabei algebraischer Natur. Gauss definierte in genialer Verallgemeinerung einer Eulerschen Identität eine Komposition der Formenklassen (und damit auch der Geschlechter), durch die die Klassen zu Elementen einer endlichen Abelschen Gruppe wurden. – Wie tiefliegend diese ganze Theorie ist, kann man daraus ersehen, daß in ihr das quadratische Reziprozitätsgesetz in neuer und durchsichtiger Weise nebenbei bewiesen werden konnte.

Zum ersten Mal in der Geschichte der Mathematik erschienen im Zusammenhang mit dieser Komposition die Axiome einer endlichen Abelschen Gruppe, aber nicht wie heute, als Grundlage für eine allgemeine Theorie dieser Gruppen, sondern als Beschreibung der Eigenschaften der Komposition der Klassen. Hier erkennen wir einen auch für spätere Arbeiten charakteristischen Zug in Gauss' mathematischem Denken.

Auch arbeitete Gauss noch wie seine Vorgänger und Zeitgenossen nicht invariant, d.h. Definitionen und Operationen erfolgten bei ihm repräsentantenweise oder mit Koordinaten, gedacht aber wurde invariant. Wenn innerhalb einer Theorie ein Teilgebiet sich herausgreifen ließ, dessen Grundeigenschaften man hätte axiomatisch fassen können, um allein darauf weiter aufzubauen, verspürte man noch kein Bedürfnis nach der heute selbstverständlichen Abstraktion.

Während Gauss an seinem Riesenwerk arbeitete, entwickelte er nebenher die Eigenschaften gewisser transzendenter Funktionen weiter. Auf Grund der Tatsache, daß der Lemniskatenbogen sich durch ein elliptisches Integral erster Gattung darstellt und damit in gewisse Analogie zum Kreisbogen kommt, bemerkte er 1797, daß die 5-Teilung des Lemniskatenbogens mit Zirkel und Lineal möglich ist.

1798 beendete Gauss sein Studium und kehrte zurück nach Braunschweig, wo ihm der Herzog ein Forschungsstipendium gewährte. Hier entdeckte er 1799 den fundamentalen Zusammenhang zwischen dem elliptischen Integral und dem arithmetisch-geometrischen Mittel in einer ganz unvorstellbaren Weise: Er bemerkte, daß das Verhältnis von π zum vollständigen Lemniskatenintegral mit dem arithmetisch-geometrischen Mittel von 1 und $\sqrt{2}$ auf 11 Stellen genau übereinstimmt.

Im gleichen Jahr promovierte er in Helmstedt mit dem ersten exakten Beweis des Fundamentalsatzes der Algebra, und zwar unter systematischer Vermeidung der komplexen Zahlen. Dem eigentlichen Beweis stellte er die Mängel und die Fehler der bisherigen vermeintlichen Beweise voraus (d'Alembert, Euler, Lagrange) und zeigte damit, daß er die verlorengegangene Strenge wieder in die Mathematik einführen wollte. Er verstand darunter die Strenge wie bei den Alten, womit er die alten Griechen meinte. Allerdings kritisierte er auch seinen eigenen Beweis, der sich in einem wesentlichen Teil auf eine algebraisch-geometrische Anschauung stützte, indem er darauf hinwies, daß diese Anschauung eigentlich noch exakt begründet werden müsse.

Seine Vielseitigkeit und Hinwendung zu praktischen Anwendungen zeigte sich, als er dem Leiter der Vermessung von Westfalen, einem preußischen Oberst, mit astronomischen Hinweisen und Berechnungen nützlich sein konnte. Er führte bei dieser Gelegenheit schon die später nach von Soldner und von Bohnenberger benannten Koordinaten ein, ohne jedoch darüber etwas zu publizieren.

Seine Untersuchungen über die ϑ-Reihen, die elliptischen Integrale und die elliptischen Funktionen kamen 1800 durch die Entdeckung der Modulfunktionen zum Abschluß, und er schrieb in sein mathematisches Tagebuch, das er anläßlich der Konstruktion des regelmäßigen Siebzehnecks begonnen hatte, daß ihm ein großes Glück widerfahren sei, womit er die Erkenntnis von der Automorphieeigenschaft der Modulfunktion meinte. In diesem Zusammenhang gelang ihm auch die Beherrschung des arithmetisch-geometrischen Mittels im Komplexen. Die bei jedem Schritt des Iterationsverfahrens zu ziehende Quadratwurzel macht dieses Mittel unendlich vieldeutig, und Gauss vermochte nun, wie wir es jetzt nennen würden, das arithmetisch-geometrische Mittel zu uniformisieren. — Obwohl die ganze Theorie ein in sich abgeschlossenes Gebiet darstellt, hat Gauss nichts darüber veröffentlicht. Seine Ergebnisse mit den Datierungen kennt man nur aus dem Nachlaß und dem Tagebuch. Was die Gründe dafür waren, weiß man nicht genau, vor allem, ob sein Prinzip „Pauca, sed matura" (Weniges, aber Reifes) der einzige Grund war, oder ob ihm die Herleitung der Ergebnisse (fast ausschließlich raffinierte Rechnerei mit Reihenentwicklungen) nicht durchsichtig genug war und er nach allgemeinen Prinzipien suchte, die das Rechnen ersetzen könnten. Jedenfalls dauerte es Jahrzehnte, bis mehrere andere große Mathematiker wie etwa Abel, Eisenstein und Jacobi, Riemann und Weierstrass, unabhängig von Gauss seine Resultate aufs neue fanden und auch allgemeine Prinzipien aufstellten, die in der Tat eine naturgemäßere Begründung der ganzen Theorie ermöglichten. Natürlich kann man Gauss' Schweigen auch mit seinem dritten Prinzip erklären, es dürfe nichts zu wünschen übrigbleiben.

Die gleichen Gründe hätten eigentlich auch gegen die 1812 erfolgte Publikation seiner Ergebnisse über die hypergeometrische Reihe gesprochen, in der neben den eigentlichen Ergebnissen wohl zum ersten Mal systematische Konvergenzbetrachtungen durchgeführt wurden. Den Cauchyschen Integralsatz hatte er 1811 gefunden, also 14 Jahre vor Cauchy, ihn aber weder angewendet noch veröffentlicht.

Wie gut Gauss die inner- und außermathematische Bedeutung dieser seiner Ergebnisse kannte, sieht man aus seiner Bemerkung, die man im Nachlaß fand, daß diejenigen, die die Feinheit und göttliche Schönheit der ewigen Wahrheiten nicht kennen, sondern deren Wert nur aus dem Gebrauch in der angewandten Mathematik herleiten, seine Untersuchungen mehr schätzen werden, wenn sie den Nutzen der äußerst schnell konvergierenden Entwicklungen etwa für die Astronomie, besonders in der Störungstheorie, sehen.

Das Jahr 1801 brachte für Gauss den großen Durchbruch in der breiten Öffentlichkeit, der durch zwei Ereignisse bewirkt wurde. Es erschien sein großes Buch, die „Disquisitiones arithmeticae", das später oft als die „Bibel der Zahlentheoretiker" bezeichnet wurde. Die Mathematiker der ganzen Welt erkannten dessen große Bedeutung sofort, auch wenn diese neuartige Lektüre ihnen beträchtliche Schwierigkeiten verursachte. Vor allem der zweite Teil, die Theorie der quadratischen Formen, war in seiner ganzen Art so ungewöhnlich, daß es Jahrzehnte dauerte, bis einige wenige zähe Mathematiker in diese Materie einzudringen vermochten. Auch dem heutigen Leser bereitet die Lektüre des zweiten Teiles große Mühe. LEGENDRE arbeitete die Disquisitiones weitgehend in sein Lehrbuch der Zahlentheorie ein mit Ausnahme der Theorie der Komposition der Klassen und Geschlechter quadratischer Formen, weil er hier, wie er selbst schrieb, nur die Rolle eines Übersetzers hätte spielen können. Eine sehr verständnisvolle Reaktion auf die ganzen Disquisitiones erfuhr GAUSS von einem M. LE BLANC aus Paris. Nach kurzer Korrespondenz bekannte dieser Schreiber, daß er kein Mann sei, sondern in Wirklichkeit die Pariserin SOPHIE GERMAIN, worauf GAUSS sehr entzückt und galant antwortete. Bei dieser Gelegenheit kündigte er einen zweiten oder gar noch einen dritten Band seiner Disquisitiones an, die ebenso interessant werden würden wie der erste. Leider hat GAUSS diese Absicht nicht durchführen können; zu viele andere Arbeiten hinderten ihn daran. Der erste Mathematiker, der die GAUSSschen Ideen aus den Disquisitiones weiter bearbeitete und verarbeitete, war erst DIRICHLET.

Der Konflikt, der sich zwischen Zahlentheorie und deren Anwendbarkeit bis in die heutige Zeit hinzieht, wird in dem Vorwort zu den Disquisitiones sichtbar. Dort hebt GAUSS in seinem Dank an den Herzog von Braunschweig, der auch den Druck der Disquisitiones auf die Empfehlung von ZIMMERMANN finanziert hatte, besonders hervor, daß der Herzog seine Unterstützung auf einem Gebiet gewährt habe, das für gewöhnlich als unnütz für den Alltag angesehen werde.

Dieses Buch hatte GAUSS unter den Mathematikern berühmt gemacht. Allgemeinen Ruhm brachte ihm jedoch das zweite Ereignis dieses Jahres ein. Am 1. Januar hatte der italienische Astronom PIAZZI einen neuen beweglichen Himmelskörper entdeckt, und man nahm an, daß man den Planeten gefunden habe, den man seit der Gothaer Astronomen-Versammlung 1798 systematisch gesucht hatte, weil in der Regel von TITIUS-BODE noch ein Planet zwischen Jupiter und Mars fehlte. Die Enttäuschung war daher sehr groß, als PIAZZI diesen Himmelskörper nach 41 Tagen Beobachtung verlor, und die Astronomen sahen keine Möglichkeit, mit ihren bis dahin üblichen Methoden dessen Bahn so genau zu berechnen, daß er wiedergefunden werden könnte. Es war das eine für die Astronomen völlig neue Aufgabe, eine Bahn aus so wenig Beobachtungen zu bestimmen, während deren der Himmelskörper ein Bahnstück von nur 9° am Fixsternhimmel zurückgelegt hatte. Als GAUSS davon erfuhr, machte er sich sofort an die Arbeit, und zwar teils aus Interesse und Begeisterung, teils um sich für die ihm gewährte Unterstützung durch eine unmittelbare Anwendung mit Nutzen für den Alltag dankbar zu zeigen. Er bewies, daß es prinzipiell möglich ist, eine KEPLERbahn aus 3 Beobachtungen zu bestimmen, konnte aber, da mehr als nur 3 Beobachtungen vorlagen, zur Ausgleichung der Beobachtungen seine Methode der kleinsten Quadrate anwenden, so daß es ihm möglich wurde, die Bahn mit so großer Genauigkeit zu berechnen, daß bereits am 7. 12. 1801 VON ZACH in Gotha und am 1. 1. 1802 OLBERS in Bremen den neuen Stern wiederfinden konnten. Es war nicht der gesuchte neue Planet, sondern der erste der Planetoiden. Er bekam den Namen Ceres. Von da an blieben Astronomie und „reine Größenlehre" die magnetischen Pole, nach denen sich GAUSS' Geisteskompaß immer wieder wendete.

GAUSS' Laufbahn war nun für sein ganzes Leben gesichert. 1802, also im Alter von 25 Jahren, wurde er Mitglied der Petersburger Akademie und erhielt einen Ruf dorthin. Daraufhin erhöhte ihm der Herzog von Braunschweig die Pension, wie ein solches

Stipendium damals hieß, und GAUSS blieb in Braunschweig. 1804 erfolgten die ersten Verhandlungen wegen einer Professur und der Leitung der Sternwarte in Göttingen. 1805 machte ALEXANDER VON HUMBOLDT den König von Preußen darauf aufmerksam, daß GAUSS der einzige sei, der der Akademie ihren alten Glanz wie zu Zeiten von EULER und LAGRANGE wiedergeben könne. Für GAUSS änderte sich die Lage in Braunschweig völlig, als der Herzog in der Schlacht von Jena und Auerstädt 1806 tödlich verwundet wurde, und er nahm 1807 den Ruf als Professor der Astronomie und Direktor der Sternwarte in Göttingen an. In dieser Stellung blieb er bis zu seinem Lebensende 1855. Alle Angebote, insbesondere an unsere Akademie oder an unsere 1810 gegründete Universität zu kommen, lehnte er ab; das Königreich Hannover mit England als Hintergrund war sehr reich. GAUSS widersprach natürlich der Meinung, daß er dem Meistbietenden feil sei, aber er wies gleichzeitig darauf hin, daß er für eine große Familie zu sorgen habe. 1805 hatte GAUSS geheiratet. Nach dem dritten Kind starb seine Frau 1809, und dieses Kind folgte ihr bald nach. Vor allem der beiden anderen Kinder wegen heiratete GAUSS sehr schnell wieder und zwar 1810 eine Freundin seiner verstorbenen ersten Frau, die Tochter des Juristen WALDECK in Göttingen. Dieser Ehe, die nach 21 Jahren mit dem Tod seiner zweiten Frau endete, entstammten drei Kinder, von denen die Tochter THERESE ihren Vater 24 Jahre bis zu seinem Ende betreute. Seinem Haushalt gehörte auch noch seine Mutter 24 Jahre lang an, bis sie 1839 im Alter von 96 Jahren blind und pflegebedürftig verstarb.

Eine Fortsetzung seiner Disquisitiones arithmeticae kam nicht mehr zustande. Vorgesehen war dafür u.a. eine eingehende Untersuchung der zahlentheoretischen Eigenschaften der Kreisteilungskörper, wobei der Beweis der FERMATschen Vermutung als Corollar nebenbei mit abfallen sollte. Diesen Plan hat KUMMER durchgeführt, aber GAUSS' Hoffnung bezüglich der FERMATschen Vermutung hat sich nicht erfüllt. Dagegen löste GAUSS noch einige große zahlentheoretische Probleme. Aus der Kreisteilung war auf Grund umfangreicher Zahlenrechnungen die Frage nach der Vorzeichenbestimmung der GAUSSschen Summen offengeblieben. Erst nach 4 Jahren qualvollen Suchens gelang ihm der Beweis, und er schrieb 1805: „Endlich vor ein paar Tagen ist es gelungen. Aber nicht meinem eigenen mühsamen Suchen, sondern bloß durch die Gnade Gottes, möchte ich sagen. Wie der Blitz einschlägt, hat sich das Rätsel gelöst.“

Aus diesen Untersuchungen hat sich allmählich eine große Theorie der trigonometrischen Summen entwickelt, ein Gebiet, auf dem unser Moskauer Mitglied WINOGRADOW, der im vorigen Jahr seinen 85. Geburtstag gefeiert hat, grandiose Erfolge erzielen konnte. — Ein anderer Problemkreis war der der Reziprozitätsgesetze. GAUSS vermutete von Anfang an, daß das quadratische Reziprozitätsgesetz nur Spezialfall einer großen allgemeinen Gesetzmäßigkeit sein müsse, und die weitere Entwicklung hat ihm recht gegeben. Zunächst stand das spezielle quadratische Reziprozitätsgesetz ganz isoliert da, und der erste Beweis deutete noch auf keine weiteren Zusammenhänge hin. In natürlicher Weise erschien es jedoch bereits in der Theorie der quadratischen Formen. Um weiteren Zusammenhängen auf die Spur zu kommen, versuchte GAUSS, noch andersartige Beweise zu finden, und das gelang ihm einmal mit Hilfe des sehr verallgemeinerungsfähigen GAUSSschen Lemmas, dann aber auch im Rahmen der Kreisteilung, so daß es sich nachträglich als einigendes Band für die drei Teile seiner Disquisitiones erwies. Dann suchte GAUSS einige Jahrzehnte nach einem Reziprozitätsgesetz für die vierten Potenzreste. Erst um 1830 kam er nach vielen vergeblichen Versuchen und einigen Teilergebnissen auf die Idee, im Bereich der heute sogenannten ganzen GAUSSschen Zahlen

$a + bi$ Zahlentheorie zu treiben, und aus seinem Nachlaß kennen wir eine Skizze für einen Beweis des biquadratischen Reziprozitätsgesetzes, der im Rahmen der Kreisteilungstheorie abläuft; vorher hatte er auch schon die Übertragbarkeit des GAUSSschen Lemmas erkannt. JACOBI und EISENSTEIN hier in Berlin veröffentlichten Beweise der Reziprozitätsgesetze für die dritten und vierten Potenzreste, und nun setzte eine stürmische Entwicklung der algebraischen Zahlentheorie ein, aus der ich nur die Namen KRONECKER, WEBER, DEDEKIND, HENSEL, HILBERT, TAKAGI und FURTWÄNGLER nennen möchte, die schließlich vor reichlich 50 Jahren in dem allgemeinen Reziprozitätsgesetz von ARTIN endete, das jetzt als Strukturaussage über relativ-ABELsche Zahlkörper erschien. Man hat seitdem immer wieder versucht, diese Strukturaussage auf beliebige relativ-GALOISsche Zahlkörper zu verallgemeinern – ich möchte hier nur die Namen ARTIN, EMMY NOETHER und DEURING nennen –, aber der Durchbruch ist hier noch nicht erzielt worden. Hoffen wir, daß neuere Versuche einen weitergehenden Erfolg haben; auf jeden Fall haben wir eine durchgehende Entwicklung vom Schüler GAUSS mit seinem unglaublichen Spürsinn für Entwicklungsrichtungen bis heute und wohl auch noch in die nächsten Jahrzehnte. – Übrigens empfing GALOIS für seine Theorie der Gleichungen die wesentlichsten Anregungen aus der Theorie der LAGRANGEschen Resolventen und der GAUSSschen Theorie der Kreisteilung. Weiter möchte ich noch bemerken, daß in der Selbstanzeige eines Aufsatzes von GAUSS über die biquadratischen Reste nebenbei die GAUSSsche Zahlenebene eingeführt wurde; das genügte zusammen mit der Autorität, die GAUSS allgemein besaß, daß die damals immer noch etwas verdächtigen komplexen Zahlen volles Bürgerrecht in der Mathematik bekamen. In diesem Zusammenhang ist es interessant zu bemerken, daß GAUSS kein Bedürfnis spürte, eine systematische Begründung der Theorie der reellen Zahlen oder gar der rationalen Zahlen zu geben.

Im Gegensatz zu dieser zwar tiefgehenden und zukunftsträchtigen, aber doch nur gelegentlichen Beschäftigung mit der Zahlentheorie ziehen sich die Astronomie und die Geodäsie durch GAUSS' ganzes Leben hin. GAUSS hatte zwar die Ergebnisse seiner Bahnbestimmung für die Ceres bekanntgegeben, aber nicht die Methoden, so daß die Astronomen auf deren Veröffentlichung warteten. Doch ließ er sich nicht drängeln. 1802 hatte OLBERS einen weiteren Planetoiden, die Pallas, entdeckt, die GAUSS wieder sehr schnell mit seinen neuen Methoden behandeln konnte. Ein neuer Gesichtspunkt kam nun noch hinzu: Für den Anfang hatte GAUSS die Bahnbestimmung wegen der überragenden Masse der Sonne jedes Mals als Zweikörperproblem behandelt. Bald aber stellte sich der bei längeren Beobachtungen nicht mehr zu vernachlässigende Einfluß des Jupiter heraus, so daß GAUSS nunmehr vor der Aufgabe stand, einerseits seine zunächst sehr hastig konzipierte Methode der Bahnbestimmung immer weiter zu verfeinern und geschmeidiger zu machen und andererseits eine Störungsrechnung so weit auszubauen, daß nichts mehr zu wünschen übrig bliebe. Das kostete natürlich Jahre, und als er dann über die „Theoria motus corporum coelestium in sectionibus conicis solem ambientium", die 1809 erschien, mit seinem Verleger korrespondierte, konnte er diesem mit voller Berechtigung selbstbewußt schreiben, daß dieses Werk noch nach Jahrhunderten studiert werden solle. GAUSS selbst wollte die Theoria motus ursprünglich deutsch erscheinen lassen, doch veranlaßte ihn der Verleger zur Übersetzung ins Lateinische, die dann GAUSS selbst vornahm, wobei er die Dinge, wie er schrieb, gleichsam lateinisch neu durchdenken mußte. Der Grund für die Forderung des Verlegers war rein geschäftlich: Das Buch ließ sich lateinisch auf dem internationalen Büchermarkt besser verkaufen, da das

Latein von den Gelehrten benutzt wurde, um den internationalen wissenschaftlichen Kontakt zu erleichtern.

Allerdings ist in der Theoria motus und in der speziellen, 1810 erschienenen Abhandlung „Disquisitiones de elementis ellipticis Palladis" die Störungsrechnung noch nicht voll mit einbezogen. GAUSS' ausgedehnte Untersuchungen darüber, in denen er die hypergeometrische Funktion und das arithmetisch-geometrische Mittel verwenden konnte, hat man in seinem Nachlaß vorgefunden, mühsam zusammengefaßt und in den Gesammelten Werken abgedruckt, so daß GAUSS' Befürchtungen, diese Untersuchungen würden einst mit ihm untergehen, nicht in Erfüllung gegangen sind. Er hat später 1821, 1823, 1826 selbst noch eine vertiefte Begründung für die Anwendung seiner Methode der kleinsten Quadrate in der Fehlertheorie im Zusammenhang mit der Bahnbestimmung veröffentlichen können.

Einen interessanten Hinweis auf seine sehr kritische und vorsichtige Haltung kann man daraus entnehmen, daß er Anregungen, die von seinen astronomischen Kollegen kamen, aus der völlig neuen Erscheinung der Planetoiden kosmogonische Konsequenzen zu ziehen, strikt ablehnte mit der Begründung, er sei aus der Geometrie höchste Exaktheit und Strenge gewöhnt und wolle sich daher nicht auf unsichere Spekulationen einlassen.

Die Schwierigkeiten, aus den geozentrischen Beobachtungen die Bahn zu bestimmen, waren außerordentlich groß. Es gab einen gewaltigen Formelapparat, den GAUSS nicht nur dank seiner mathematischen Routine, sondern auch im Wechselspiel mit der rein numerischen Durchrechnung der Formeln immer weiter verbessern konnte; seine astronomischen Kollegen haben ihn oft bewundert, mit welch unglaublicher Geschwindigkeit er zu seinen Resultaten kam. GAUSS sagte, daß es für jeden Mathematiker vorteilhaft sei, sich mit solchen astronomischen Rechnungen zu befassen; wer in dieser Praxis zu Hause sei, würde eine Form und Geschmeidigkeit erreichen, die der Außenstehende nicht einmal ahnen würde. Aber auch die Schwierigkeiten, die in der astronomischen Beobachtungspraxis auftreten, beherrschte GAUSS meisterhaft, wie aus seiner Korrespondenz zu sehen ist. Er war sich nicht zu schade, auch auf die kleinsten Kleinigkeiten einzugehen, sei es nur das Einziehen von Spinnenfäden in ein Fernrohr oder Vergleiche über die Ablesegenauigkeit an Winkelmeßgeräten bei Tage und bei Nacht. Gemischt praktisch-theoretisch war seine Dioptrik, wo er neue Berechnungsmethoden für den Strahlengang in Linsensystemen entwickelte.

Mit geodätischen Untersuchungen kam GAUSS wieder in Berührung, als er seinen Schüler und Freund SCHUMACHER bei dessen Vermessungsarbeit ab 1816 unterstützte, und 1818 erhielt er vom Ministerium den Auftrag zur Vermessung von Lüneburg in Verbindung mit der von Hannover. Ihn interessierten natürlich weniger die lokalen geographischen Verhältnisse, sondern er hatte weit allgemeinere Ziele im Auge: 1. Eine über das bisherige hinausgehende Genauigkeit der Vermessungen zu erzielen und ein Verfahren auszuarbeiten, das als Norm für zukünftige Vermessungen angesehen werden könne. 2. Eine möglichst genaue Bestimmung der Gestalt der Erdoberfläche. Er sah bald ein, daß er dabei weit werde ausholen müssen, wenn er den dazu nötigen mathematischen Apparat entwickeln wollte.

Die Herstellung einer Landkarte ist die Abbildung eines Stückes der Erdoberfläche auf ein Stück der Ebene, also beschäftigte er sich gleich etwas allgemeiner mit den Abbildungen einer Fläche auf eine Fläche, wobei er sich vor allem für konforme Abbildungen interessierte, die sich dadurch charakterisieren lassen, daß sie winkeltreu sind. Für die 2. Aufgabe, Bestimmung der Erdgestalt, begründete er die heute sogenannte innere Flächentheorie, in der es darum geht, Aussagen über eine Fläche zu machen, wenn man von ihr nur die Metrik kennt, d. h. wenn man die Längenmessung von Kurven beherrscht, die auf der Fläche liegen. Als wichtigste Invariante gegenüber Verbiegungen einer Fläche, bei denen ja die Metrik und damit die innere Geometrie invariant bleiben, erkannte er das heute sogenannte GAUSSsche, aber schon von EULER in anderem Zusammenhang eingeführte Krümmungsmaß. Diese innere Flächentheorie veröffentlichte er 1827 und verifizierte darin diese Invarianzeigenschaft. Außerdem beschäftigte er sich mit geodätischen Dreiecken, deren auf der Fläche liegenden Seiten die kürzesten Verbindungen zwischen den Eckpunkten sind. Es ist interessant, daß man eine von 1825 stammende innere Flächentheorie in seinem Nachlaß fand, in der das Theorema egregium, wie er diese Invarianzeigenschaft nannte, in einer wohlmotivierten Darstellung mit Hilfe von speziellen Koordinatensystemen, den geodätischen Systemen, bewies. Man sieht hier ein Beispiel, wie GAUSS seine Meinung in die Tat umsetzte, man solle eine Theorie so darstellen, daß man nicht mehr merkt, auf welchen mühsamen Wegen der Verfasser ursprünglich zum Ziel gelangt ist, ähnlich, wie man einem fertigen Gebäude nicht mehr ansehen soll, welche Gerüste man zu dessen Bau gebraucht habe. Dieses Werk von 1827, das später für RIEMANN Anlaß und Hilfsmittel für seine Theorie der RIEMANNschen Räume geworden ist, war als Vorstufe gedacht für seine höhere Geodäsie, deren Teile I und II jedoch erst 1844 bzw. 1847 erschienen, nachdem Gauss einen ungeheuren Schatz an praktischen Erfahrungen bei der Vermessung im Gelände und bei der numerischen Auswertung (natürlich wieder unter Benutzung der Methode der kleinsten Quadrate) gesammelt hatte. Weitere theoretische Ausführungen fand man in seinem Nachlaß. Seine praktische Tätigkeit aber ging noch weiter: Als er 1818 einmal bei Vermessungsarbeiten von der Sonne gestört wurde, die sich in einem etwa 45 km entfernten Fenster spiegelte, kam er auf die Idee, das Sonnenlicht für Vermessungszwecke auszunützen, von dem vorauszusehen war, daß es auch ziemlich dicke Dunstschichten würde durchdringen können. Er ersann 1820, ganz systematisch vorgehend, ein Gerät, den Heliotrop, der in einer alle Erwartungen übertreffenden Weise funktionierte und vor allem die Meßgenauigkeit ganz gewaltig steigerte. GAUSS erfand mehrere Ausführungsarten, von denen besonders die zweite, eine Kombination eines Fernrohrs mit zwei aufeinander senkrechten Spiegeln, ein Gerät von raffinierter Einfachheit darstellt. Auf diese Erfindung war er besonders stolz, und immer wieder wurde er ganz poetisch, wenn er in einem Brief das Aufblitzen des Heliotroplichtes in weiter Entfernung schilderte. Es waren nun äußerst genaue Messungen über Entfernungen möglich, die nur noch von der Erdkrümmung beschränkt wurden. GAUSS hat auch schon berechnet, daß 100 Heliotropspiegel von je 16 Quadratfuß Fläche ausreichen würden, um ein gutes Heliotroplicht zum Mond zu schicken. Auf den Mond müßte man zu diesem Zweck etwa 100 Leute und ein paar Astronomen schicken, um für geographische Längenbestimmungen Zeitzeichen zu geben. Das wäre eine Entdeckung noch größer als die von Amerika.

Ganz anders lagen die Dinge in der nichteuklidischen Geometrie, mit der sich GAUSS ja schon auf der Schule beschäftigt hatte in der Hoffnung, in ihr einen Widerspruch zu entdecken. Als ihm das auch bei weiteren Untersuchungen nicht gelang, kam er nach fast 25 Jahren allmählich zu der Überzeugung, ein solcher Widerspruch würde sich nie finden lassen. Veröffentlicht hat GAUSS darüber nichts; im Gegenteil, wenn er einigen guten Bekannten darüber schrieb, verpflichtete er sie zum Stillschweigen, und zwar mit der Begründung, er fürchte das Geschrei der Böotier oder einen Aufruhr in einem

Wespennest. Manchmal hat man den Respekt vor der Philosophie KANTS als Grund für GAUSS' Schweigen angesehen; dagegen spricht aber, daß er im Zusammenhang mit der Begründung der komplexen Zahlen sich öffentlich gegen KANT gewendet hat mit der Bemerkung, daß der Raum unabhängig von unserer Anschauungsart eine reale Bedeutung haben müsse. Ich möchte eher annehmen, daß GAUSS sich darüber klar war, daß bei weiteren Forschungen vielleicht doch noch ein Widerspruch würde auftreten können. Die Idee, die nichteuklidische analytische Geometrie, zu der später auch BOLYAI und LOBATSCHEWSKI gekommen waren, einfach umzukehren und damit als Modell für die Geometrie aufzufassen, ist keinem dieser 3 Mathematiker gekommen. Andeutungen über solche Modellvorstellungen stehen schon in RIEMANNS Habilitationsvortrag, in dem es sich auch um die freie Beweglichkeit der Figuren handelte, um die sich die 3 Geometer nicht gekümmert hatten. Ein vollständiges Modell der nichteuklidischen Geometrie hat aber erst 1870 FELIX KLEIN gegeben.

Da GAUSS sehr viel Zeit und Arbeit für astronomische und geodätische Tätigkeiten verwendete, schrieb ihm BESSEL gelegentlich, daß es doch besser wäre, wenn er ein paar Leute dafür anlernte und selbst sich mehr der reinen Forschung widmete. Die Nachwelt würde ihm dafür dankbar sein. GAUSS antwortete ganz empört: „Großer Gott, wie falsch beurteilen Sie mich ... Wahrlich, über die Sache selbst denke ich ebenso wie Sie. Alle Messungen in der Welt wiegen nicht ein Theorem auf, wodurch die Wissenschaft der ewigen Wahrheiten wahrhaft weitergebracht wird. Aber Sie sollen nicht über den absoluten, sondern nur über den relativen Wert urteilen."

Anläßlich der Naturforscherversammlung 1828 in Berlin war GAUSS drei Wochen lang Gast bei A. VON HUMBOLDT. Bei dieser Gelegenheit traf er den Berliner Schriftsteller ADELBERT VON CHAMISSO, der 1815 bis 1818 die berühmt gewordene Weltumsegelung mit dem russischen Schiff Rurik unter Leitung des Kapitäns OTTO VON KOTZEBUE mitgemacht hatte. In der 1836 erschienenen Schilderung dieser Reise erwähnt CHAMISSO auch seine Begegnung mit GAUSS, der ihn als erster gefragt habe, ob es möglich sein werde oder nicht, die geodätischen Arbeiten und Triangulierung von der asiatischen nach der amerikanischen Küste über die BERINGstraße hinaus fortzusetzen. Diese Frage mußte CHAMISSO einfach bejahend beantworten.

Auf dieser Versammlung lernte GAUSS auch den Physiker W. WEBER kennen, mit dem er ab 1831 in Göttingen eng zusammenarbeitete. Schon vorher hatte er sich mit Fragen der Mechanik beschäftigt, zum Beispiel mit der Bestimmung des Schwerefeldes gewisser Körper, mit dem Gleichgewicht flüssiger Körper, und er hatte ein neues allgemeines Prinzip der Mechanik, das Prinzip des kleinsten Zwanges, aufgestellt, das eng mit der Methode der kleinsten Quadrate zusammenhängt.

Seine Forschungen mit WEBER galten vor allem dem Elektromagnetismus. Sie verbanden dieses Gebiet mit der Mechanik durch Einführung eines absoluten Maßsystems, eine Tat von fundamentaler Bedeutung für die Vereinheitlichung der Physik, und erfanden ein neues Magnetometer, mit dessen Hilfe sie den Erdmagnetismus mit wesentlich größerer Schärfe als bisher ausmessen konnten und das, in anderer Ausführung, zum Telegrafieren verwendet werden konnte. GAUSS war sich klar darüber, wie weit die Telegrafie mit einem genügend großen finanziellen Aufwand ausgebaut werden könnte (daß die Fantasie fast erschrickt), doch interessierten ihn bei allen diesen Dingen mehr die theoretischen Eroberungen. Wie tief aber GAUSS in die ganze Problematik eingedrungen war, zeigte eine Bemerkung aus einem Brief von 1845 an WEBER, daß sich elektromagnetische Störungen ähnlich wie das Licht mit endlicher Geschwindigkeit ausbreiten dürften. Damit kam er schon sehr in die Nähe der MAXWELLschen Theorie.

Mathematisch gemeinsame Erscheinungen beim Schwerefeld, bei den elektrischen und den magnetischen Feldern veranlaßten ihn zum Aufbau der Potentialtheorie, wobei er sich allerdings bei gewissen Existenzsätzen mehr von der physikalischen Anschauung als von der Strenge wie bei den Alten leiten ließ und Schlußweisen verwendete, die dem DIRICHLETschen Prinzip sehr verwandt sind und erst viele Jahrzehnte später von mehreren Mathematikern, vor allem von HILBERT, geklärt wurden.

Ich hoffe, mit diesem natürlich unvollständigen Überblick über das GAUSSsche Gesamtwerk einen Eindruck von seiner Forscherpersönlichkeit vermittelt zu haben. Der Hauptunterschied seiner Mathematik gegenüber der heutigen besteht wohl darin, daß GAUSS stets rein konstruktiv und, abgesehen von der Zahlentheorie, stets in engstem Kontakt mit irgend welchen ganz konkreten Gebieten arbeitete. Außerdem fällt uns heute besonders auf, daß er allgemeine mathematische Prinzipien auf die einzelnen Begriffe oder Fragestellungen anwendete, diese Prinzipien aber weder explizit formulierte noch gar zu einer allgemeinen Theorie zusammenfaßte. Zwar hat GAUSS seineLehre von den Kongruenzen nach einem Modul in allen seinen zahlentheoretischen Untersuchungen verwendet, hat aber, obwohl endliche abelsche Gruppen immer wieder dabei auftraten, den Hauptsatz über solche Gruppen nicht aufgestellt, vielmehr immer nur die gerade auftretenden Gruppen als direktes Produkt zyklischer Gruppen dargestellt oder hat in der Theorie der Klassen und Geschlechter quadratischer Formen den Hauptsatz dadurch umgangen, daß er die Anzahl der Klassen der Ordnung 2 bestimmt hat. GAUSS hat die Irreduzibilität der Kreisteilungsgleichung bewiesen, aber keine allgemeine Methode ausgearbeitet, ein beliebiges Polynom im Gebiet der rationalen Zahlen in irreduzible Faktoren zu zerlegen. Auch tritt bei GAUSS schon eine ganze Fülle von Körpern auf wie der der reellen und der der komplexen Zahlen, Kreisteilungskörper, Restklassenkörper nach einer Primzahl, Körper der rationalen oder der elliptischen Funktionen, aber er entwarf keine allgemeine Körpertheorie. In seinen funktionentheoretischen Untersuchungen über elliptische und Modulfunktionen, über ϑ-Reihen, über die hypergeometrische und die Γ-Funktion arbeitete er mit Potenzreihen, analytischer Fortsetzung und Uniformisierung, definierte aber nicht, was eine analytische Funktion sein sollte und wandte auch später, als er den CAUCHYschen Integralsatz gefunden hatte, diesen nicht an. Das, was heute bei uns den Anfang einer Vorlesung über Funktionentheorie bildet, kommt bei GAUSS überhaupt nicht vor. Ähnliches gilt für die Differentialgeometrie, insbesondere für die innere Geometrie der Flächen. Der Grundbegriff geodätische Linie wird aus den EULERschen Differentialgleichungen der Variationsrechnung gewonnen. Die geodätischen Polarkoordinaten und die Gesamtheit der geodätischen Linien, die eine gegebene Kurve senkrecht schneiden, werden zum wichtigen Hilfsmittel, aber die so nahe liegende Fortführung der allgemeinen Variationsrechnung zu Extremalenfeldern und Transversalitätsbedingungen erfolgte nicht. Selbst das HILBERTsche invariante Integral, aber eben in seiner geodätischen Spezialisierung, könnte man aus der GAUSSschen Flächentheorie schon herauslesen. Auch in der Wahrscheinlichkeitsrechnung gibt es bei GAUSS keine allgemeinen Sätze, dafür aber wird die Anwendung seiner Methode der kleinsten Quadrate und der GAUSSschen Normalverteilung in der geodätischen und astronomischen Fehlertheorie und Ausgleichsrechnung voll ausgeschöpft.

Völlig neu ist GAUSS' Vorgehen in der Potentialtheorie: Diese erscheint als Abstraktum aus drei verschiedenen physikalischen Theorien, geht nur von deren gemeinsamer mathematischer Formulierung aus und benützt allgemeine Prinzipien wie das Variationsprinzip zum Nachweis der Existenz von Lösungen und den berühmt gewordenen und bei zahllosen anderen Gelegenheiten immer wieder nützlichen GAUSSschen Integralsatz.

In der Zahlentheorie hatte GAUSS schon darauf hingewiesen, daß die quadratischen Formen, vor allem die von seinem Schüler SEEBER behandelten ternären, direkte Beziehungen zu der schon von KEPLER geahnten Gitterstruktur der Kristalle haben, aber die Physiker reagierten noch nicht darauf, da es damals keine experimentellen Möglichkeiten zu solchen Untersuchungen gab. Das wurde erst im Zusammenhang mit der Aufdeckung der Wellennatur der Röntgenstrahlen möglich.

Wir sehen also, welche Rolle GAUSS in der Geschichte der Mathematik und allgemeiner der Wissenschaften der letzten 200 Jahre gespielt hat. Seine tief eindringenden Forschungen zeigten einerseits den Weg, im Zusammenhang mit anderen Disziplinen weiter vorwärts zu schreiten, und andererseits gaben sie entscheidende Anstöße zur selbständigen abstrakten Weiterentwicklung vieler Gebiete, wobei man es im Überschwang der Axiomatisierung und Verallgemeinerung oft genug verschmähte, sich noch mit Einzelproblemen abzugeben. Diese letzte Entwicklung scheint mir in unseren 50er und 60er Jahren einen Höhepunkt erfahren zu haben, während das Pendel der Entwicklung jetzt in den 70er Jahren umzukehren beginnt.

Die besondere Wirksamkeit gerade von GAUSS in dieser Entwicklung beruhte zu einem wesentlichen Teil darauf, daß er in sich viele Mathematikertypen vereinigte, die z. T. sogar meist als Gegensätze empfunden werden. So war er vielseitig und gedankentief, von schöpferischer Phantasie und kontrollierender Exaktheit, heherrschte die Zahlentheorie und die Zahlenpraxis, arbeitete konstruktiv wie bei seinen speziellen Funktionen und axiomatisch in der nichteuklidischen Geometrie, war ein großer Theoretiker, Praktiker, Anwender und Erfinder neuer Methoden und Geräte. Jeder Abschluß einer Forschungsarbeit von GAUSS war stets Beginn neuer Untersuchungen. Seine ganze Persönlichkeit, seine Zähigkeit und seine Begeisterung setzte er ein, um nach der Wahrheit zu suchen und um für den Nutzen der Menschheit zu arbeiten.

Diese Eigenschaften haben wir Mathematiker in der DDR auf das Höchste zu entwickeln, um die Aufgaben zu lösen, die uns bei der weiteren Gestaltung und Entwicklung der sozialistischen Gesellschaft in der DDR gestellt sind.

Wladimir Hristov

Bulgarische Akademie der Wissenschaften, Sofia

Grußadresse der Delegation der Akademie der Wissenschaften der Volksrepublik Bulgarien

Für die bulgarischen Gelehrten und die Bulgarische Akademie der Wissenschaften ist es eine außerordentlich große Ehre, mit eigenen Vertretern an den Gauss-Feierlichkeiten in Berlin teilzunehmen. Ich habe die Ehre, Sie im Namen der Bulgarischen Akademie der Wissenschaften zu begrüßen.

Bei den bulgarischen Geodäten, zu denen ich mich rechnen darf, ist der Name von Carl Friedrich Gauss gut bekannt wegen der Gauss-Krügerschen Koordinaten. Die letzteren stellen ein ausgezeichnetes Beispiel dar, wie schwer es manchmal ist, die Routine zu überwinden, daß sich aber doch letzten Endes die Wahrheit durchsetzt. Es sei mir gestattet, eine kurze historische Übersicht zu geben.

1816—1820 entwickelte Gauss die Theorie seiner Koordinaten.
1821—1825 verwendete Gauss seine Koordinaten in der hannoverschen Landesvermessung.

1866, also 11 Jahre nach dem Tode von Gauss, erschien als erstes Buch über die Gaussschen Koordinaten — Gauss hatte selbst nichts darüber veröffentlicht — Dr. Osmar Schneiders „Theorie der Projektionsmethode der hannoverschen Landesvermessung". Schneider wurde später Chef der preußischen Landesvermessung.

1912 erschien als zweites Buch Prof. Ludwig Krügers „Konforme Abbildung des Erdellipsoids in die Ebene".

1917 führte Österreich als erster Staat die Gauss-Krügerschen Koordinaten ein. Ihm folgten 1922 Deutschland und 1930 Bulgarien und die Sowjetunion.

Als dritte Publikation erschien 1943 in Leipzig bei B. G. Teubner die Monografie „Die Gauss-Krügerschen Koordinaten auf dem Ellipsoid" von Wladimir Hristov.

1946 erschien in Sofia vom selben Verfasser in bulgarischer Sprache das Buch „Die Gauss-Krügerschen Koordinaten auf dem Rotationsellipsoid" (russisch: Moskau 1957), sowie 1955 in Berlin „Die Gaussschen und geographischen Koordinaten auf dem Ellipsoid von Krassowski".

Die Gaussschen Koordinaten haben sich letzten Endes in der ganzen Welt durchgesetzt, aber dieser Prozeß erstreckte sich über einen langen Zeitraum.

Es ist für mich eine große Ehre, an den Gauss-Feierlichkeiten in der Deutschen Demokratischen Republik teilzunehmen, um dem Forum von in- und ausländischen Gelehrten die Grüße der Bulgarischen Akademie der Wissenschaften, meine eigenen Grüße und die vom Akademiemitglied Ljubomir Ilijev zu überbringen.

Horst Sachs
Technische Hochschule Ilmenau, Sektion MARÖK

Herr Präsident,
Magnifizenz,
verehrte Gäste,
hochansehnliche Festversammlung!

Es gereicht mir zur hohen Ehre und großen Freude, als Vorsitzender des Gauss-Komitees bei der Akademie der Wissenschaften der Deutschen Demokratischen Republik auf Grund eines einstimmig gefaßten Beschlusses dieses Komitees einigen ausgewählten Persönlichkeiten heute an dieser Stelle die aus Anlaß der 200. Wiederkehr des Geburtstages von Carl Friedrich Gauss gestiftete Ehrenplakette überreichen zu dürfen.

Die Auszuzeichnenden vertreten die Mathematiker, Astronomen, Physiker, Geodäten, Techniker, Dozenten und Pädagogen, Verlagslektoren und Wissenschaftshistoriker, die für ihre hohen Leistungen in der Forschung und Anwendung auf ihrem Fachgebiet, für beispielgebende Pflege des wissenschaftlich-kulturellen Erbes von Gauss und für herausragende Verdienste in der Lehre und Verbreitung mathematischen Wissens in der Deutschen Demokratischen Republik ebenfalls in den nächsten Wochen mit dieser Ehrenplakette ausgezeichnet werden.

Nationalpreisträger Professor Dr. Hans Reichardt, Ordentliches Mitglied der Akademie der Wissenschaften der Deutschen Demokratischen Republik und emeritierter Professor für Mathematik an der Humboldt-Universität Berlin, hat durch tiefgründige Forschungsarbeiten, durch Monographien und Lehrbücher sowie durch seinen Einsatz bei der Heranbildung des wissenschaftlichen Nachwuchses hervorragenden Anteil an der Entwicklung der Mathematik in der Deutschen Demokratischen Republik.

Frau Dorothea Ziegler hat als Lektorin im Verlag Teubner Leipzig und als Vorsitzende der Literaturarbeitsgemeinschaft Mathematik beim Ministerium für Kultur einen großen Anteil an der Entwicklung mathematischer Monographien, Lehrbücher und Populärwissenschaftlicher Literatur in der Deutschen Demokratischen Republik.

Herr Dr. Claus Frischmuth, wissenschaftlicher Abteilungsleiter im VEB Carl Zeiss Jena und Honorardozent an der Friedrich-Schiller-Universität Jena, hat als Mitglied des Zentralen Arbeitskreises des Ministeriums für Wissenschaft und Technik „Anwendungen der Mathematik in der Volkswirtschaft" wesentlichen Anteil an der Erhöhung der Praxiswirksamkeit der Mathematik in unserer Republik.

Herr Oberstudienrat Karlheinz Lehmann, Verdienter Lehrer des Volkes, ist einer der erfolgreichsten Fachlehrer und Fachberater für Mathematik in Berlin, der durch seine Pädagogischen Lesungen und seine Aktivität bei den Olympiaden Junger Mathematiker in unserem Lande bekannt geworden ist.

Herr Dr. WOLFGANG BURMEISTER war als Schüler der bisher erfolgreichste Teilnehmer der Deutschen Demokratischen Republik an nationalen und internationalen Mathematik-Olympiaden. Nach nur fünfjährigem Studium konnte er bereits 1976 an der Technischen Universität Dresden mit einer Arbeit über Numerische Mathematik promovieren.

Ich beglückwünsche die Ausgezeichneten nochmals auf das herzlichste und gebe der festen Überzeugung Ausdruck, daß sie — ebenso wie alle anderen, die in Anerkennung ihrer Leistungen in den nächsten Wochen diese Ehrenplakette erhalten werden — ihre ganze Kraft weiter dafür einsetzen werden, neue wissenschaftlich-technische Erkenntnisse zu gewinnen, sie anzuwenden und zu verbreiten und insbesondere in Schule und Hochschule unserer jungen Generation zu vermitteln: CARL FRIEDRICH GAUSS ist wohl das überzeugendste Beispiel dafür, daß mathematische Schöpferkraft schon in frühen Lebensjahren zu Tage tritt und besonders liebevoller Förderung bedarf.

Möge die Mathematik in unserem Staate weiter erblühen und Früchte tragen — zum Nutzen unserer sozialistischen Gesellschaft, zum Wohle des Volkes der Deutschen Demokratischen Republik.

Vorder- und Rückseite der GAUSS-Ehrenplakette (Meißener Porzellan), mit der verdienstvolle Persönlichkeiten aus Anlaß des 200. Geburtstages von CARL FRIEDRICH GAUSS ausgezeichnet wurden. (verkleinert 0,8:1)

Foto: KARIN PETRAS AdW der DDR
Presseabteilung

TEIL II

Wissenschaftliche GAUSS - Tagung
im Plenarsaal
der Akademie der Wissenschaften der DDR,
Berlin

Kurt-R. Biermann
Akademie der Wissenschaften der DDR, Alexander von Humboldt-Forschungsstelle, Berlin

Gauss als Persönlichkeit — Ansätze für ein neues Verständnis

Wir haben heute Vormittag auf dem Festakt aus berufenem Munde eine umfassende Laudatio auf Carl Friedrich Gauss vernommen. Es kann daher nicht meine Absicht sein, in diesen einleitenden Bemerkungen biographische oder wirkungsgeschichtliche Details zu wiederholen oder zu ergänzen. Mein Anliegen besteht vielmehr darin, einiges darüber zu sagen, wie sich das Bild, das wir uns von dem Menschen Gauss in seiner Zeit und Umgebung machen, aufgrund neuerer Quellenforschungen und vertiefter Interpretation der Literatur in den letzten beiden Jahrzehnten gewandelt hat bzw. noch gegenwärtig im Wandel begriffen ist.

1955 sagte Richard Courant bei der Gauss-Ehrung:

„100 Jahre nach Gauss' Tode bleibt seine wissenschaftliche Größe ebenso rätselhaft und unfaßbar, wie sie den Zeitgenossen gewesen sein muß. Die visionäre, intuitive Originalität, Tiefe und Vielseitigkeit von Gauss' Leistungen, verbunden mit unerhörter Kraftentfaltung und Zähigkeit, sind einzigartig, sowohl in seinem rein theoretischen Werk als auch in den angewandten Gebieten ..."[1])

Dem Verständnis seiner *wissenschaftlichen* Größe wird uns die jetzige Tagung durch Widerspiegelung der Wirkungen seines Schaffens bis in die Gegenwart näherbringen. Wie aber steht es mit dem Bilde von Gauss als *Persönlichkeit*? 1955 erschien er noch ungreifbar und menschlichen Maßstäben entrückt, war doch im Laufe eines Jahrhunderts die Marmorskulptur eines Heros entstanden, Ruhe und überlegene Gelassenheit ausstrahlend, Bewunderung erheischend, keine Wärme spendend. Die Schöpfer dieser kalten Statue gehörten zu dem ihn umgebenden Göttinger Kreis seiner letzten beiden Lebensjahrzehnte: die Physiker Wilhelm Weber und Johann Benedikt Listing, der Biologe Rudolf Wagner, der Mediziner Wilhelm Baum, der Orientalist Heinrich Ewald — sein früherer Schwiegersohn —, seine jüngste Tochter Therese, die ihm den Haushalt führte, und vor allem der Mineraloge und Geologe Wolfgang Sartorius Freiherr von Waltershausen, einst Patenkind Goethes. Man kann die Rolle, die Sartorius in der Umgebung von Gauss spielte, mit der Eckermanns bei Goethe vergleichen. Sorgsam zeichnete er wesentliche Aussprüche auf, alles tilgend oder weglassend, was nicht zu dem makellosen Marmorweiß zu passen schien, und erschloß so die Hauptquelle, die seither die Gauss-Biographie gespeist hat und zweifellos weiter speisen wird.[2]) Hatte wirklich einmal ein Mitglied des genannten Kreises aus subjektivem Sonderinteresse die Absicht, einen menschlichen Zug der Öffentlichkeit zugänglich zu

[1]) Courant, Richard: Gauß und die gegenwärtige Situation der exakten Wissenschaften. In: Carl Friedrich Gauß 1777—1855. Gedenkfeier der Akad. d. Wiss. u. d. Georg-August-Univ. zu Göttingen anläßlich seines 100. Todestages. Göttingen, Berlin, Frankfurt 1955. S. 11—25. Zit. S. 11.

[2]) Sartorius v. Waltershausen: Gauß zum Gedächtniss. Leipzig 1856. Nachdruck Wiesbaden 1965.

machen, so erhob sich sogleich stärkster Widerspruch und die Publikation unterblieb[1].) Man kann nicht behaupten, daß SARTORIUS die Unwahrheit gesagt hat, aber er hat nicht die volle Wahrheit ausgesprochen und durch Weglassung all dessen, was seinen und seines Kreises Pietätsbegriffen zuwiderlief, eine Färbung des Bildes vorgenommen. Wenige Beispiele mögen das verdeutlichen.

SARTORIUS hat den unter Zeitgenossen wohlbekannten Konflikt zwischen GAUSS und seinem Kollegen und anfänglichen Freund HARDING, dem Entdecker der Juno, der zwei Jahre vor ihm als außerordentlicher Professor und Inspektor der Sternwarte nach Göttingen berufen worden war und mit dem er 27 Jahre gemeinsam dort wirkte, mit keiner Silbe erwähnt, obwohl dies sich mit den Jahren vertiefende Zerwürfnis, über dessen eigentliche Ursachen wir bis heute nicht informiert sind, GAUSS sogar dazu brachte, Göttingen verlassen zu wollen. Die zeitweilig drohende Auflösung der Verlobung mit der nachmaligen zweiten Frau wurde mit keinem Wort berührt. Die Entfremdung zwischen GAUSS und BESSEL überging SARTORIUS mit Stillschweigen. Er tat so, als sei der sogenannte Göttinger Magnetische Verein durch gemeinsame „Aufmunterung" von GAUSS und ALEXANDER VON HUMBOLDT gebildet worden,[2]) und er verlor kein einziges Wort darüber, daß es in Wahrheit zunächst nicht unerhebliche Verstimmungen gegeben hatte, als HUMBOLDT sah, daß GAUSS sich *das* theoretisch und praktisch in kurzer Zeit unterwarf, was er selbst als sein Spezialgebiet zu betrachten gewöhnt war, und GAUSS seinerseits in HUMBOLDTS ersten Urteilen über die neuen Göttinger Einrichtungen zur Beobachtung der erdmagnetischen Phänomene mangelhafte Sachkenntnis erblicken zu müssen glaubte. SARTORIUS hat die harten Auseinandersetzungen von GAUSS mit dem älteren Sohn aus der zweiten Ehe sowie seine großen Sorgen um die Zukunft des jüngeren Sohnes aus dieser Ehe, die daraus resultierenden Aufregungen und Befürchtungen, die ihm längere Zeit das Leben vergällt haben, völlig übergangen. SARTORIUS versicherte, GAUSS' Glaube sei „unerschütterlich" gewesen,[3]) die Gespräche mit WAGNER zeigen jedoch, daß GAUSS diejenigen „beneidete", die „so recht von Herzen glauben konnten" und hinzufügte: „Sagen Sie mir doch, wie fängt man dies an?"[4]) SARTORIUS stellte GAUSS zwar das Zeugnis aus, „er würde ohne Frage ein vortrefflicher Finanzminister gewesen sein"[5]), aber worauf sich diese Hypothese stützte, führte er nicht näher aus. Dabei hat der von Hause aus ganz mittellose und mäßig besoldete GAUSS (zum Vergleich: sein Gehalt betrug $^1/_6$ desjenigen ALEXANDER VON HUMBOLDTS) durch Kauf und Verkauf von Wertpapieren ein Vermögen von umgerechnet rund 500000 Mark gebildet[6]) und war dergestalt, die damalige Kaufkraft des Geldes in Rechnung gestellt, bei seinem Tode nach unseren heutigen Maßstäben Millionär.[7])

Daß seine Gewandtheit in der Vermehrung seiner Mittel in Göttingen fast „sprichwörtlich" war, wissen wir von dem Mathematikhistoriker MORITZ CANTOR, der im Winter-

[1]) WAGNER, RUDOLF: Gespräche mit Carl Friedrich Gauß in den letzten Monaten seines Lebens. Hrsg. v. HEINRICH RUBNER. In: Nachrichten der Akad. d. Wiss. in Göttingen. I. Philos.-hist. Klasse. (1975), Nr. 6, S. 141—171. Zit. S. 152.

[2]) SARTORIUS S. 62.

[3]) Ebd. S. 103.

[4]) WAGNER S. 162.

[5]) SARTORIUS S. 90.

[6]) DUNNINGTON, G. WALDO: C. F. Gauß. Titan of Science. New York 1955. S. 237.

[7]) BIERMANN, KURT-R.: Über die statistischen Zahlenregister von C. F. Gauß. In Trudy XIII. Meždunarodnogo Kongressa po Istorii Nauki. Sekc. V. Moskva 1974. S. 150—157; insbes. S. 152.

semester 1850/51 mit Dedekind eine Gausssche Vorlesung gehört hat.[1]) Für Sartorius waren solche Mitteilungen zu profan. So hat sich denn die Behauptung erhalten, die Lebensbedingungen von Gauss seien „karg“ gewesen und erst „im hohen Alter“ sei er aus „drückenden Geldsorgen“ herausgekommen.[2])

Unter Weglassung all dessen, was Gauss als einen Menschen mit seinem Widerspruch, als einen zweifelnden und suchenden, von Stimmungen nicht freien, leidenden und kämpfenden Menschen zu zeigen geeignet war, hat Sartorius das Denkmal des „eisernen“[3]) Gauss errichtet, das das Urteil der Nachwelt über ein Jahrhundert maßgeblich bestimmt hat. Man muß dabei bedenken, daß Gauss für den Freundeskreis der späten Göttinger Jahre kein Gleichgestellter war. „Meine Freunde und Bekannten werden mir bezeugen,“ sagte Wagner, „daß wir unseren großen Mathematiker niemals wie einen Kollegen behandelten, sondern stets wie einen sehr hochgestellten mit ganz ungewöhnlichen Geisteskräften begabten Mann, vor dem man immer ehrfurchtsvoll ein paar Schritte zur Seite weicht. Ich werde nicht mißverstanden werden, wenn ich sage, daß er in unserer Gelehrtenrepublik ungefähr die Rolle spielte, wie der Löwe im Tierstaate der Fabel.“[4]) Und bei Sartorius hieß es: „[...] wir haben nie einen Mann gesehen mit einem mehr imponierenden Äußern; während alle andern uns als unseres Gleichen erschienen, stand er zwischen uns wie eine überirdische Natur, wie ein Priester, der am Throne der Gottheit die Wache hält [...]“[5]).

Es ist hier aber anzumerken, daß es nicht nur sein Göttinger Freundeskreis gewesen ist, der Gauss eine absolute Sonderstellung einräumte; vielmehr hat es wohl kaum einen zweiten großen Gelehrten in der Geschichte der Wissenschaften gegeben, der von seinen zeitgenössischen Fachkollegen so anerkannt worden wäre, wie Gauss.[6]) Olbers versicherte, Gauss würde in Paris, sollte er dorthin kommen, eine Aufnahme bereitet werden, „wie noch kein Gelehrter sie gefunden hat“. Lindenau hörte im Vorzimmer Napoleons, als Nachfolger von Lagrange käme nur einer in Frage: Gauss.[7]) Lagrange selbst hatte erklärt, daß sich der junge Gauss „mit einem Schlage in den Rang der ersten Mathematiker erhoben“ habe. Laplace sprach von einem „überirdischen Geist in menschlichem Körper“. Bessel rief aus: „Welcher Tag wird verbreitet, so Sie es wollen!“ In den Briefen seiner gelehrten Freunde begegnen wir einer Fülle von Ausdrücken der Bewunderung für das „unvergleichliche Genie“, für seine „bisher nicht erreichte Vollkommenheit“, für den „mathematischen Riesen“; man versicherte, er schiene einem „höheren Geschlechte“ anzugehören, nannte ihn einen „kollossalen Genius“ und „Meister“ aller Fachgenossen. Alexander von Humboldt verkündete schon 1804, nur *ein* Mann könne der Berliner Akademie neuen Glanz verleihen, und der

[1]) Cantor, Moritz: K. F. Gauß. In: Allgem. Dt. Biogr. 8 (1878), S. 430—445; insbes. S. 444.
[2]) Krbek, Franz von: Eingefangenes Unendlich. 2. Aufl. Leipzig 1954. S. 22.
[3]) Sartorius S. 78, 95.
[4]) Wagner S. 147.
[5]) Sartorius S. 102.
[6]) Ahrens, W.: Karl Friedrich Gauß im Spiegel der Zeitgenossen und der Nachwelt. In: Braunschweiger GNC Monatsschrift. (1914), S. 428—444; insbes. S. 430—435. — Die folgenden Zitate der Wertschätzung von Gauß durch Zeitgenossen sind, falls nichts anderes bemerkt, dieser Zusammenstellung entnommen.
[7]) Bernhard von Lindenau an Gauß, 17. 5. 1813. SUB Göttingen: Nachlaß Gauß, Briefe A. Lindenau.

hieße GAUSS.[1]) So war es nicht dem Einfluß eines urteilsfähigen Ratgebers zuzuschreiben, wenn Hannovers König auf der Gedenkmedaille für GAUSS ihn als Princeps, als Fürsten der Mathematiker, bezeichnen ließ, sondern es entsprach diese Inschrift ganz einfach einer allgemein verbreiteten Überzeugung.

Wie sollte man es also Menschen verübeln, die durch die Überlegenheit des von ihnen Verehrten gehindert werden, den Abstand zu ihm zu verringern, daß sie vom Bilde ihres Helden all das fernzuhalten trachten, was es – nach *ihren* Maßstäben – verdunkeln könnte. Aber, und das darf nicht übersehen werden, es ist ja jene Brille, durch die man auf GAUSS blickte, nicht ein Erzeugnis von SARTORIUS und seinem Kreis allein; nein, an der Herstellung dieser Brille hat GAUSS selbst – bewußt und unbewußt – mitgearbeitet. Ich will das belegen.

Im zweiten Teil der GAUSS-Biographie von SARTORIUS finden sich zahlreiche mündliche Aussprüche, die in den GAUSS-Briefen ihre genaue Entsprechung haben. Einige Beispiele hierfür: GAUSS laut SARTORIUS: „Obgleich GAUSS vielleicht besser als irgend ein Lebender mit dem analytischen Kalkül vertraut war, so war er doch gegen jede mechanische Handhabung desselben sehr eingenommen und suchte seinen Gebrauch so weit zu beschränken als es die Umstände verstatteten. Er hat uns öfter gesagt, daß er keine Feder zur Rechnung ansetzte, bevor nicht das Problem vollkommen fertig von ihm im Kopf gelöst sei und der Kalkül erschiene ihm dann nur als ein Hilfsmittel, dessen er sich bei der Ausführung der Arbeit bediene."[2]) An OLBERS schrieb GAUSS am 31. 12. 1831 zu dieser Frage, „daß bei den Geometern vom ersten Range der Kalkül immer nur das Kleid sei, in dem sie das, was nicht durch Kalkül, sondern durch Meditationen über die Sache selbst geschaffen, vorführen."[3]) Und in einem Brief an SCHUMACHER heißt es: „Ich fordere, man soll bei allem Gebrauch des Kalküls, bei allen Begriffsverwendungen sich immer der ursprünglichen Bedingungen bewußt bleiben, und alle Produkte des Mechanismus niemals über die klare Befugnis hinaus als Eigentum betrachten."[4])

Ein anderes Beispiel sind die Ausführungen über die „antieuklidische Geometrie" bei SARTORIUS einerseits[5]) und zum anderen in den Briefen von GAUSS an GERLING[6]) und BESSEL.[7]) Signifikant auch die Übereinstimmung des Berichtes von SARTORIUS über das Interesse von GAUSS an der Sterblichkeitsstatistik von Säuglingen und Greisen[8]) mit einem das gleiche Thema mit nahezu denselben Worten behandelnden Brief von GAUSS an HUMBOLDT.[9]) Daß SARTORIUS dies Schreiben von GAUSS an HUMBOLDT gekannt hat, ist im höchsten Maße unwahrscheinlich. Konzepte fertigte GAUSS nicht an.

[1]) BIERMANN, KURT-R.: Zum Verhältnis zwischen Alexander von Humboldt und Carl Friedrich Gauß. In: Wissensch. Zeitschrift der Humboldt-Univ. Math.-nat. R. 8 (1958/59), S. 121–129; insbes. S. 125–126.

[2]) SARTORIUS S. 80.

[3]) WILHELM OLBERS. Sein Leben und seine Werke. Hrsg. v. C. SCHILLING. Bd. 2, Abt. 1. Berlin 1900. S. 567.

[4]) Briefwechsel zwischen C. F. Gauß und Schumacher. Hrsg. v. C. A. F. PETERS. Bd. 1–6. Altona 1860/65. Zit. Bd. 6. S. 107–108. (Brief v. 1. 9. 1850.)

[5]) SARTORIUS S. 80

[6]) Briefwechsel zwischen Carl Friedrich Gauß und Christian Ludwig Gerling. Hrsg. v. CLEMENS SCHAEFER. Berlin 1927.

[7]) Briefwechsel zwischen Gauß und Bessel. [Hrsg. v. A. AUWERS.] Leipzig 1880.

[8]) SARTORIUS S. 89–90.

[9]) BIERMANN, KURT-R.: Die Probleme der Schwereänderung und der Polhöhenschwankung sowie Fragen der Sterblichkeits- und Blitzstatistik in einem Brief von C. F. Gauß an Alexander von Humboldt. In: Forsch. u. Fortsch. **39** (1965), S. 357–361. Zit. S. 361.

Es bleibt als Erklärung der frappierenden Übereinstimmung nur, daß GAUSS im Gespräch sehr nachdrücklich die gleichen Gedanken wie im Brief geäußert und daß SARTORIUS sich sehr gewissenhaft Notizen gemacht hat. Es lassen sich weitere Belege für ein solches Verfahren beibringen. So etwa die Übereinstimmung in der Motivierung für GAUSS' russische Sprachstudien einmal in seinem Brief an SCHUMACHER am 17. 8. 1838,[1]) zum anderen bei SARTORIUS.[2]) Oder SARTORIUS' Feststellung, „Durst nach Wahrheit, verbunden mit einem heiligen Drang nach Gerechtigkeit bezeichneten vornehmlich GAUSS' erhabenen Charakter",[3]) und andererseits GAUSS' briefliche Äußerung zu STEINHEIL am 16. 3. 1836: „Meine Theorie ist mir allerdings wert, aber unendlich viel mehr: die Wahrheit."[4]) Die verblüffenden Entsprechungen, die vermehrt werden könnten, lassen keine andere Schlußfolgerung als die zu, daß GAUSS bestimmte Maximen und Reflexionen, auf die es ihm besonders ankam, mündlich und schriftlich wiederholt hat, um ihre Erhaltung zu gewährleisten. Seit langem ist es meine Überzeugung, daß GAUSS für die Nachwelt schrieb und sprach, genau so, wie es Goethe getan hat. Daß dies für GAUSS' Veröffentlichungen gilt, versteht sich. Über seine „Theoria motus corporum coelestium in sectionibus conicis solem ambientium" (1809) schrieb er seinem Verleger PERTHES mit berechtigtem Selbstbewußtsein, das Werk werde „auch noch nach Jahrhunderten studiert werden".[5]) Über die „Disquisitiones arithmeticae" (1801) äußerte er sich nicht ohne Stolz zu SARTORIUS, sie gehörten „der Geschichte an".[6]) Daß er aber auch bei der Abfassung seiner Briefe nicht nur an den Adressaten, sondern auch an künftige Leser dachte und daher meist unter Selbstkontrolle schrieb, können wir einem Brief an seinen Intimus SCHUMACHER entnehmen, als dieser mit ihm über die damals beabsichtigte (aber erst nach 35 Jahren zustande gekommene) Herausgabe seines Briefwechsels mit BESSEL korrespondierte. GAUSS erklärte nämlich bei dieser Gelegenheit: „Wenn bei der Publikation nur dasjenige unterdrückt wird, wodurch lebende Personen gekränkt werden könnten, so möchte doch wohl alles übrige, insofern es irgend ein Interesse darbietet, zulässig sein."[7])

Einen Brief BESSELS wünschte er allerdings unterdrückt zu sehen. Das inkriminierte BESSELsche Schreiben ist nun gerade ein solches, das nicht zu dem Bilde paßte, das GAUSS von sich zu entwerfen wünschte und das erhalten bleiben sollte. Es ging darin um die Frage, ob GAUSS recht daran täte, nur gänzlich Vollendetes zu publizieren, oder ob er nicht der Entwicklung der Mathematik größere Dienste leisten würde, wenn er weniger hohe Anforderungen an die Druckreife seiner Manuskripte stellen und durch die Veröffentlichung von Ideen, auch wenn sie noch nicht das Maximum des Reifeprozesses erreicht hätten, anregend und fördernd auf die Zeitgenossen wirkte.[8]) Die Äußerungen BESSELS hatten GAUSS in höchstem Maße verärgert, und er wünschte um ihretwillen die Weglassung des ganzen Briefes. Gerade anhand dieses Beispiels kann belegt werden, wie GAUSS selbst für die, ich möchte sagen, „Propagierung" seines

[1]) GAUSS/SCHUMACHER Bd. 3, S. 242–243.
[2]) SARTORIUS S. 91.
[3]) SARTORIUS S. 97.
[4]) GAUSS, CARL FRIEDRICH: Werke. Bd. 12. 1929. S. 128.
[5]) MOLLENHAUER, KARL: Briefe von Karl Friedrich Gauß. In: Braunschweig. Magazin **11** (1905), S. 25–27. Zit. S. 27. (Brief v. 17. 3. 1808.)
[6]) SARTORIUS S. 20.
[7]) GAUSS/SCHUMACHER Bd. 5, S. 161. (Brief v. 30. 5. 1846.)
[8]) GAUSS/BESSEL S. 516–517 (Brief v. 28. 5. 1837.)

Standpunktes gesorgt hat. Ich denke dabei an Briefe, die er SCHUMACHER[1]) und seinem früheren Schüler ENCKE[2]) schrieb, und in denen er nicht nur ihnen, sondern eben auch späteren Lesern mit eindringlichen Worten zu erklären suchte, warum er alles übereilte Publizieren hasse, nur Reifes zu geben wünsche, und daher nicht bereit sei, Bausteine zu liefern, sondern fertige Gebäude aufstellen wolle, denen die *sehr* viel Zeit erforderliche Mühe ihrer Errichtung nicht anzusehen sei. Die Verzögerungen, die diese Art zu arbeiten mit sich brächte, nähme er ebenso in Kauf wie die Gefahr, daß andere ihm zuvor kämen oder daß manches mit ihm ganz untergehen werde; seine Devise sei nun einmal: Durch Verknüpfungen der gewonnenen Einsichten in ihrem Zusammenhang etwas im Wesen Vollkommenes — oder gar nichts!

Daß GAUSS schon recht früh auf die Verdeutlichung dieses Standpunktes großen Wert legte, ersehen wir aus einem Gespräch, das er im September 1814 auf der Reise zum Seeberg bei Gotha mit ENCKE führte; letzterer erinnerte sich daran in seiner Antwort auf den eben erwähnten Brief: „Sie erklärten sich damals über Ihre Weise der Arbeit ganz auf die gleiche Weise; wie Ihnen die Art von EULER nicht zusage, sogleich die Resultate Ihres Nachdenkens in der Form, wie sie sich vielleicht zuerst darböten, zu publizieren mit dem Vorbehalte, später häufig und wiederholt darauf zurückzukommen, sondern wie Sie immer erst eine Vollendung und innere Zufriedenheit, sowohl der Sache als der Form nach, beabsichtigen.“[3])

So kann man verstehen, wie anstößig ihm die rhetorische Frage BESSELS vom 28. 6. 1839 war: „Hätte EULER so viel geleistet, als er geleistet hat, wenn er nicht die große Masse seiner Ideen, sondern nur ein Zehntel davon gänzlich tadellos in die Welt gesetzt hätte?“[4])

Überflüssig zu betonen, daß sich bei SARTORIUS eine genaue Entsprechung der brieflichen Äußerungen von GAUSS über sein Streben nach Vollendung findet.[5])

Ich fasse das bisher Gesagte zusammen: GAUSS wußte, daß (der Nichtmathematiker!) SARTORIUS seine Äußerungen grundsätzlichen Charakters aufzeichnete, und er war überzeugt, daß seine Briefe einst ediert werden würden; er sorgte daher durch geradezu stereotype Betonung im Gespräch wie durch nachdrückliche Unterstreichung in seinen Briefen dafür, daß diejenigen Prinzipien festgehalten wurden, die ihm unbedingt erhaltenswert erschienen. Auf diese Weise hat also GAUSS selbst zur Gestaltung jener Statue beigetragen, die sich bis etwa zu seinem 100. Todestag der bewundernden Nachwelt darbot und die keinen Menschen, sondern einen idealisierten Helden übermenschlichen Ausmaßes, „rätselhaft und unfaßbar“, darstellte.

In den rund zwei Jahrzehnten zwischen seinem 100. Todestag und seinem 200. Geburtstag sind nun deutlich erste Ansätze für eine Wandlung unseres GAUSS-Bildes erkennbar geworden. Es zeigte sich, daß von einem „eisernen“ GAUSS, von einem „rocher de bronce“[6]), keine Rede sein kann, daß GAUSS vielmehr ein höchst sensibler

[1]) GAUSS/SCHUMACHER Bd. 2, S. 45—46. (Brief v. 12. 2. 1826.) — Ebd. S. 93—94. (Brief v. 15. 1. 1827).

[2]) SCHERING, ERNST: Carl Friedrich Gauß und die Erforschung des Erdmagnetismus. Göttingen 1887. S. 40—41. (Brief v. 18. 8. 1832.)

[3]) Ebd. S. 43.

[4]) GAUSS/BESSEL S. 526.

[5]) SARTORIUS S. 82.

[6]) KÜSSNER, MARTHA: Gauß' Umzug von Braunschweig nach Göttingen im Jahre 1807 und das erste Göttinger Halbjahr. In: Mitteilungen Gauß-Gesellschaft Göttingen. **14** (1977), S. 30—47. Zit. S. 45.

und Stimmungen unterworfener, zweifelnder und suchender, ein leidender, zuzeiten aber auch – was Sartorius nicht verschwieg –[1]) fröhlicher Mensch gewesen ist. Gewiß, es lagen auch schon früher einige Dokumente mit Inhalten vor, die nicht ganz in den Sartoriusschen Rahmen paßten, und zwar auch von Persönlichkeiten, die zu den engsten Freunden von Gauss gehörten. Ich erinnere z.B. an einen brieflichen Ausspruch über die eben erwähnte Gausssche Publikationsselbstbeschränkung von Olbers, der als Astronom wie als Mensch von Gauss hochgeschätzt wurde und der seinerseits seiner tiefen Wertschätzung für Gauss nicht nur in Worten, sondern auch in Taten vielfältigen Ausdruck verliehen hat. Olbers also schrieb am 25. 1. 1825 an Bessel: „Gauss scheint mir immer erst selbst die schönsten Früchte pflücken zu wollen, zu denen der von ihm aufgefundene und gebahnte Weg hinführt, ehe er andern denselben zeigt. Ich halte dies für eine kleine Schwachheit des sonst so großen Mannes, und umso weniger zu erklären, da er bei seinem unermeßlichen Reichtum an Ideen so vieles wegzuschenken hat."[2]) Aber solche und weitere meist liebevolle Kritiken oder andere Zeugen, wie etwa die erschütternde Totenklage von Gauss um seine erste Frau,[3]) einzelne bekanntgewordene Briefe an die Söhne aus zweiter Ehe, wurden einfach nicht zur Kenntnis genommen bzw. blieben wirkungslos, weil sie nicht zu dem Satoriusschen Bild paßten. Immerhin summierten sich solche Fakten, bis etwa ab 1955 ein Umschlag von Quantität in Qualität einsetzte. Es ist immer in solchen Fällen mißlich, eine genaue Datierung vornehmen zu wollen, aber ich meine, man kann den Beginn des Umschlages, der auch heute noch keineswegs beendet ist, etwa mit dem genannten Jahr ansetzen: 1955 erschien die vielgelesene Gauss-Biographie von Erich Worbs in zwei Auflagen, in der, zum ersten Mal in einer *Lebensbeschreibung* von Gauss, von seinen Depressionen gesprochen und seine mitten unter mathematischen Aufzeichnungen befindliche Notiz „Der Tod ist mir lieber als ein solches Leben" wiedergegeben wurde.[4]) Dieser Ausspruch wirkte wie ein Paukenschlag in einer Idylle. Eine solche Wendung war in dem gängigen Bild des unerschütterlichen Gauss einfach nicht unterzubringen, sie verhallte daher nicht ungehört. Der Biograph Worbs selbst scheint sich übrigens der Wirkung jener Gauss-Notiz nicht recht bewußt gewesen zu sein.

Es würde die Grenzen dieser Ausführungen sprengen, wollte ich nun die neuen Aspekte, die die Gauss-Forschung seit 1955 eröffnet hat, in allen Einzelheiten vorführen. Ich konzentriere mich auf einige Schwerpunkte.

Durch Veröffentlichung von Nachträgen zu den früher publizierten Briefwechseln von Gauss mit Gerling[5]) und Schumacher[6]) durch Theo Gerardy wurde ein Kapitel des Lebens von Gauss ganz erhellt, das bis dahin weitgehend im Dunkeln gelegen hatte, nämlich das des gestörten Verhältnisses zu seinen beiden Söhnen aus der zweiten Ehe. Es wurde bereits gesagt, daß schon früher einige Dokumente veröffentlicht worden sind, die gewisse Schlußfolgerungen zuließen, die aber nicht gezogen wurden. Gerardy

[1]) Sartorius S. 78.

[2]) Briefwechsel zwischen W. Olbers und F. W. Bessel. Hrsg. v. Adolph Erman. Bd. 2. Leipzig 1852. S. 268.

[3]) Mack, Heinrich: Carl Friedrich Gauß und die Seinen. Braunschweig 1927.

[4]) Worbs, Erich: Carl Friedrich Gauß. Ein Lebensbild. 2. Aufl. Leipzig 1955. S. 65.

[5]) Christian Ludwig Gerling an Carl Friedrich Gauß. Sechzig bisher unveröffentlichte Briefe. Hrsg. v. Theo Gerardy. Göttingen 1964.

[6]) Gerardy, Theo: Nachträge zum Briefwechsel zwischen Carl Friedrich Gauß und Heinrich Christian Schumacher. Göttingen 1969.

zeigte nun GAUSS,[1]) wie er sich hilflos und ratlos an seine Freunde wenden mußte, um Fragen zu regeln, die eigentlich allein die Familie GAUSS angingen; wie vor allem sein früherer Schüler, die Physiker GERLING in Marburg, durch nüchternen, sachlichen Zuspruch die Panik abbaute, die Bedeutung der Probleme mit viel Lebensklugheit relativierte und durch praktischen Rat den Weg zu ihrer Lösung wies, der dann auch beschritten wurde und beiden Söhnen in Amerika Gelegenheit gab, sich zu bewähren und zu zeigen, daß sie durchaus nicht „verloren" waren, wie es GAUSS zumindest von dem älteren EUGEN annahm, der ohne jeden Zweifel der begabteste der GAUSS-Söhne gewesen ist und der einzige, der die Zahlenanschauung seines Vaters geerbt hatte. Dr. GERARDY resümierte mit vollem Recht:

„Das Verhältnis zwischen GAUSS und seinen Söhnen zeichnet also ein etwas anderes Bild als das heroische, das wir aus den Biographien kennen. GAUSS ist nur äußerlich der unerschütterliche, unnahbare Mann, in Wahrheit ist er leicht verletzlich und dann geradezu hilflos. Sonst von schnellem und klarem Entschluß, muß er sich in solchen Situationen, die eigentlich nur die Eltern angehen, auf den Rat seiner Freunde stützen. Seine Stellung weiß er nicht zu nutzen, um den Söhnen den Weg zu ebnen; das ‚Sollizitieren' ist ihm eben zuwider. Gerechtigkeit und Fürsorge ließ er ihnen angedeihen, ob er sie wie die Töchter geliebt hat, muß man füglich bezweifeln. So können ihm Pflichtdenken, Wahrheitsfanatismus und die Rücksicht des gesellschaftlichen Außenseiters auf die Umgebung das Mitgefühl für die menschlich verzeihlichen Schwächen des unbeherrschten, aber im Kern wertvollen und kongenialen Sohnes EUGEN rauben."[2])

Ein weiterer hervorhebenswerter Beitrag zur Modifizierung unseres GAUSS-Verständnisses war die Erschließung und Benutzung von Briefen, die über GAUSS zwischen ihm befreundeten Korrespondenten gewechselt wurden.[3]) Hieraus ergab sich der Zugang zu einer Seite seines Wesens, über die bis dahin fast gar nichts bekannt war, nämlich die Abhängigkeit von Stimmungen. Zwar hat er selbst in seinen Briefen oft betont, daß er zum Produzieren Heiterkeit und Ausgeglichenheit brauche. Daß er aber auch in seinem Verhalten Dritten gegenüber und in seinen Urteilen weitgehend von seinem Gemütszustand abhängig war, der wiederum durch die äußeren Verhältnisse bestimmt wurde, war unbeachtet geblieben, obwohl er gelegentlich gesagt hat: „Von unseren Handlungen sind wir Herr, aber nicht von den Wirkungen, welche Lebensverhältnisse auf unser Gemüt machen."[4]) Seiner Stimmung abträgliche Faktoren waren Disharmonien und Krankheit in der Familie, Zwang zu Entscheidungen über seine Zukunft, das Eintreten unerwarteter Ereignisse, jede Art von Termindruck, Pflicht zu Vorlesungen vor unbegabten Hörern, heißes und schwüles Wetter. Es kann nicht mehr bezweifelt werden, daß GAUSS ein von den Gegebenheiten beeinflußter Mensch gewesen ist, und nicht der immer gerechte, über dem Alltag stehende Heros von SARTORIUS. SCHUMACHER, der wohl vertrauteste Korrespondent, wußte sehr gut, daß GAUSS eine Persönlichkeit war, mit dem ohne Verstimmung auszukommen nur demjenigen möglich war, der die „Gebrauchsanweisung" besaß, will sagen, der wußte, wie man ihn zu behandeln hatte,

[1]) GERARDY THEO: C. F. Gauß und seine Söhne. In: Mitteilungen Gauß-Gesellschaft Göttingen. **3** (1966), S 25—35. — Ders.: Gauß und seine Freunde. Ebd. **7** (1970), S. 11—23.

[2]) Ders.: C, F. Gauß und seine Söhne. A.a.O. Zit. S. 34—35.

[3]) BIERMANN, KURT-R.: Über die Beziehungen zwischen C. F. Gauß und F. W. Bessel. In: Mitteilungen Gauß-Gesellschaft Göttingen. **3** (1966), S. 7—20.

[4]) Gauß an Wilhelm Olbers, 10. 12. 1831. Wilhelm Olbers. Sein Leben und seine Werke. Bd. 2. Briefwechsel zwischen Olbers und Gauß. Abt. 2. Hrsg. v. C. SCHILLING und I. KRAMER. Berlin 1909. S. 579.

nämlich „genau in den Grenzen der gewöhnlichen Höflichkeit".[1]) Schumacher gelangte zu der Schlußfolgerung, Gauss sei „a queer sort of a fellow und etwas mehr Egoist, als zum angenehmen Umgange nötig ist, aber dabei streng rechtlich und aller niederen Kniffe und Winkelzüge unfähig".[2]) Gauss könne zwar auch die Liebenswürdigkeit selbst sein, es komme dies „aber nicht häufig vor";[3]) „im Gespräche streitet er nie, wenn er Recht hat, braucht aber alle Künste der Dialektik, um einen unrichtigen Satz, den er behauptet hat, zu unterstützen."[4]) Es ist vielleicht nicht überflüssig zu unterstreichen, daß diese Urteile und Einschätzungen nicht etwa von einer Gauss ablehnend oder mit Vorbehalten gegenüberstehenden Persönlichkeit stammen, sondern eben von Schumacher, einem Manne also, der ihn tief verehrte und ihm so nahe stand, wie kaum ein anderer Zeitgenosse. Bessel bestätigte die Schumacherschen Einsichten aus eigener Erfahrung. Auch die unlängst erfolgte Veröffentlichung der letzten Gespräche von Gauss mit Rudolf Wagner[5]) ist ein Schritt auf dem Wege zu einem neuen Gauss-Bild, zeigen sie uns ihn doch als einen unter der nach außen zur Schau getragenen Ruhe und Festigkeit weichen Menschen, der hart um seine Fassung ringen muß.

Korrigiert man das Gauss-Bild dergestalt, wird manches erklärlich, was früher rätselhaft erschien, wie etwa der Widerspruch zwischen der erschütternden Klage um den Verlust seiner ersten Frau und der Tatsache einer neuen Eheschließung bereits nach 10 Monaten, der Kontrast zwischen der schwermütigen Stimmung nach dem Tode der zweiten Frau und den Enttäuschungen durch Eugen mit dem Bild, das kurz danach Wilhelm Webers Schwester von einem heiteren, fast ausgelassenen Gauss zeichnete,[6]) die Berechtigung des Ausspruchs von Alexander von Humboldt, „bei einer freien, beweglichen Natur", wie der seinigen, sei „das Zusammenleben mit Gauss nicht so leicht, wie man sich wünschte",[7]) die Auflösung des Widerspruchs zwischen den Urteilen Humboldts über Gauss, wonach dieser einerseits „illiberal reizbar", ein „wissenschaftlicher Depot",[8]) und andererseits „voll Milde und Herzlichkeit und Wärme des Charakters"[9]) sei, oder der Widerspruch zwischen seinem Gerechtigkeitsgefühl und der Tatsache, daß er, wie Jacobi es einmal überspitzt formulierte, weder Tote noch Lebende zitierte.[10])

Worin besteht nun also das Neue, worin sind die Elemente eines gewandelten und sich in Wandlung befindlichen Gauss-Verständnisses zu sehen? Gauss wird als Persönlichkeit begreifbar. Er stellt sich uns nun als ein Mensch, nicht als Übermensch, dar. Erst jetzt werden Motive und Handlungen einsichtig, die zuvor unbegreiflich waren.

1) Biermann 1966, S. 15.
2) Ebd. S. 14.
3) Ebd. S. 15.
4) Edb. S. 17.
5) Wagner 1975.
6) Wiederkehr, K.-H.: Wilhelm Eduard Weber. Erforscher der Wellenbewegung und der Elektrizität. 1804—1891. Stuttgart 1967. S. 52.
7) Biermann, Kurt-R.: Carl Friedrich Gauß im Spiegel seiner Korrespondenz mit Alexander von Humboldt. In: Mitteilungen Gauß-Gesellschaft Göttingen. **4** (1967), S. 5—18. Zit. S. 12.
8) Ebd.
9) Ebd. S. 14.
10) Biermann, Kurt-R.: Aus der Vorgeschichte der Aufforderung Alexander von Humboldts von 1836 an den Präsidenten der Royal Society zur Errichtung geomagnetischer Stationen. Dokumente zu den Beziehungen zwischen A. v. Humboldt und C. F. Gauß. In: Wissensch. Zeitschrift der Humboldt-Univ. Math.-nat. R. **12** (1963), S. 209—227. Zit. S. 222.

Hat GAUSS dadurch an Größe, an Faszination eingebüßt? Im Gegenteil. Die Bewunderung für die Leistungen des in so überaus starkem Maße von der ihn umgebenden Lebensatmosphäre Abhängigen wird noch gesteigert, wenn wir nun wissen und verstehen, daß er seine unsterblichen Werke unter nach seinen Maßstäben die geistigen Produktion keineswegs fördernden Umständen fertigstellte, daß harte Arbeit unter widrigen Begleiterscheinungen einen erheblich größeren Anteil im Verhältnis zur genialen Intuition hat, als bisher angenommen, wenn wir erkennen, daß der verletzliche, empfindliche, sensible Mann nicht nur mit ungünstigen Arbeitsbedingungen, sondern auch mit sich selbst zu ringen hatte. Die von SARTORIUS verfaßte Lebensbeschreibung wird immer eine schätzbare Primärquelle der GAUSS-Biographie bleiben, aber sie muß kritisch benutzt und durch andere Quellen ergänzt werden.

Dies gilt insbesondere auch für die Interpretation des weltanschaulich-politischen Standpunktes von GAUSS. Hier zeichnen sich erst schwache Ansätze einer tiefer gehenden Deutung ab. Bisher wurde seine konservative Einstellung mit Ablehnung aller von ihm als störend empfundenen revolutionären Strömungen und Ereignisse seinem revolutionierenden mathematischen Denken gegenübergestellt.[1]) Die Betonung des Konservatismus in seiner Haltung zu den Zeitereignissen beruht wiederum in erster Linie auf der Berichterstattung von SARTORIUS;[2]) in den Briefen finden sich Hinweise, die in diese Richtung weisen, spärlicher und weniger prononziert. GAUSS' Festhalten am Althergebrachten wird einerseits auf das Nachwirken der Förderung, die ihm in seiner Jugend der Herzog von Braunschweig hat angedeihen lassen, andererseits auf die deutsche Misere jener Zeit zurückgeführt, in der die überwiegende Mehrzahl der Intellektuellen von Fürstengunst abhängig war. Nun fällt jedoch etwas auf, was bisher nicht genügend berücksichtigt worden ist, daß nämlich ALEXANDER VON HUMBOLDT, der sich bekanntlich in seinen Briefen weitgehend an der Einstellung seiner Adressaten orientierte, gerade in den an GAUSS gerichteten Schreiben mit progressiv-kritischen Bemerkungen und Urteilen über „reaktionäre politische Bestrebungen" nicht sparte.[3]) Man könnte einwenden, daß HUMBOLDT über den Standpunkt seines Freundes nicht ausreichend unterrichtet gewesen ist. Dem steht jedoch entgegen, daß HUMBOLDT und GAUSS bei ihren mehrfachen Begegnungen 1826, 1828 und 1837 die Gelegenheit zu eingehenden Gesprächen genutzt haben; es erscheint undenkbar, daß dabei die Zeitgeschichte völlig ausgespart worden sei. Die Möglichkeit, daß HUMBOLDT seinen andersdenkenden Briefpartner überzeugen wollte, scheidet aus; jeder HUMBOLDT-Kenner weiß, daß dies niemals seine Art gewesen ist. Vielmehr muß HUMBOLDT den Eindruck erhalten haben, daß GAUSS die politische Lage und Entwicklung nicht grundsätzlich anders beurteilt hat, wie er selbst. Das wird auch dadurch gestützt, daß GAUSS in seinen Antworten HUMBOLDT nie widersprochen hat, wenn er auch nicht expressis verbis seine Zustimmung erklärte. HUMBOLDT muß sicher gewesen sein, daß GAUSS zum mindesten seine Einstellung tolerierte und die Notwendigkeit von *Reformen* eingesehen hat, — ein *Revolutio-*

[1]) KLAUS, GEORG: Gauß — ein Revolutionär in der Mathematik. In: Urania. **15** (1952), S. 132—142; insbes. S. 132—133. — KENNETH O. MAY sieht in GAUSS keinen Revolutionär in der Mathematik; er bezeichnet ihn „as hostile or indifferent to radical ideas in mathematics as in politics" (Dictionary Scient. Biography. **5** (1972), S. 298—315. Zit. S. 309). Seine Schilderung von GAUSS als *Persönlichkeit* spiegelt weitgehend die Wandlung des GAUSS-Bildes wider.

[2]) SARTORIUS S. 94.

[3]) Der Briefwechsel zwischen Alexander von Humboldt und Carl Friedrich Gauß. Neu hrsg. v. KURT-R. BIERMANN. Berlin 1977. Insbes. die Einleitung mit Zusammenstellung der betr. Briefstellen.

när war ja auch HUMBOLDT nicht. Zwar hat SARTORIUS schon die „reformatorische" Gesinnung von GAUSS erwähnt[1]) und WUSSING hat letzthin sehr zu Recht unterstrichen, daß GAUSS „politischen Reformen durchaus nicht abgeneigt" gewesen ist,[2]) jedoch bedarf dieser Fragenkomplex noch eingehenderer Untersuchung.

Als „atmosphärisch" wirksam gewesen könnte sich hierbei z. B. eine Tatsache herausstellen, die ganz kürzlich erst entdeckt wurde: Zwei Männer aus GAUSS' Umgebung, die sein volles Vertrauen genossen, nämlich sein Mechaniker MORITZ MEYERSTEIN und sein Kollege und früherer Schüler MORITZ ABRAHAM STERN, gehörten zum Freundeskreis des radikalen, zeitweise kommunistischen Publizisten KARL LUDWIG BERNAYS, der als Gérant des „Vorwärts!" in Paris 1844 in engem Kontakt zu KARL MARX stand.[3])

Sicherlich werden die durch den 200. Geburtstag von GAUSS ausgelösten Forschungen weiteres Material für ein gewandeltes GAUSS-Bild beibringen. Ich möchte glauben, daß das neue GAUSS-Verständnis, dem wir dergestalt entgegengehen, ein tieferes, objektiveres, angemesseneres sein wird, als die herkömmliche und auch heute durchaus noch nicht gänzlich überwundene klischeehafte Heldenverehrung, die die durch THEODOR FONTANE an zeitgenössische deutsche Biographen gerichtete Warnung vor dem „beautifying for ever"[4]) ignoriert.

Was aber die Zeiten überdauern wird – solches vorauszusagen fühlen wir uns berechtigt – das ist die Bewunderung für dies überragende Genie in seiner analytischen Kraft, seiner zielstrebigen Beharrlichkeit, einer beispielgebenden Nutzung der Einheit von Theorie und Praxis im mathematischen Erkenntnisprozeß, seinem intuitiven Blick für verborgene Zusammenhänge und Anwendungen sowie für die dadurch bedingte fortwirkende Vielseitigkeit.

[1]) SARTORIUS S. 95.

[2]) WUSSING, HANS: Carl Friedrich Gauß. Leipzig 1974. Insbes. S. 84.

[3]) Näheres in der noch unveröffentlichten Studie von KLIEM, MANFRED, und KURT-R. BIERMANN: Hat Alexander von Humboldt an der Ausweisung von Karl Marx 1845 aus Paris mitgewirkt?

[4]) FONTANE, THEODOR: Briefe an Georg Friedländer. Hrsg. v. KURT SCHREINERT. Heidelberg 1954. S. 2. (Brief v. 5. 12. 1884.)

A. N. Tichonow
Institut für Angewandte Mathematik, Akademie der Wissenschaften der UdSSR, Moskau

Die Automatisierung der Verarbeitung von Beobachtungen[1])

Gauss' wissenschaftliche Tätigkeit zeichnet sich durch tiefstes Eindringen in die Probleme aus. Seine Forschungen beziehen sich auf verschiedene Gebiete der Mathematik, auf Reine Mathematik, wie Zahlentheorie, und auch auf Mathematik der angewandten Gebiete, wie Astronomie, Geodäsie und Erdmagnetismus.

Sein Name ging in die Begriffswelt verschiedener Wissenschaften ein. So spricht man von der Gaussschen Krümmung in der Geometrie, vom Gaussschen Verteilungsgesetz, ein Gauss ist eine Maße inheitfür die Stärke des Magnetfeldes. Man kann sagen, Gauss war ein hervorragender Vertreter des wissenschaftlich-technischen Fortschritts seiner Zeit.

Das Thema meines Vortrages hängt mit dem Teil der Arbeiten von Gauss zusammen, der die Verarbeitung von astronomischen und geodätischen Beobachtungen betrifft. Hier ist als bedeutende Errungenschaft von Gauss die Methode der kleinsten Quadrate zu nennen. Das ist ein Lösungsalgorithmus zur Durchführung von Berechnungen.

Gauss selbst hat in außergewöhnlich großem Umfang Berechnungen durchgeführt. Die Durchführung dieser Berechnungen wurde von ihm präzis organisiert. Auf diese Weise schuf er numerische Algorithmen. Er führte aber auch tiefgehende Untersuchungen des mathematischen Inhalts der Methode der kleinsten Quadrate für die Klasse der mit zufälligen Fehlern behafteten Beobachtungen durch.

Bei der Vorbereitung auf diesen Vortrag machte ich mich mit den Gesammelten Werken von Gauss bekannt. Diese Arbeiten rufen ein Gefühl größter Hochachtung hervor sowohl vor der titanischen Arbeit, die Gauss in die im Zusammenhang mit astronomischen Beobachtungen angeführten Berechnungen legte, als auch vor den Methoden, mit denen diese Resultate erzielt wurden.

Das Problem der Verarbeitung von Beobachtungen ist in unserer Zeit eines der führenden Probleme. Es hängt mit einigen Besonderheiten unserer Zeit zusammen. In unserer Zeit ist die Durchführung von Experimenten hochautomatisiert. Das führt zu einem sehr großen Umfang an Beobachtungen, so daß das dringliche Problem der automatischen Verarbeitung von Beobachtungen entsteht.

Im Februar fand in Moskau eine Sitzung der Präsidenten der Akademien der sozialistischen Länder statt. Die Ergebnisse dieser Beratung wurden durch Veröffentlichungen in den Zeitungen und durch die Übertragung des Treffens von Leonid Iljitsch Breshnew mit den Präsidenten der Akademien der Wissenschaften der sozialistischen Länder im Fernsehen bekannt. Als führende Probleme multinationaler Forschungen wurden die Schaffung wissenschaftlicher Geräte und die automatische Durchführung von Experimenten genannt.

Gegenwärtig sind viele Erscheinungen der unmittelbaren Beobachtung nicht zugäng-

[1]) Der Vortrag wurde von M. Hartwig übersetzt und von R. Kluge bearbeitet.

lich. Hierzu gehören Fragen der Mikrowelt und Fragen des Aufbaus der Erdkruste, in die der Mensch nicht unmittelbar eindringen kann und wo er sich auf indirekte Beobachtungen stützen muß. Hierher gehören auch Probleme der Makrowelt. So geben uns gegenwärtig die wissenschaftlichen Beobachtungen indirekte Ergebnisse, indirekte Entäußerungen der Objekte und Erscheinungen, die Gegenstand unserer Untersuchung sind. Natürlich besteht unsere Aufgabe in der Untersuchung der eigentlichen Objekte und nicht ihrer mittelbaren Entäußerungen.

Die Verarbeitung von Beobachtungen wird oft auf zweierlei Art verstanden: Einmal handelt es sich um die Primärverarbeitung, eine statistische Verarbeitung der Resultate in dem Fall, in dem ihre Zahl groß ist und die Genauigkeit auf Grund einer statistischen Verarbeitung erhöht werden soll. Genauso müssen auch die durch die Apparatur bedingten Korrekturen berücksichtigt werden. Wir müssen eine hinreichend klare Vorstellung von den Charakteristiken der Apparatur, mit der die Beobachtungen durchgeführt werden, besitzen, müssen auf die Drift der Apparatur achten und Korrekturen auf Grund dieser Drift anbringen. Die Berücksichtigung sowohl der zufälligen als auch der systematischen Abweichungen führt zur Ermittlung der sogenannten Ausgangsresultate des Experiments, die Produkte der Primärverarbeitung der Beobachtungen sind. Daran anschließen muß sich die physikalische Interpretation der Beobachtungen, bei der auf Grund der *indirekten Entäußerungen* des Objekts Schlußfolgerungen betreffs seiner wirklichen Eigenschaften gezogen werden müssen.

Damit gibt es drei Momente bei der Durchführung von Beobachtungen. Erstens: die Fixierung des physikalischen Objekts oder der Erscheinung, der mittelbaren Erscheinungsformen des Objekts oder der Erscheinung, auf Langzeit-Datenträgern, z.B. auf Fotomaterial, oder, wenn die Beobachtungsergebnisse als Impulse erscheinen, durch Impuls-Zähler auf Lochband oder Magnetband. Das sind die Primärresultate der Beobachtung. Für verschiedene Experimente kann sich die Kompliziertheit dieser Fixierungen wesentlich unterscheiden.

Die zweite Etappe der Verarbeitung ist die Primärverarbeitung, und die abschließende Etappe ist die physikalische Interpretation.

Oft versteht man unter dem Wort „Beobachtungsverarbeitung" nur die erste Etappe dieser Verarbeitung. Wir gebrauchen das Wort „Verarbeitung" oder „durchgängige Verarbeitung", wenn ein Ergebnis der Forschungen, die Resultate, eine physikalische Interpretation erfahren.

Wir sprechen von der Automatisierung der Verarbeitung von Beobachtungen in dem Sinne, daß die gesamte Verarbeitung mit EDV-Anlagen durchgeführt wird, angefangen von der automatischen Eingabe der Resultate in die Maschine, der Verarbeitung entsprechend einer Primärverarbeitung in der Maschine bis hin zur eigentlichen physikalischen Interpretation in der Maschine, so daß der Mensch nicht bei der Verarbeitung Hand anlegt und die Endresultate von der Maschine eigenständig ausgegeben werden. In diesem Sinne verstehen wir die Schaffung von Systemen durchgängiger Automatisierung physikalischer Experimente. Ein ähnliches System stellten wir 1968 auf dem IFIP-Kongreß in Edinburgh im Zusammenhang mit bestimmten Kernforschungen vor.

Gestatten Sie, ausführlich bei dem Begriff der physikalischen Interpretation zu verweilen. Wenn wir von der Untersuchung eines Objekts oder einer Erscheinung sprechen, so ist es unser Ziel, einige Kennwerte dieser Erscheinungen zu erhalten. Somit ist es

[1]) russisch: проявление.

unsere Aufgabe, eine angenäherte Vorstellung der untersuchten Erscheinung zu erhalten, mehr oder weniger angenähert in Abhängigkeit von den vorliegenden experimentellen Ergebnissen und ihren Fehlern. Die Interpretation der physikalischen Beobachtungen ist mit der sogenannten „Zeichenerkennung“ verbunden. Diese Interpretation läuft folgendermaßen ab: Wir geben uns eine Klasse von Vergleichsmodellen vor, für die wir die sich aus den Beobachtungen ergebenden Folgerungen untersuchen. Weiter besteht die Aufgabe darin, aus dieser Modellklasse dasjenige Modell auszuwählen, das am besten unseren Beobachtungen entspricht, d.h. das Modell, dessen mittelbare Entäußerungen am geringsten von den Ergebnissen der Beobachtung abweichen. Solche Modelle, die am besten den Ergebnissen der Beobachtungen entsprechen, also am vollständigsten den Kriterien der Praxis genügen, nennen wir Resultate der Interpretation. Man muß also eine Klasse von Vergleichsmodellen auswählen. Dies ist eine komplizierte Aufgabe. Sie kann nur durch die gemeinsame Arbeit von Experimentatoren und Mathematikern gelöst werden, von Experimentatoren — weil sie eine bessere Vorstellung von den Erscheinungen haben, von Mathematikern — weil sie die mathematischen Möglichkeiten der Verarbeitung solcher Modelle besser erfassen. Nach der Wahl der Modellklasse muß die folgende Aufgabe gelöst werden:

Wir müssen die den Beobachtungen entsprechenden Konsequenzen finden, die aus diesen oder jenen individuellen Modellen folgen und dann durch Gegenüberstellung mit den tatsächlichen Beobachtungen ein individuelles Modell bestimmen.

Wir betrachten eine Klasse von individuellen Modellen: $\{z\} = Z$. (So hat zum Beispiel Kopernikus bei der Schaffung seines Planetensystems folgendes Modell betrachtet: Die Planeten bewegen sich auf Kreisbahnen um die Sonne.) Dann müssen wir einen Operator A bestimmen, der die Kenngrößen des individuellen Modells mit den Beobachtungsergebnissen verbindet, also mit dem, was den Beobachtungen entspricht. Wir haben im weiteren die theoretischen Konsequenzen des angenommenen Modells zu bestimmen. Sodann sind die Resultate der Beobachtung $\tilde{u}$ und Az gegenüberzustellen, um das individuelle Modell zu bestimmen, das den Folgerungen aus den Beobachtungen am vollständigsten entspricht. Man darf dabei aber nicht vergessen, daß es sich um die *Entäußerung* eines realen Objekts handelt. Az ist durch das von uns ausgewählte Modell bedingt, so daß man keine Äquivalenz des wahren u und $\tilde{u}$ erwarten kann, ganz abgesehen davon, daß jede Beobachtung mit zufälligen und systematischen Fehlern behaftet ist.

Oft versucht man mit Hilfe der Lösung einer Gleichung ein den Beobachtungsresultaten am besten entsprechendes Modell aufzustellen. Jedoch entspricht diese mathematische Problemstellung nicht der mathematischen Natur der hier auftretenden Aufgaben. Das liegt daran, daß man dabei eine inverse Aufgabe lösen muß, inverse Aufgaben aber in vielen Fällen nicht korrekt gestellt sind. Hier drückt sich das darin aus, daß diese Gleichung oft keine Lösung besitzt. Trotzdem müssen wir ein den Beobachtungen am besten entsprechendes Modell finden, also eine im Rahmen von Gleichungen nicht lösbare Aufgabe lösen. Aber, selbst wenn diese Gleichung eine Lösung besitzt, so ist die Lösung der inversen Aufgabe oft instabil, d.h. einem beliebig kleinen Fehler im rechten Teil der Gleichung können außergewöhnlich große Abweichungen in den Lösungen entsprechen. Da die rechte Seite mit gewissen Abweichungen bestimmt worden ist, kann man also davon sprechen, daß uns als Beobachtungsergebnis nicht ein Element, sondern die ganze Menge von betreffs der Genauigkeit vergleichbaren Beobachtungen gegeben ist. Wir müssen also auch die ganze Menge der bezüglich der Genauigkeit vergleichbaren Lösungen betrachten.

Die Genauigkeit der Beobachtungen sei mit δ bezeichnet. z_δ sei die gesamte Klasse der Modelle, die bezüglich der Genauigkeit zu mit der als Beobachtungsresultat erhaltenen individuellen Ausgangskurve vergleichbaren Ergebnissen führen. Alles ist gut, wenn die Menge z_δ aus einem Punkt besteht. Wenn z_δ einen kleinen Durchmesser ε hat, so kann man davon sprechen, die gesuchte Lösung mit einer ε-Genauigkeit bestimmt zu besitzen. Wenn aber die Menge z_δ groß ist, also einen großen Durchmesser hat, so sprechen wir von einer schlecht konditionierten Aufgabe. Wenn der Durchmesser unendlich ist, sprechen wir von nicht korrekt gestellten Aufgaben.

Erlauben Sie, einige numerische Beispiele zu bringen, die diese Effekte der schlechten Konditioniertheit oder Nichtkorrektheit bei der Lösung der inversen Aufgabe zeigen. Als Beispiel betrachten wir das lineare algebraische System zweier Gleichungen mit zwei Unbekannten.

$$x - y = -3{,}5,$$

$$\sqrt{2}\,x - \sqrt{2}\,y = \sqrt{7}.$$

Systeme

$$a_{11}x + a_{12}y = a_{13},$$

$$a_{21}x + a_{22}y = a_{23}$$

zweier Gleichungen mit zwei Unbekannten werden ausführlich in der Schule behandelt. Hier ist ein individuelles System angegeben, das mit Hilfe eines elektronischen Rechners mit hohem Genauigkeitsgrad gelöst wurde. Wir geben die Resultate dreier Rechnungen an: Die erste Angabe bezieht sich auf die Lösung dieses Systems mit einer Genauigkeit von 300 Dezimalstellen, die zweite von 400 Dezimalstellen und schließlich die dritte von 500 Dezimalstellen. Ich habe auch noch mit allen möglichen anderen Dezimalstellen Rechnungen durchgeführt, werde aber ihre Aufmerksamkeit damit nicht beanspruchen. Die entsprechenden x-Werte sind nach der bekannten Formel

$$x = \frac{a_{13}a_{22} - a_{12}a_{23}}{a_{11}a_{22} - a_{21}a_{12}}$$

berechnet worden. Mit 300 Dezimalstellen: $x = 1.6\ldots$ (die folgenden Ziffern sind nicht angeführt), mit 400 Dezimalstellen: $x = 10$, mit 500 Dezimalstellen: $x = 5$ (wobei die Eingabe der Daten sowie auch sämtliche Rechnungen in der Maschine mit eben diesen Zahlen von Dezimalstellen durchgeführt wurden).

Die Werte von y hängen von der benutzten Methode ab. y kann mit der Formel

$$y = \frac{a_{23}a_{11} - a_{21}a_{13}}{a_{11}a_{22} - a_{12}a_{21}}$$

aber auch mit der GAUSSschen Methode, der Methode des Ausschließens durch Einsetzen von x in die Gleichungen, berechnet werden. Wenn wir die Schulmethode anwenden, so erhalten wir für das mit 500 Dezimalstellen berechnete x nach Einsetzen in die obere Gleichung $y = 3{,}5 + 5{,}0 = 8{,}5$. Sowohl bei der Eingabe der Daten als auch bei den Berechnungen lag eine Genauigkeit von 500 Dezimalstellen zugrunde. Die Gründe für die Instabilität der Lösung sind ganz klar: es handelt sich um ein entartetes System; die Koeffizientenvektoren sind parallel. Aber bei der Eingabe des Systems in die Maschine müssen wir die irrationalen Zahlen runden. Dies Beispiel ist sehr typisch für die Verarbeitung von mit Fehlern behafteten Beobachtungen.

Wenn ein Ingenieur oder Physiker in ein Rechenzentrum zum Mathematiker kommt und eine Aufgabe bringt, so löst sie der Mathematiker unter Benutzung von Standardprogrammen und gibt dem Physiker die Resultate. Er freut sich, daß er eine Anwendungsaufgabe gelöst hat. Der Physiker freut sich, daß seine Aufgabe mittels moderner EDV-Anlagen, dieser mächtigen Forschungsmethode, gelöst wurde. Was man aber für ein Vertrauen in diese Ergebnisse legen kann, daß haben sie selbst gesehen.

Man muß sagen, daß die Lösung von Systemen algebraischer Gleichungen und die mit der Lösung solcher Systeme verbundenen Ideen in den Methoden der Verarbeitung von Beobachtungen weit verbreitet sind. So treffen wir nicht korrekt gestellte Aufgaben bei den Aufgaben der optimalen Planung im Zusammenhang mit der Lösung von Aufgaben der linearen Programmierung, und man kann sich also auf die von den hochleistungsfähigen Rechnern erhaltenen Zahlen nicht verlassen.

Erlauben Sie, ein anderes Beispiel anzugeben. Es handelt sich um die Verarbeitung spektroskopischer Beobachtungen. Wenn wir ein bestimmtes Objekt, zum Beispiel das Plasma oder ein Kernobjekt, untersuchen, so erregen wir es derart, daß eine bestimmte Strahlung ausgesandt wird, und wir wollen nach der Natur dieser Strahlung über die Natur des Objektes urteilen. Um diese Strahlung aufzuzeichnen, leiten wir diese Strahlung durch eine bestimmte Apparatur und nehmen die Resultate dieses Vorgangs auf einen Langzeit-Datenträger auf. Wir betrachten eine bestimmte Strahlung. Ihr Modell stellen wir z. B. als Energieverteilung in dieser Strahlung in Abhängigkeit von einem gewissen Parameter dar, als Frequenz für eine Aufgabe aus der Optik oder auch als Teilchenenergie für eine Energiestrahlung. Man kann hier verschiedene Beispiele aus der Physik oder Chemie nehmen. Diese Strahlung fällt auf einen Apparat A und als Ausgang erhalten wir eine Funktion u. Wenn die Aufgabe linear ist, so kann

$$A(z) = u$$

als Integral geschrieben werden:

$$\int_a^l K(x,s)\, z(s)\mathrm{d}s = u(x) \qquad (*)$$

$K(x,s)$ ist die Apparat-Funktion, welche im Zusammenhang mit dem von uns angewandten Apparat untersucht werden muß. Wir werden sie als bekannt annehmen. (*) ist eine Integralgleichung erster Art, wobei z das gesuchte Modell darstellt, also die Kurve, die die Energieverteilung im Spektrum angibt. In der Regel ist u mit Fehlern behaftet. Offensichtlich braucht diese Gleichung keine Lösung zu besitzen. Wenn $u(x)$ weniger Ableitungen nach x als K besitzt, so ist klar, daß es keine Lösung geben kann. Sollte aber eine Lösung existieren, so können doch kleinen Abweichungen im linken Teil große Abweichungen von u im rechten Teil entsprechen. Für dieses Problem mit einem bekannten Kern wurde die direkte Aufgabe gerechnet. Nach einer vorgegebenen Funktion z und einer bekannten Funktion K wurde das exakte u berechnet. Das geschah mit einer Maschinengenauigkeit von 10 Dezimalstellen. Danach wurde, wie gewöhnlich eine Verarbeitung der Beobachtungen mittels Ersetzen der Gleichung durch ein algebraisches System durchgeführt. Mit 50 Stützstellen ergab das Standardprogramm zur Lösung einer algebraischen Gleichung eine Lösung, bei deren Substitution in die Ausgangsgleichung Abweichungen von u im hundertsten Teil eines Prozent gegenüber einer exakten Lösung eintreten. Wenn wir also zwei Lösungen nehmen (uninteressant, wie sie auch immer gewonnen wurden) und beide in die Gleichung einsetzen, so werden die entstandenen Gleichungen äquivalent bezüglich einer Genauigkeit von Zehntel

Prozenten sein. Wenn wir von einer Automatisierung der Beobachtungen sprechen, wenn wir die Maschine diese Aufgabe lösen lassen wollen, so können in der Maschine verschiedene Lösungen auftreten. Welche von ihnen ist auszuwählen?

Die Fragen der automatisierten Durchführung von Experimenten sind eng verbunden mit Fragen der Automatisierung von Verarbeitungsmethoden, denn ohne Automatisierung der Verarbeitungsmethoden ist es sinnlos, eine große Anzahl von Beobachtungen zu haben. Sie bringt nichts, da uns ja die physikalische Interpretation interessiert. Aber hier treffen wir auf solche instabilen Aufgaben.

Von uns wurden Lösungsmethoden für nicht korrekt gestellte Aufgaben ausgearbeitet. Wir haben die Methoden auf diese Aufgabe angewendet. Alle Angaben sind mit einer Rechengenauigkeit von 10 Dezimalstellen erhalten worden. Das Ergebnis fällt fast vollständig mit der exakten Lösung zusammen. Dabei ist allerdings u mit einem großen Genauigkeitsgrad ermittelt worden. Ähnliches läßt sich über die Anwendung unserer Methoden auf den Fall von auf die Ausgangskurve u gelegten Abweichungen (die nicht hundertste Teile eines Prozents sondern 3; 5; 10%, also ganze Prozente betragen) sagen. Es sind also stabile Methoden zur Lösung solcher schlecht bedingten (im angegebenen Falle besser nicht korrekt gestellt zu nennenden) Aufgaben ausgearbeitet worden, Methoden, die als Grundlage für die Automatisierung der Verarbeitung von Beobachtungen dienen können. Das Prinzip dieser Methoden besteht in folgendem: Wenn Az die theoretische Folgerung des Modells ist und die Beobachtung mit einer Genauigkeit δ vorliegt, so darf man die Lösung der inversen Aufgabe nicht als Lösung einer Gleichung formulieren. Sie muß als Aufgabe der Lösung einer Ungleichung gestellt werden. Denn alle Modelle, die bezüglich der Genauigkeit äquivalent sind, sind untereinander äquivalent. Die Ungleichung bestimmt eine Klasse von bezüglich der Genauigkeit äquivalenten Modellen. Da es viele solcher Lösungen gibt, ist die Aufgabe inkorrekt gestellt. Die Lösung einer Ungleichung ist immer mehrdeutig. Wenn aber in der Mathematik eine Aufgabe nicht eindeutig gestellt ist, so gibt es die Möglichkeit, zusätzliche Bedingungen einzuführen, Auswahlbedingungen für die uns interessierende Lösung aus dieser Klasse von Lösungen. Diese Auswahl kann zum Beispiel durch Einführung eines Zielfunktionals $\Omega(z)$ realisiert werden. Wir suchen in der Klasse z_δ die individuelle Lösung $\bar{z}_\delta$, für die das Funktional Ω den kleinsten Wert annimmt. Das ist in vielen Fällen das Regulierungsprinzip. Auf diese Art wählt man eine eindeutige Lösung aus (zumindest für alle linearen Aufgaben), die wir die regularisierte Lösung nennen. Solche Schwierigkeiten sind also zu überwinden, ehe man sich mit der Automatisierung der Verarbeitung von Beobachtungen beschäftigen kann.

Bei der Durchführung der Verarbeitung entsteht eine Reihe von Fragen, die zu lösen sind. Die Aufgaben der Primärverarbeitung von Beobachtungen sind:

1. Primärverarbeitung von Beobachtungen,
2. Analyse der Anlage (wenn wir ein Gerät mehrmals benutzen, können wir annehmen, seine Charakteristik hinreichend genau zu kennen, obwohl man mit einer Drift der Parameter rechnen muß),
3. Interpretation im Rahmen der gegebenen Klasse von Modellen.

Des weiteren besitzt die Anlage gewöhnlich noch einige Steuerparameter. Zum Beispiel können die Temperatur oder der Druck eines Prozesses Einfluß haben. Das wird seinen Niederschlag in den Resultaten finden. Dabei entstehen weitere Aufgaben:

4. Wahl der Steuerparameter,
5. Genauigkeit der Interpretation.

Was ist unter Genauigkeit bei der Interpretation zu verstehen? Wir versuchen doch nicht, die wahren Kenngrößen des Objekts zu bestimmen. Das ist nicht zu erreichen. Wir erhalten immer nur eine näherungsweise Vorstellung. Von welcher Genauigkeit ist da die Rede? Wenn wir von der in der klassischen Mathematik gebräuchlichen Genauigkeit sprechen, so ist das dort die Abweichung zweier Funktionen, sagen wir in einer Metrik der gleichmäßigen Konvergenz oder in irgendeiner anderen Metrik. Hier ist das nicht möglich. Im Rahmen einer gegebenen Klasse von Modellen kann man von Genauigkeit nur in dem Sinne sprechen, daß die Genauigkeit der Bestimmung der Kenngrößen der Fehler bestimmt wird. Es muß also eine Reihe von Aufgaben bei der Interpretation gelöst werden. Wenn für jede dieser Aufgaben ein eigenes Programm auf der EDV-Anlage erstellt wird, versinken wir in den Ausmaßen der Rechnungen. Gegenwärtig gehen wir über die Schaffung multivalenter numerischer Systeme vor. Es wird ein numerisches System geschaffen, welches in den von uns beschriebenen Arbeitsregimes arbeiten soll, zum Beispiel im Regime der Beobachtungsverarbeitung, im Regime der Anlagenanalyse, im Interpretationsregime, im Regime der Wahl der Steuerparameter. Das wird mit der Methode des quasirealen Experiments verwirklicht. Nach Vorgabe eines mathematischen Modells des Objekts (Vergleichsmodell) und eines Anlagenmodells können wir die theoretischen Kenngrößen der Beobachtungen errechnen. Des weiteren können wir in die genaue theoretische Kurve in Übereinstimmung mit den Kenngrößen der Anlage Fehler und Störungen einbringen. Danach können wir diese quasireale Kurve des Modells im Interpretationsregime laufen lassen und, ähnlich wie im Beispiel, die Antwort erhalten. Dann folgt die Auswahl der Steuerparameter. Wie wird das gemacht? Wenn eine komplizierte und teure Anlage vorliegt, so ist die Bestimmung optimaler Parameterwerte durch Experimente nicht möglich. Das kann man aber mit Hilfe der mathematischen Modellierung erreichen. Betrachten wir die Kenngröße der Anlage in Abhängigkeit von einem Parameter α, so können wir den theoretischen Wert für das vorgegebene Modell in Abhängigkeit vom ausgewählten Parameter berechnen. Indem wir diese Ergebnisse im Regime des quasirealen Experiments weiterhin durch die Interpretation laufen lassen, können wir sehen, bei welchen Parameterwerten wir die beste Auflösung erhalten.

Die mathematische Modellierung erlaubt also das Auffinden optimaler Regimes der Experimentdurchführung und gleichzeitig auch optimaler Methoden der Projektierung der Apparatur.

Gegenwärtig wird keine Großanlage ohne vorheriges Durchrechnen ihres mathematischen Modells und die Auswahl eines optimalen Arbeitsregimes für die Apparatur gebaut. Das ist eine Grundlage für die Erhöhung des Tempos des wissenschaftlich-technischen Fortschritts. Die Rolle der Mathematik beim wissenschaftlich-technischen Fortschritt ist bezüglich der Erhöhung der Genauigkeit groß.

Die genannten Systeme stellen sich folgendermaßen dar: Es sind modulare Systeme, die aus einzelnen Blockmodulen bestehen, solchen Modulen wie: der Modul der Primärverarbeitung, der Modul der Analyse der Anlage, der Modul der Interpretation, der Modul der mathematischen Modulierung. Der Steuerteil enthält den Steuerblock, den Ausführungsblock und den Block zur Resultatausgabe. Die Steuerung erfolgt durch eine Sprache des höchsten Niveaus, die Befehlssprache. Zum Beispiel gibt man einen Befehl zur Berechnung der theoretischen Folgerungen in Übereinstimmung mit einem vorgegebenen Modell und einer vorgegebenen Genauigkeit und belegt sie mit einem bestimmten Rauschpegel. Der nächste Befehl lautet: Interpretation dieser Resultate für eine vorgegebene Modellklasse. In einem Archiv sollen die zugelassenen Klassen von Modellen vorliegen. So ein System ist damit multivalent, es beantwortet eine ganze Reihe von Fragen. Um die Klasse der Modelle zu erweitern, ist es ausreichend, in das Archiv einen zusätzlichen Modul einzuführen, der die benötigten Modelle enthält.

Das System erlaubt so ein leichtes Durchsehen der Lösungen einer komplizierten Aufgabe und die Lieferung wichtiger Informationen über die Projektierung wissenschaftlicher Anlagen. Das ist wichtig für den Bau wissenschaftlicher Geräte (der, wie ich schon sagte, eine der wichtigsten Aufgaben ist) und für die Fragen der Automatisierung von Beobachtungen. Denn die Automatisierung von Beobachtungen (zum Beispiel in Verbindung mit der Wahl der Beobachtungsparameter) kann nicht ohne vorherige Festlegung eines Interpretationssystems erfolgen.

GAUSS hat in seinen Arbeiten die Methode der Kleinsten Quadrate benutzt. Angewandt auf unsere Aufgabe sieht das wie eine Aufgabe zur Minimisierung der Abweichung aus. Das ist eine wichtige Methode, die Antwort gibt, ob es in der gegebenen Klasse Z von vergleichbaren Modellen ein Minimum der Abweichungen gibt, ob es also in dieser Klasse Modelle gibt, die mit den Beobachtungen vergleichbar sind. Wenn es sie nicht gibt, so ist diese Klasse von Modellen ungeeignet. So hat zum Beispiel KOPERNIKUS, als er ein mathematisches Modell des Sonnensystems einführte, gemerkt, daß dieses Modell mit den Beobachtungen (entsprechend der Genauigkeit seiner Zeit) nicht vergleichbar war. Das Kopernikanische Modell wird durch den Abstand der Planeten zur Sonne und die Winkelgeschwindigkeit der Planetenbewegung bestimmt. Im Modell des KOPERNIKUS entsprechen die Planetenabstände und die Winkelgeschwindigkeiten der Bewegungen der Himmelskörper nicht der zu KOPERNIKUS Zeiten bekannten Genauigkeit. Das ist eines der größten Dramen der Wissenschaft, die es je gab. Und erst KEPLER erweiterte und vervollständigte dieses Modell, in dem er als Modellklasse die Bewegung auf Ellipsen nahm. Später wurden durch NEWTON und LEVERRIER die Modellklassen erweitert. Neue Planeten, zuerst Neptun, dann Pluto, wurden im Rahmen der Lösung der inversen Aufgabe gefunden.

Die inversen Aufgaben sind somit ein wichtiges Mittel der naturwissenschaftlichen Forschungen und die Automatisierung dieser Aufgaben ist eine wichtige Etappe der Automatisierung der wissenschaftlichen Forschung.

W. Klingenberg
Mathematisches Institut der Universität Bonn, BRD

Die Bedeutung von Gauss für die Entwicklung der Geometrie

Als Gauss 1777 in Braunschweig geboren wurde, war noch nicht ein Jahr vergangen, seit sich Englands Kolonien in Nordamerika von ihrem Mutterland losgesagt hatten; in Frankreich unternahm Ludwig XVI. letzte verzweifelte Versuche, die Monarchie zu retten, während Katharina II. tatkräftig die Vormachtstellung Rußlands ausbaute. Von Deutschland als einer politischen Realität ließ sich nicht sprechen; und Gauss, aus proletarischen wenn auch nicht ärmlichen Verhältnissen stammend, fühlte sich durchaus als Untertan seines Herzogs Karl Wilhelm Ferdinand, dem er die ihm erwiesene Förderung zeit seines Lebens nicht vergaß.

Beim Tode von Gauss, knappe acht Jahrzehnte später, hatte die Welt sich gänzlich verändert: Das Industriezeitalter befand sich in voller Entwicklung, wozu Gauss selber durch seine technischen Erfindungen mit beigetragen hatte. Die absolutistische Macht der vielen kleinen Fürstentümer war endgültig dahin. Immer deutlicher manifestierte sich ein deutsches Nationalgefühl, wie es sich auch in den anderen europäischen Staaten herausgebildet hatte. Vor allem aber — und dies ist der eigentliche Gegenstand unserer Ausführungen — hatte sich die Mathematik und hier vor allem die Geometrie gewandelt, in einem Maße, wie es in den ganzen 2000 Jahren zuvor, seit Euklid, nicht der Fall gewesen war. Und Gauss war es, der im Zentrum dieser Umwälzungen stand.

Geometrie — das war vor zweihundert Jahren im Bewußtsein nicht nur der gebildeten Allgemeinheit sondern auch der Mathematiker gleichbedeutend mit dem Lehrgebäude des Euklid. Diesem Lehrgebäude war erneut philosophische Relevanz zugeschrieben worden durch Kants Kritik der Reinen Vernunft, in der gefordert wurde, die Geometrie mit apodiktischer Gewißheit aus der Anschauung zu motivieren.

Diese Forderung aufgreifend, stießen die kritischsten Köpfe ihrer Zeit immer wieder auf das Problem, wie dieses denn für das fünfte Postulat des Euklid, das sogenannte Parallelenaxiom, zu bewerkstelligen sei. Dieses besagt (in modifizierter Fassung): In einer Ebene gibt es zu einer Geraden durch einen nicht auf ihr liegenden Punkt genau eine nicht-schneidende Gerade — eben die Parallele. Verglichen etwa mit dem Postulat, daß durch zwei verschiedene Punkte genau eine Verbindungsgerade laufen soll, besitzt das Parallelenaxiom zweifellos ein geringeres Maß von anschaulicher Gewißheit. Dies muß auch Euklid bereits gesehen haben; stellte er doch das Parallelenaxiom ganz an den Schluß seines Lehrgebäudes, nachdem er zuvor eine ganze Reihe von Folgerungen aus den früher formulierten Axiomen gezogen hatte.

So häuften sich im Laufe des 18. Jahrhunderts die Versuche, das Parallelenaxiom aus den vorhergehenden Axiomen Euklids herzuleiten — ich nenne hier nur Saccheri, Lambert, Legendre und den Studienfreund von Gauss, Wolfgang Bolyai. Was dabei herauskam war jedoch nur, daß es zwar eine Reihe von mit dem Parallelenaxiom gleichwertigen Axiomen gibt, daß diese aber ebenfalls nicht der Kantschen Forderung nach apriorischer Evidenz genüge zu tun vermögen. Ich nenne hier nur zwei solcher Forderungen: Einmal: Die Winkelsumme im Dreieck ist zwei Rechte. Zum anderen: Der Flächeninhalt eines gleichseitigen Dreiecks mit über alle Grenzen wachsenden Seitenlängen wird beliebig groß.

GAUSS beschäftigte sich ebenfalls mit den hier aufgeworfenen Problemen. Aber selbst seinem Freunde WOLFGANG BOLYAI gegenüber übte er größte Zurückhaltung und teilte ihm nichts mit von dem, was für ihn dabei herauskam. Etwa um 1816 muß er sich dann endgültig zu der Einsicht durchgerungen haben, daß es eine widerspruchsfreie „antieuklidische" Geometrie gibt, in der alle Axiome EUKLIDS gelten, mit Ausnahme des Parallelenaxioms. Dieses wird ersetzt durch die Aussage: In einer Ebene gibt es zu einer Geraden durch einen nicht auf ihr liegendem Punkt zwei verschiedene Geraden mit der Eigenschaft, daß die eine dem einen Ende und die andere dem anderen Ende der gegebenen Geraden asymptotisch nahe kommt, ohne diese zu treffen. Durch den Punkt laufen dann noch beliebig viele nicht schneidende Geraden innerhalb des von den beiden Asymptoten begrenzten Gebietes.

Wie GAUSS ebenfalls bemerkte, ist dieses Axiom gleichwertig mit der Existenz einer absoluten Längeneinheit — etwa der Seitenlänge eines gleichseitigen Dreiecks mit der Winkelsumme 179, 999°, wie er es einmal vorschlägt.

GAUSS hat niemals etwas über diese seine Erkenntnisse veröffentlicht. Wir können nur an Hand von Briefen und Tagebuchaufzeichnungen versuchen, uns ein Bild von dem zu machen, wozu GAUSS sich mühsam, gegen ein zweitausend Jahre altes Dogma angehend, durchgerungen hatte. So waren es dann zwei andere Mathematiker, der Russe LOBATSCHEFSKIJ und der Ungar JOHANN BOLYAI — ein Sohn von GAUSS' Jugendfreund WOLFGANG BOLYAI — die, ganz unabhängig voneinander, um das Jahr 1830 herum etwas über die Möglichkeit einer antieuklidischen Geometrie publizierten.

Diese Veröffentlichungen blieben zunächst gänzlich unbeachtet. Nur GAUSS, der über WOLFGANG BOLYAI sehr bald Kenntnis erhielt von den Arbeiten des JOHANN BOLYAI, wußte diese epochemachenden Entdeckungen sogleich voll und ganz zu würdigen. Von den Arbeiten LOBATSCHEFSKIJS, die 1829/30 in dem Kasaner Boten auf russisch erschienen waren, erhielt GAUSS erst 1840 durch eine Übersetzung Kenntnis. Es verging mehr als ein halbes Jahrhundert, bis die dann mit dem Namen hyperbolische Geometrie versehenen Theorien den Charakter einer Kuriosität verloren hatten und als ein neues, in sich logisch geschlossenes mögliches Modell für den Anschauungsraum allgemein akzeptiert wurden. Zu der Durchsetzung dieser Einsicht haben vor allem RIEMANN, BELTRAMI, KLEIN und POINCARÉ beigetragen.

Im Laufe dieser Entwicklung hatte sich herausgestellt, daß als in vieler Hinsicht gleichberechtigt neben die antieuklidische Geometrie die sogenannte elliptische Geometrie des projektiven Raumes mit Maßbestimmung zu treten habe — daher auch der neuere Name hyperbolische Geometrie für die Geometrien von GAUSS-LOBATSCHEFSKIJ-BOLYAI. In der elliptischen Geometrie gibt es überhaupt keine Nicht-Schneidenden; auch ist sie endlich. Jedoch sind die übrigen Postulate EUKLIDS erfüllt in dieser Geometrie.

Noch zwingender wird die Notwendigkeit, neben die euklidische Geometrie nicht eine sondern zwei neue Geometrien — eben die hyperbolische und die elliptische — zu stellen, wenn man den Begriff der Krümmung heranzieht. Dies war sicherlich LOBATSCHEFSKIJ und BOLYAI nicht klar. Dagegen dürfen wir annehmen, daß GAUSS dies gesehen hat. Und zwar in Zusammenhang mit seinem zweiten großen Beitrag zu der Befreiung von den

Schranken, die der Geometrie durch die Autorität Euklids gesetzt waren, nämlich der Theorie der gekrümmten Flächen.

Wie so häufig bei wirklich fundamentalen Fortschritten in der theoretischen Mathematik kam die Anregung hierzu aus der Praxis. Gauss war beauftragt, das Königreich Hannover zu vermessen. Damit stellte sich ihm die Aufgabe, Eigenschaften einer Fläche im dreidimensionalen Raum durch Koordinaten in einer Ebene zu beschreiben; diese sollten womöglich die metrischen Verhältnisse auf der Fläche weitgehend widerspiegeln. Zumindest sollten die Koordinaten winkeltreu sein, d.h., wie wir heute sagen, die Fläche sollte auf isotherme Parameter bezogen sein. Dieses legt die Parameter jedoch nicht fest. Von geometrischer Relevanz sind nur solche Eigenschaften, die unabhängig sind von der Parameterwahl.

Die Frucht seiner langjährigen Arbeiten veröffentlichte Gauss 1828 unter dem Titel „Disquisitiones generales circa superficies curvas“. Bereits 1825 waren wichtige Vorarbeiten hierzu erschienen. Der Kernpunkt seines Werkes bildet die Lehre von den kürzesten Linien und von der Krümmung. Auf einer Fläche kann man kleine gleichschenklige Dreiecke definieren als das Flächenstück, das von drei gleichlangen Kürzesten begrenzt wird. Die Winkelsumme in einem solchen Dreieck wird sich im allgemeinen von zwei Rechten unterscheiden. Man dividiere diesen Unterschied durch den Flächeninhalt des Dreiecks. Im Limes, wenn man das Dreieck auf seinen Mittelpunkt zusammenschrumpfen läßt, erhält man eine Zahl, genannt Krümmung der Fläche in diesem Punkt. Der Wert dieser Zahl ist a priori nicht irgendwelchen Einschränkungen unterworfen.

Falls insbesondere die Krümmung konstant ist, so ergeben sich die drei Typen von Geometrien, die wir oben erwähnt hatten, jedenfalls im Kleinen: Bei konstanter negativer Krümmung sieht die Fläche lokal wie ein Stück der hyperbolischen Ebene aus; bei konstanter Krümmung Null erhalten wir ein Stück der euklidischen Ebene; und bei konstanter positiver Krümmung ist die Fläche lokal kongruent zu einem Stück der elliptischen Ebene.

Es ist wichtig zu bemerken, daß diese Kongruenz nur für kleine Stücke zu gelten braucht. Selbst wenn man von der Fläche voraussetzt, daß sie in einem sehr präzisen Sinne vollständig ist, kann man kein Modell für die gesamte hyperbolische Ebene im Raum finden, auch wenn man Selbstdurchdringungen zuläßt. Dies ist ein berühmtes Resultat von Hilbert. So wird es verständlich, weshalb es so große Schwierigkeiten bereitet hatte, die logische Möglichkeit einer nicht-euklidischen Geometrie einzusehen.

Ebensowenig läßt sich die elliptische Ebene einbetten als Fläche in den Raum, es sei denn, man nimmt die abgeschlossene Halbsphäre und identifiziert Diametralpunkte auf dem Rande.

Aber auch ganz unabhängig von der Frage nach der Möglichkeit irgend einer Realisierung der nicht-euklidischen Geometrien als Flächen im Raum entdeckten die Geometer im Gefolge von Gauss — insbesondere Clifford und Klein — daß lokal kongruente, vollständige Geometrien global durchaus wesentlich verschieden sein können. Die Frage nach der Klassifizierung aller dieser sogenannten Raumformen einer Geometrie ist auch heute noch nicht vollständig gelöst für alle Dimensionen.

Mit der Entdeckung der nicht-euklidischen Geometrie und der Grundlegung der Theorie der gekrümmten Fläche sind Gauss' geometrische Arbeiten nicht erschöpft; aber dieses sind zweifellos für die weitere Entwicklung der Geometrie folgenreichste Leistungen.

Der bedeutendste Nachfolger von GAUSS war RIEMANN. Er war der erste und für lange Zeit auch der einzige, der das ganze Ausmaß der GAUSSschen Ideen und ihre Konsequenzen zu ermessen vermochte. In seinem Habilitationsvortrag von 1854, ein Jahr vor dem Tode von GAUSS, entwarf er in kühnen Zügen den Gedanken eines allgemeinen, nur noch punktal euklidischen Raumes, der die völlige Loslösung von der starren Form EUKLIDS bringt, dabei aber nicht im Uferlosen gestaltlos zerfließt, sondern ein vollkommenes Gehäuse schafft für jegliche physikalische Naturbeschreibung.

Während RIEMANN die heute mit seinem Namen versehenen Räume konzipierte, stellten andere den Homogenitätscharakter der euklidischen sowie der nicht-euklidischen Geometrien heraus. FELIX KLEIN schuf mit dem Begriff der Automorphismengruppe die angemessene Beschreibung für eine solche Homogenität: Je größer die Automorphismengruppe, desto ähnlicher wird der Raum einer der drei klassischen Geometrien.

Aus dem Begriff der Automorphismengruppe und der Transformationsgruppe abstrahierten LIE und KILLING die Theorie der kontinuierlichen Gruppen. E. CARTAN führte diese Theorie, soweit sie halbeinfache Gruppen betrifft, zum Abschluß. Zugleich klassifizierte er die symmetrischen Räume. Diese sind als natürliche Verallgemeinerung der klassischen Geometrien zu betrachten, insofern sie einen besonders hohen Grad von Homogenität besitzen. Bis in die Gegenwart hinein hat sich dieser Zweig der Geometrie großer Wertschätzung – neuerdings hört man auch manchmal: Zu großer Wertschätzung – erfreut. Hierher gehört die Theorie der Darstellungen LIEscher Gruppen sowie die Erfindung immer neuer Geometrien. Hervorragende Mathematiker haben sich hier ausgezeichnet, ich nenne nur H. WEYL, FREUDENTHAL und TITS.

Neben diese Weiterführung der Homogenitäts- und Symmetrie-Eigenschaften der klassischen Geometrien bis hin zu den LIE-CARTAN-TITS-Geometrien tritt als anderes Extrem in dem breiten Spektrum der Geometrie die außerordentliche Entwicklung, welche die Analysis Situs in Form der modernen Topologie genommen hat. Die euklidische Geometrie liefert hier nichts; aber bereits die Möglichkeit einer euklidischen Raumform, zum ersten Male durch die CLIFFORD-Flächen aufgezeigt, bringt die Topologie ins Spiel. GAUSS selber hat in dem Integral der Krümmungsform über eine geschlossene Fläche den Zusammenhang mit der EULERschen Charakteristik – jedenfalls für die Sphäre – gekannt. In seiner allgemeinen Form ist dies der berühmte Satz von GAUSS-BONNET.

Es bedurfte großer Anstrengungen, an der nach MINDING vor allem BETTI, RIEMANN und POINCARÉ mitwirkten, bis sich solche Dinge, die wir heute Homologiegruppen und Dualitätssätze nennen, aus den geometrischen Gegebenheiten herauskristallisierten. Auf die mengentheoretische Topologie, die recht eigentlich mit HAUSDORFF einsetzt, will ich hier gar nicht eingehen. Hervorheben will ich nur, daß es stets geometrisch motivierte Probleme waren, aus denen die Topologie ihre fruchtbarsten Impulse bezog. Beispielhaft hierfür ist das Werk von HEINZ HOPF. Aber auch BROUWER, LEFSCHETZ, HEEGAARD, ČECH und REIDEMEISTER – um nur einige Namen zu nennen – bezogen ihre Intuition aus dem Material, was sich unter dem Obertitel „Geometrie" im Gefolge von GAUSS entwickelt hatte.

Einen Schritt fort zur Mitte hin von der extremen Stellung der Topologie im Reiche der Geometrie wird von der Theorie der differenzierbaren Mannigfaltigkeiten gebildet. WHITNEY, MORSE, BOTT, THOM, MILNOR, SMALE und NOVIKOV seien als einige der führenden Köpfe in diesem als selbständige Disziplin noch recht jungen Teilgebiete der Geometrie genannt.

In den Umkreis der Geometrie gehört jedenfalls teilweise auch die Theorie der algebraischen Mannigfaltigkeiten, wie dies besonders von Kähler herausgestellt wurde. Dabei ist dies Gebiet seit Gauss und Riemann stets selbständig gewesen und darf nicht als ein bloßes Teilgebiet der Differentialgeometer betrachtet werden. Dennoch, die Berührpunkte waren stets mannigfach, und neben Poincaré und H. Weyl seien Hodge, Chern und Hirzebruch als Repräsentanten der neueren Entwicklung genannt.

Etwas isoliert vom Hauptstrom der Geometrie hat sich seit Beginn des Jahrhunderts das als Grundlagen der Geometrie bezeichnete Gebiet entwickelt. Man darf Hilberts gleichnamiges Buch als den eigentlichen Beginn dieser Arbeitsrichtung ansehen, obwohl es schon Vorläufer gab, insbesondere Pasch. Eines der Anliegen von Hilbert war die Untersuchung der logischen Abhängigkeit zwischen verschiedenen Gruppen geometrischer Axiome. Er verlor dabei niemals den engen Zusammenhang mit der klassischen Geometrie und der zu ihr gehörenden Analysis aus den Augen. Erst in seiner Nachfolge wurden Gebilde wie nicht-desarguessche Ebenen, Ebenen mit ganz schwachen Ordnungsrelationen und ähnliche von Ferne etwas blutarm anmutende Gebilde Gegenstand vielfältiger Untersuchungen. Als führende Vertreter, die sich gegen die genannten Versuchungen erfolgreich zu wehren verstanden, seien Hjelmslev, Reidemeister und Bachmann genannt.

Als eigentliche Treuhänder der durch Gauss begründeten Theorie der gekrümmten Flächen, der mit seinem Pfunde wucherte, darf sich die Differentialgeometrie im engeren Sinne einschließlich der Riemannschen Geometrie betrachten. Aus der großen Fülle der verdienstvollen Gelehrten in diesem Gebiete möchte ich hier nur Bianchi und Ricci, Cartan und Blaschke, Veblen, Chern, A. Alexandrow, Pogorelow, Berger, Obata, Gromoll und Gromov nennen.

Schließlich, aber deshalb nicht weniger wichtig, bestehen seit jeher enge Verbindungen zwischen der Geometrie und der klassischen Mechanik. Dies wird von den Geometern oft nicht genügend beachtet, obwohl bereits Poincaré die Verwandtschaft des restringierten Dreikörperproblems mit der Theorie der geodätischen Linien auf einer konvexen Fläche hervorgehoben hat. Als führende Vertreter der geometrischen Richtung der Hamiltonschen Systeme nenne ich den älteren Birkhoff, Siegel, Moser und Arnold.

Mit dieser umfangreichen, aber dennoch sehr unvollständigen Aufzählung möchte ich schließen. Wir erkennen, wie weit sich zweihundert Jahre nach der Geburt von Gauss der Horizont der Geometrie spannt. Es bleibt die Frage, wo die Geometrie heute ihren Schwerpunkt besitzt.

Thom hat als ein wichtiges Merkmal für die verschiedenen Zweige der Mathematik deren mehr quantitativen oder mehr qualitativen Charakter hervorgehoben. Gerade für die Geometrie ist dieses eine wichtige Unterscheidung, insbesondere im Hinblick auf ihre historische Aufgabe, bei der Aufklärung der Struktur der Erscheinungswelt mitzuwirken.

Typischer Repräsentant der quantitativ orientierten Richtung sind die Lieschen Gruppen mit ihren zugehörigen hoch-homogenen Geometrien. Hier läßt sich im Prinzip alles kalkülmäßig bestimmen durch Bezug auf die Lieschen Algebren und ihre Darstellungen.

Auf der anderen Seite sind die struktur-stabilen dynamischen Systeme und hier insbesondere solche mit generischen Eigenschaften hervorragende Vertreter der qualitativen Richtung in der Geometrie. Nur sie vermögen physikalische Phänomene angemessen zu beschreiben. Denn es ist prinzipiell unmöglich, empirisch die feine, ich möchte sagen, über-feine Struktur der hoch-homogenen Räume zu verifizieren. Dies gilt schon für die Gültigkeit des Parallelenpostulats.

Daher ist das Herzstück der Geometrie nicht in den glatt polierten LIEschen Gruppen und ihren Derivaten zu suchen; auch nicht in den Grundlagen der Geometrie, die dauernd in der Gefahr stehen, sich in künstlich geschaffenen Problemen zu verlieren, statt die Verbindung mit dem Hauptstrom der Geometrie zu pflegen. Auch dort, wo Klassifizierung zu einem Selbstzweck zu werden droht, wie in einigen der genannten Teilgebiete, kann auf die Dauer gesundes Leben sich nicht entfalten.

Die lebendige, fortwirkende Kraft für die weitere Entwicklung der Geometrie kann vielmehr nur dort gefunden werden, wo die immer neu sie konfrontierende Herausforderung angenommen wird, bei der Aufklärung der Phänomene der Anschauungswelt mitzuwirken. Untersuchungen zur Existenz und Stabilität periodischer Bahnen gehören ebenso hierher wie das Studium von generischen Singularitäten, um nur zwei Beispiele zu nennen.

Die Frage nach der „Wahrheit" des Parallelenaxioms, die sich schließlich als falsch gestellte Frage erwies; die Aufgabe, die Erdoberfläche zu beschreiben, die eben *nicht* kugelrund ist; das waren die Probleme, durch die GAUSS einst zu seinen großen Leistungen angespornt wurde. Seien wir uns darüber im klaren, daß auch heute noch der eigentliche Sinn der Geometrie in der Bewältigung solcher naturgegebenen Problemstellungen besteht.

A. W. Bizadse

Steklow-Institut der Akademie der Wissenschaften der UdSSR, Moskau

Über einige Klassen exakter Lösungen des Systems der Maxwell-Einsteinschen Gleichungen

In diesem Vortrag stellen wir eine einfache Methode vor zur Konstruktion von Klassen exakter Lösungen des nichtlinearen Systems partieller Differentialgleichungen

$$\sum_{\alpha,\beta=1}^{n} a_{\alpha\beta}(x)\left[\frac{\partial^2 u_i}{\partial x_\alpha \partial x_\beta} - \sum_{k=1}^{m} b_i^k(u_1, \ldots, u_m)\frac{\partial u_k}{\partial x_\alpha}\frac{\partial u_k}{\partial x_\beta}\right] = 0 \tag{1}$$

$$i = 1, \ldots, m,$$

wobei $a_{\alpha\beta}$ gegebene Funktionen des Punktes $x = (x_1, \ldots, x_n)$ sind und b_i^k ebenfalls gegebene im allgemeinen komplex analytische Funktionen ihrer Argumente mit den möglichen Singularitäten.

Nach einer Substitution der abhängigen Variablen

$$u_k = \varphi_k(v), \quad k = 1, \ldots, m, \tag{2}$$

wobei φ_k, v neue gesuchte Funktionen sind, erhält das System (1) folgende Gestalt

$$\sum_{\alpha,\beta=1}^{n} a_{\alpha\beta}(x)\left[\varphi_i' \frac{\partial^2 v}{\partial x_\alpha \partial x_\beta} + \left(\varphi'' - \sum_{k=1}^{m} b_i^k \varphi_k'^2\right)\frac{\partial v}{\partial x_\alpha}\frac{\partial v}{\partial x_\beta}\right] = 0. \tag{3}$$

Die Gleichung (3) ist erfüllt, falls gilt

$$\varphi_i'' - \sum_{k=1}^{m} b_i^k(\varphi_1, \ldots, \varphi_m)\,\varphi_k'^2 = 0, \tag{4}$$

$$\sum_{\alpha,\beta=1}^{n} a_{\alpha\beta}(x)\frac{\partial^2 v}{\partial x_\alpha \partial x_\beta} = 0. \tag{5}$$

Unter der Bedingung, daß die Funktionen φ_k, $k = 1, \ldots, m$, das System gewöhnlicher nichtlinearer Gleichungen (4) erfüllen und $v(x)$ Lösung der linearen partiellen Differentialgleichung (5) ist, liefert (2) eine Lösung des Systems (1). Speziell für $m = 1$ ist das System (1) mit $b_1^1 = b(u)$, $u_1 = u$ eine einzige Gleichung

$$\sum_{\alpha,\beta=1}^{n} a_{\alpha\beta}(x)\left[\frac{\partial^2 u}{\partial x_\alpha \partial x_\beta} - b(u)\frac{\partial u}{\partial x_\alpha}\frac{\partial u}{\partial y_\beta}\right] = 0. \tag{6}$$

Eine Lösung $\varphi(v)$ der gewöhnlichen Differentialgleichung

$$\varphi'' - b(\varphi)\varphi'^2 = 0$$

erhält man in impliziter Form durch Quadratur (vgl. [1])

$$v(x) = \alpha \int_0^{\varphi} \exp\left(-\int_0^{\tau} b(t)\mathrm{d}t\right)\mathrm{d}\tau + \beta, \tag{7}$$

wobei α,β beliebige Konstanten sind. Wenn man aus der Gleichung (7) die Funktion φ explizit durch v bestimmen kann mit $v(x)$ als allgemeiner Lösung der Gleichung (5), so liefert die Formel $u = \varphi(v)$ die allgemeine Lösung der Gleichung (6). In diesem Fall ist der Charakter der Nichtlinearität der Gleichung (6) vollständig durch die Beziehung (7) bestimmt zwischen den Funktionen $u(x)$ und $v(x)$. Folglich erzeugen die Probleme (Randwert-, Anfangswert- usw. in Abhängigkeit vom Gleichungstyp), die für die Gleichung (6) zu formulieren sind, entsprechende Probleme für die Gleichung (5), wobei die Korrektheit der Aufgabenstellung für die Ausgangsgleichung von der Korrektheit der für die Gleichung (5) erhaltenen Aufgabe abhängt und von der Möglichkeit, die Gleichung (7) nach u aufzulösen.

Im Fall $m > 1$ erhält man jedoch nach der dargestellten Methode im allgemeinen nicht die allgemeine Lösung des Systems (1), aber man kann manchmal breite Teilklassen von Lösungen dieses Systems konstruieren.

Wir illustrieren das Gesagte am Beispiel des Systems der MAXWELL-EINSTEINschen Gleichungen [2, 3, 4]

$$\begin{aligned}(\mathrm{Re}E + \Phi\overline{\Phi})\,\Delta E - (\operatorname{grad} E + 2\overline{\Phi}\operatorname{grad}\Phi)\operatorname{grad} E = 0,\\ (\mathrm{Re}E + \Phi\overline{\Phi})\,\Delta\Phi - (\operatorname{grad} E + 2\overline{\Phi}\operatorname{grad}\Phi)\operatorname{grad}\Phi = 0.\end{aligned} \tag{8}$$

Wenn wir E und Φ in der Form

$$E = \varphi(v), \quad \Phi = \psi(v) \tag{9}$$

(vgl. [4]) suchen, so erhalten wir aus (8)

$$\begin{aligned}(\varphi + \overline{\varphi} + 2\psi\overline{\psi})\,[\varphi'\Delta v + \varphi''(\operatorname{grad} v)^2] - 2(\varphi' + 2\overline{\psi}\psi')\,\varphi'(\operatorname{grad} v)^2 = 0,\\ (\varphi + \overline{\varphi} + 2\psi\overline{\psi})\,[\psi'\Delta v + \psi''(\operatorname{grad} v)^2] - 2(\varphi' + 2\overline{\psi}\psi')\,\psi'(\operatorname{grad} v)^2 = 0.\end{aligned} \tag{10}$$

Wenn wir die Funktionen φ und ψ als Lösungen des Systems gewöhnlicher Differentialgleichungen

$$\begin{aligned}(\varphi + \overline{\varphi} + 2\psi\overline{\psi})\,\varphi'' - 2\varphi'(\varphi' + 2\overline{\psi}\psi') = 0,\\ (\varphi + \overline{\varphi} + 2\psi\overline{\psi})\,\psi'' - 2\psi'(\varphi' + 2\overline{\psi}\psi') = 0\end{aligned} \tag{11}$$

wählen, so folgt aus (10), daß $v(x)$ eine harmonische Funktion sein muß. Wenn also φ und ψ das System (11) erfüllen, so bilden die durch (9) bestimmten Funktionen E und Φ für eine beliebige harmonische Funktion $v(x)$ eine Lösung des Systems (8).

Unter der Annahme $\psi = \text{const.} = c$ ist das System (11) äquivalent zu einer Gleichung

$$(\varphi + \overline{\varphi} + 2|c|^2)\varphi'' - 2\varphi'^2 = 0. \tag{12}$$

Es ist leicht zu sehen, daß die Funktion

$$\varphi = i\gamma\frac{e^{\lambda v} - i\alpha}{e^{\lambda v} + i\beta} - |c|^2 \tag{13}$$

für beliebige reelle Konstanten $\alpha,\beta,\gamma,\lambda$ Lösung der Gleichung (12) ist. Für $c = 0$, $\beta = 0$ und $\alpha = 1$, $\beta = 1$ folgt aus (13) eine entsprechende Lösung $\varphi = \alpha\gamma e^{-\lambda v} + i\gamma$ und $\varphi = \gamma(\cosh\lambda v + i\tanh\lambda v)$, wie es in [5] bereits angegeben ist.

Für $\varphi = \text{const.} = c + i\nu$ betrachten wir die Fälle $c = 0$, $c = \delta^2$, $c = -\delta^2$ getrennt. Für $c = 0$ hat die allgemeine Lösung des Systems (11) die Gestalt

$$\varphi = i\nu, \quad \psi = \frac{1}{\lambda v + \mu}$$

für beliebige komplexe Konstanten λ und μ und eine reelle Konstante ν. Durch unmittelbare Rechnung können wir uns davon überzeugen, daß für $c = \delta^2$ oder $c = -\delta^2$

$$\varphi = \delta^2 + i\nu, \quad \psi = \delta e^{i\omega} \frac{e^{i\lambda v} + \alpha e^{-i\lambda v}}{\alpha e^{i\lambda v} - e^{-i\lambda v}}$$

bzw.

$$\varphi = -\delta^2 + i\nu, \quad \psi = \delta e^{i\omega} \frac{1 + \beta e^{\lambda v}}{1 - \bar{\beta} e^{\lambda v}}$$

Lösung des Systems (11) sind für beliebige reelle Konstanten $\alpha, \delta, \lambda, \nu, \omega$ und komplexes β (vgl. [6]). Wenn die Funktionen φ und ψ beide von Konstanten verschieden sind, erhalten wir aus (11) $\psi = \gamma\varphi + \mu$, wobei γ und μ beliebige komplexe Konstanten sind. Unter Annahme $\gamma\bar{\mu} = -\frac{1}{2}$ erhalten wir aus (11) zur Bestimmung der Funktion φ

$$(2\gamma\bar{\gamma}\varphi\bar{\varphi} + 1)\,\varphi'' - 8(\gamma\bar{\gamma})^2\,\bar{\varphi}(\varphi')^2 = 0. \qquad (14)$$

Es ist offensichtlich, daß die Funktion

$$\varphi = \frac{1}{2\gamma\bar{\gamma}} e^{i\omega} \frac{e^{i\lambda v} + \alpha e^{-i\lambda v}}{\alpha e^{i\lambda v} - e^{-i\lambda v}}$$

für beliebige reelle Konstanten α, λ, ω die Gleichung (14) erfüllt und somit

$$E = \varphi(v), \quad \Phi = \gamma\varphi(v) - \frac{1}{2\bar{\gamma}}$$

Lösung des Systems (8) in dem betrachteten Fall ist. Lösung des Systems (11) ist auch jedes Paar von Funktionen φ, ψ der Form

$$\varphi = \frac{1}{\beta e^{\lambda v} - |\alpha|^2}, \quad \psi = \frac{\alpha}{\beta e^{\lambda v} - |\alpha|^2},$$

wobei α eine beliebige komplexe und β, λ beliebige reelle Konstanten sind.

Die Gleichung (11) ist ein nichtlineares System zweiter Ordnung von vier gewöhnlichen Differentialgleichungen für vier reelle gesuchte Funktionen der Variablen v, dessen Lösungen natürlich nicht durch die oben angegebenen Ausdrücke für φ, ψ erfaßt sind.

Literatur

[1] A. W. BIZADSE, Funct. Theor. Meth. for Partial Diff. Equations, Darmstadt, Springer Lecture Notes **561** (1976) 10–15.
[2] F. J. ERNST, J. Math. Phys. **17**, 1 (1976) 54–56.
[3] R. CATENACCI, J. D. ALONSO, J. Math. Phys. **17**, 12 (1976) 2232–2235.
[4] А. В. БИЦАДЗЕ, ДАН СССР, **233**, 4, 517–518 (1977).
[5] А. В. БИЦАДЗЕ, В. И. ПАШКОВСКИЙ, Тр. Мат. ин-та им. В. А. СТЕКЛОВА АН СССР, **134**, (1975) 26–30.
[6] А. В. БИЦАДЗЕ, ДАН СССР, **222**, 4 (1975) 765–768.

В. А. Крат (W. A. Krat)
Пулковская обсерватория, СССР (Observatorium Pulkowo, UdSSR)

Morphologie der Struktur und Dynamik der Sonnenatmosphäre und die Gauss-Verteilung von zufälligen Größen

(Zusammenfassung)

Die Struktur und die Evolution des Plasmas der äußeren Schichten der Sonne ist im großen und ganzen bestimmt durch den Energietransport aus den Sonneninneren in den äußeren Raum. Der Fluß der Energie besteht aus Strahlungsenergie, Energie der Konvektion und Magnetfeldenergie. Die Fluktuationen des Energietransports führen zu der Entstehung der Feinstruktur der Sonnenatmosphäre. Der Phasenunterschied und eine Dispersion in der Amplitude der Fluktuationen erlauben uns anzunehmen, daß der Zustand der einzelnen Elemente im allgemeinen eine zufällige Funktion der Zeit ist. Trotzdem ist die räumliche Verteilung der Elemente keineswegs zufällig.

Um den Charakter der Feinstruktur zu analysieren, haben wir das Material des sowjetischen fliegenden Stratosphären-Observatoriums auf verschiedenem Wege mit den Methoden der Holographie und Statistik bearbeitet. Wir haben gefunden, daß die Struktur der Photosphäre nicht durch die Konvektionsprozesse bestimmt ist, wie bis jetzt behauptet wurde, sondern einen magnetischen Charakter hat und mit den Sonnenflecken und anderen aktiven Erscheinungen verbunden ist. Wir können jetzt behaupten, daß der Unterschied der Sonne von den sogenannten magnetischen Sternen nicht so groß ist, wie angenommen wurde, und daß die Magnetfeldenergie eine bedeutende Rolle in der Struktur und der Evolution der Sonne spielt. Alle unsere Resultate sind auf die entwickelte mathematische Gausssche Theorie der zufälligen Größen begründet. Dieser Vortrag gibt nur eine Illustration der außerordentlichen Wichtigkeit der mathematischen Methoden, die zuerst von Gauss für die moderne Astrophysik und Physik vorgeschlagen wurden.

Морфология структуры и динамики солнечной атмосферы и гауссовое распределение случайных величин

Специфические особенности морфологии и динамики структуры солнечной плазмы характеризуют собой огромный комплекс физических процессов, возбуждаемых переносом энергии из солнечных недр во внешнее пространство. Мы теперь знаем, что перенос энергии осуществляется не только радиацией и конвекцией, но и магнитным полем непрерывно поступающим из фотосферы в хромосферу, корону и межпланетное пространство. В некоторых случаях магнитное поле оказывает решающее влияние на перенос энергии, как например, в солнечных пятнах. В большинстве случаев, однако, даже имея в распоряжении самые лучшие серии наблюдений, в отношении всех других структур солнечной атмосферы еще крайне трудно прийти к определенным заключениям.

Мы можем рассматривать тонкую структуру солнечной атмосферы как стохастический комплекс родственных процессов, которые не идентичны друг другу из-за различия в начальных условиях и ввиду разной фазы. Это в первую очередь относится к солнечной грануляции. При этом разумеется мы не исключаем и других менее значительных причин образования структурных элементов. Вообще говоря образование тонкой структуры в любом случае вполне естественно так как плазма не может быть устойчивой во всей атмосфере, она должна флуктуировать и размеры флуктуаций могут быть ограничены снизу только условием выравнивания температуры и плотности за счет переноса энергии. Флуктуации должны сопровождаться обширным спектром различных колебаний — волн тяжести, магнитозвуковых волн, волн Альвена, всевозможных пульсационных движений и пр. Естественно поэтому, что в итоге подобные флуктуации плазмы на фоне регулярных движений должны создавать по ряду параметров случайные распределения.

Таким образом все характеристические значения элементов фотосферной и хромосферной структуры являются лишь средними вспышками с большей или меньшей дисперсией, которая может быть описана Гауссовым законом распределения случайных величин. К такому же выводу мы приходим когда мы изучаем развитие активных образований, для них в течение всего времени реализации пространственного распределения во времени. Поэтому корреляционный анализ (авто- и кросскорреляционные функции, спектральные функции и т. д.), основанный на идеях Гауссовой теории, дает вполне надежные результаты при изучении всех процессов, типичных для структуры солнечной атмосферы.

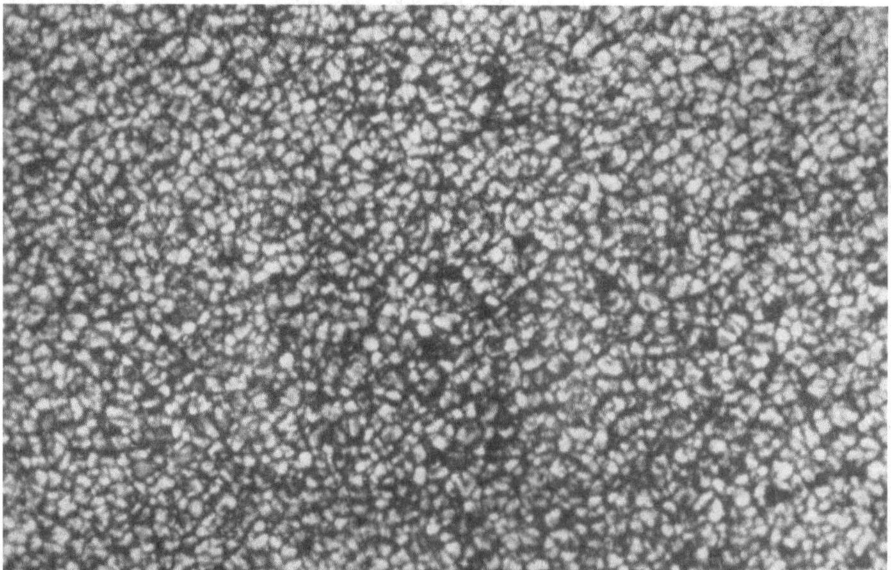

Рис. 1. Поле солнечной фотосферной грануляции вблизи центра солнечного диска. Размеры наименьших деталей 0.2″.

В настоящее время из числа всех изучаемых нами звезд только у Солнца может изучаться тонкая структура атмосферы. Именно это обстоятельство неизменно приводит к неустранимой неопределенности в наших представлениях о звездах. Изучение нашего Солнца дает пока нам единственную возможность глубокого проникновения в природу элементарных процессов, составляющих в целом то, что мы называем физической картиной Солнца и его активности. Иными словами без обстоятельного изучения тонкой структуры Солнца совершенно безнадежно прийти к разумной теории солнечной активности.

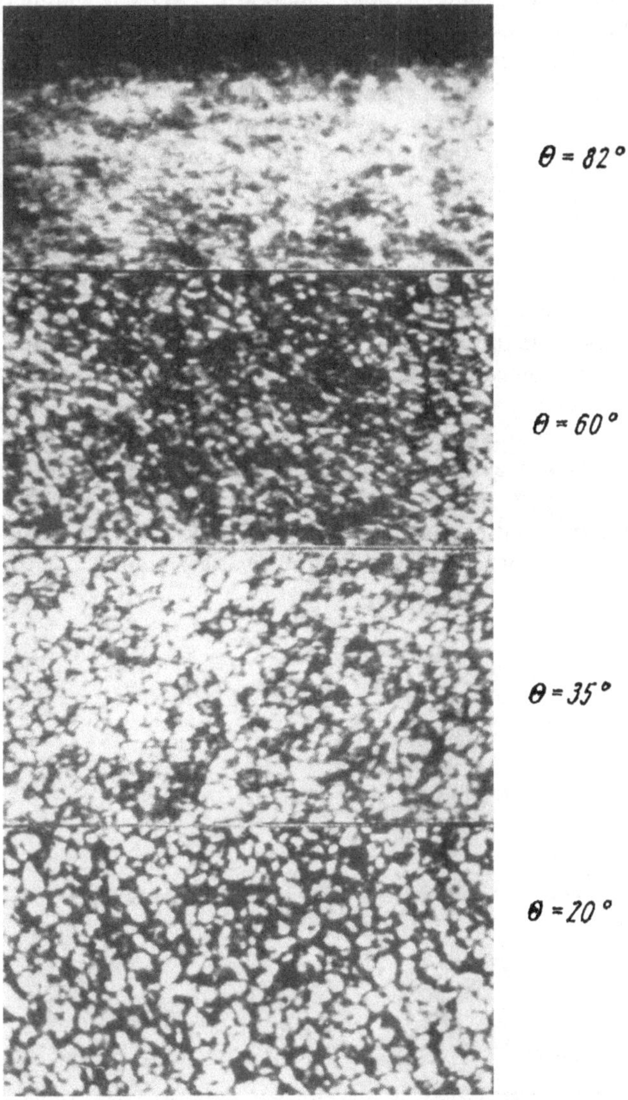

Рис. 2. Изменение поля грануляции от центра солнечного диска к краю. Заметно постепенное исчезновение темной сетки с приближением к краю и гранулы на самом краю (на расстоянии от края не больше 1″). Θ—угол луча зрения земного наблюдателя с нормалью к поверхности солнца.

Во время полетов советской стратосферной солнечной обсерватории (ССО) в 1970 и 1973 гг. [Крат и др. 1974] был получен обширный материал, позволяющий изучать тонкую структуру солнечной атмосферы при оптическом разрешении практически равным теоретическому пределу для идеальной оптики. Угловое разрешение составляло около 0.2″ даже в тех случаях когда контраст не превышал нескольких процентов (это, однако, было вызвано и применением мелкозернистой и высоко контрастной фотопленки). После детального фотометрического и голографического исследования полученных фотографий и спектрограмм было обнаружено много новых фактов. Среди них весьма интересными представляются: 1) наклонность структурных элементов к средним уровням силы тяжести [Крат, 1973], 2) расширение структурных элементов по мере всплывания их вверх из фотосферы в хромосферу [Крат, 1972], 3) существование двух форм тонкой структуры морфологически не переходящих одна в другую [Правдюк и др., 1974]. Последний факт был обнаружен на основании изучения распределения яркости в поле фотосферной грануляции (рис. 1). При этом попутно было установлено наличие грануляции на краю солнечного диска (рис. 2) соответствующего самой верхней части солнечной фотосферы. Этот факт может рассматриваться как один из важных аргументов против гипотезы о конвективной природе грануляции. В столь высоких слоях фотосферы возможный конвективный перенос энергии по сравнению с лучистым переносом пренебрежимо мал. Было показано, что в центральных частях солнечного диска распределение яркости асимметрично, но эта асимметрия является простым следствием переналожения двух гауссиан: одной характеризующей гранулы и второй определяющей более темную сетку межгранульных промежутков (мы будем называть ее просто темной сеткой) (рис. 3). Гауссиана темной сетки исчезает по мере приближения к краю диска, что указывает на более глубокое залегание сетки в атмосфере по сравнению с гранулами. На рис. 4 В. Н. Карпинским представлена идеализированная картина случайного пространственного распре-

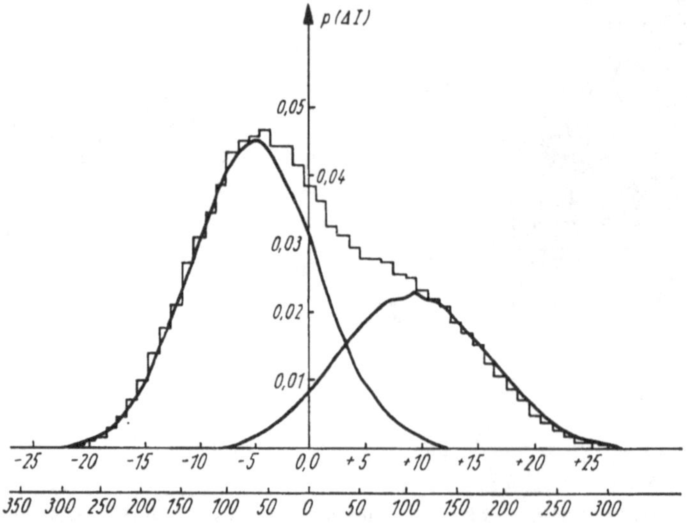

Рис. 3. Гауссовое распределение фотографических неоднородностей в темной сетке (контраст со знаком −) и в гранулах (контраст со знаком +). Видны две отдельные гауссианы для двух типов образований.

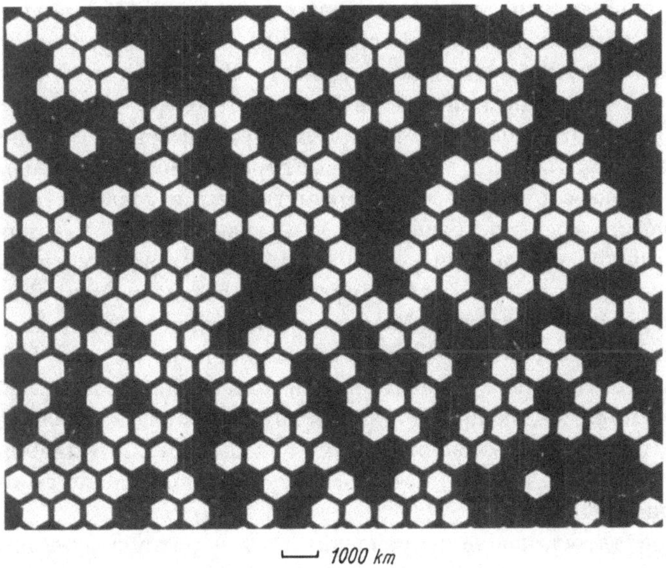

Рис. 4. Картина полностью случайного двухмерного распределения черных и белых элементов (по В. Н. Карпинскому).

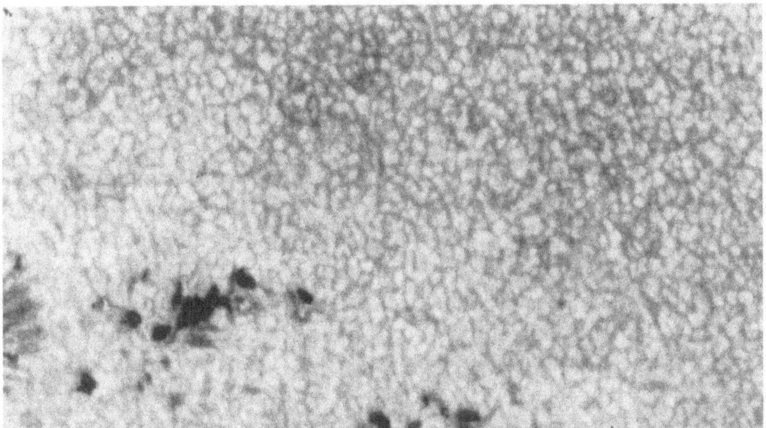

Рис. 5. Мелкие пятна с порами и порулами.

деления (в рамках двухмерной задачи) черных и белых элементов. Мы видим, что как черные так и белые элементы образуют непрерывный спектр по размерам, при этом естественно никакой темной сетки не возникает. На самом деле пространственное распределение структурных элементов фотосферы не случайно.

Морфологически нет непрерывного перехода от гранул к темной сетке. В то же время вся сетка может рассматриваться как единая конфигурация морфологически тесно связанная с пятнами, порами и так называемыми магнитными узлами, часто представляемыми на фотографиях «серыми пятнами»—«порулами» (рис. 5). Таким образом сетка должна несомненно иметь электромагнитный характер. Гауссианы гранул и отдельных участков сетки схожи друг с другом, но не идентичны. Дисперсия в сетке несколько больше чем в гранулах. Мы можем считать, что обе Гауссианы порождаются флуктуациями магнитного поля весьма сложной формы. Они могут происходить и от глубоко лежащей адиабатической конвекции и от эластических колебаний магнитного поля создающих вторичный поток энергии в виде волн Альвена, волн тяжести и магнито-звуковых волн. Таким образом состояние плазмы может частично описываться законом Гаусса, хотя сами структурные элементы не являются случайными явлениями.

Обращает на себя внимание то, что после исправления за аппаратную функцию перепад температуры (ΔT) между гранулами и темной сеткой в среднем близок к 600° и в отдельных случаях достигает 1000°. Такие большие значения ΔT не могут поддерживаться никаким гидродинамическим движением и в отсутствии устойчиво действующего механизма их поддержания радиация должна была бы их уничтожить за время порядка секунд. Мы знаем пока только один реальный механизм, способный поддерживать наблюдаемый ΔT. Это механизм подавления конвекции в подфотосферных слоях сильным магнитным полем, предложенный Бирманом [Бирман, 1941]. В случае темной сетки такое поле должно иметь напряженность — $H \geq 10^2$ гс. В гранулах оно, по-видимому, должно быть примерно на два порядка меньшим. Таким образом теперь мы должны отбросить, как ошибочную прежнюю идею о «немагнитном» Солнце. Различие между звездами типа Солнца и так называемыми магнитными звездами не должно быть столь резким как это считали ранее.

Значительная дисперсия в радиальных скоростях фотосферных элементов, получаемая из спектрограмм и специфическая корреляция между данными, получаемыми для разных фотосферных слоев [Крат, Шпитальная, 1974] привели нас к выводу о том, что движение плазмы в этих элементах происходит при разных углах наклона к уровенной поверхности. Поэтому распределение лучевых скоростей близко к закону нормального распределения. Это объясняет тот хорошо известный факт, что ядра фраунгоферовых линий соответствуют по своей форме Гауссову закону. Ранее они без достаточно серьезных оснований приписывались эффекту атмосферной турбуленции.

Литература

[1] Bierman, L., Vjschr. Astron. Ges. 1941, 76.
[2] Krat, W. A., Solar Phys., **27** (1972) 39.
[3] Krat, W. A., Solar Phys., **32**, (1973) 307.
[4] Крат, В. А., Дулькин, Л. З., Валидов, М. А., Вахрамеев, И. И., Карпинский, В. Н., Музалевский, Ю. С., Николаев, Р. П., Проценко, Б. А., Соболев, В. М., Таблкова, З. Н., Шахбазян, Ю. Л., 1974 Астр. Цирк. Ак. наук СССР № 807.
[5] Крат, В. А., Шпитальная, А. А., Солн. данные **63**, 2 (1974).
[6] Правдюк, Л. М., Карпинский, В. Н., Андрейко, А. В., Солн. данные **40**, 2 (1974).

W. NARKIEWICZ

Institute of Mathematics, Wrocław University, Wrocław

The work of C. F. GAUSS in algebra and number theory

1. C. F. GAUSS started his scientifical career with a short note published on June 1st, 1796 in "Intelligenzblatt der allgemeinen Litteraturzeitung" (nr 66, p. 554) under the title "Neue Entdeckungen". This note contains the statement of his famous theorem on the construction of the regular 17-gon with the aid of ruler and compass. This discovery lead him to devote his life to mathematics – at that moment he was studying parallely Philosophy, Letters and Mathematics. The proof of this theorem (in a much more general form giving the necessary and sufficient condition for a regulat N-gon to be constructible with the aid of ruler and compass) appeared in the last part of Disquisitiones Arithmeticae. GAUSS proved there in fact only the sufficiency part but stated explicitly that the necessity part also holds.

The second published result of GAUSS was also of a great importance. It contained the first proof of the existence of complex roots for any nonconstant real polynomial. This result, published in 1799, but obtained already in October 1797 formed his thesis: "Demonstratio nova theorematis, omnem functionem algebraicam rationalem integram unius variabilis in factores reales primi vel secundi gradi resolvi posse." Helmstedt 1799.

Although in the title GAUSS speaks about a new proof of this theorem he commences with a severe criticism of all previous attempts (D'ALEMBERT, EULER, LAGRANGE) and convincingly demonstrates that they all were wrong.

He returned later to the same subject and published in 1816 two other proofs, adding a fourth in 1850.

The importance of GAUSS's thesis lies not only in the theorem he proved. Here for the first time a clear distinction is made between an existence proof and an explicit construction.

2. In 1801 Disquisitiones Arithmeticae appeared. (Later we shall denote this work shortly by DA). This event marks a cornerstone in the history of number theory. There were before GAUSS many eminent mathematicians dealing with numbertheoretical questions – FERMAT, EULER, LAGRANGE – many important theorems were proved, interesting and difficult problems were posed, but there was no unified theory. Such a theory was created by GAUSS in DA, where practically every result known at that time could be found and which besides that contained many important contributions of GAUSS himself. The influence of DA was enormous and is still recognizable. Later books on elementary theory of numbers up to our times follow its pattern, use its terminology and in fact most of them do not contain more material.

The exposition is clear, the proofs have modern precision and reading DA one feels many concepts introduced later hiding in the background. This applies particularly to the notion of an abelian group which, as we shall see later, appears implicitly at many pages of DA.

Let us now list the principal novelties of DA:

[i] The notion of the congruence, with the sign $\equiv$ for it.

[ii] The proof of the existence of primitive roots for any prime.

[iii] The proof of the quadratic reciprocity law.

[iv] The theory of composition of classes of binary quadratic forms and the theory of genera.

[v] The theory of the cyclotomic equation $x^p = 1$ with p being an odd prime and in particular the reduction of that equation to a chain of equations of lower degrees which lead to the famous theorem on the constructibility of a regular p-gon.

Later results of GAUSS extended this list of his important contributions to number theory. We shall mention them later.

3. The first part of DA is devoted to the theory of congruences. GAUSS introduces the notion of the congruence and studies in detail the linear and binomial case. The fourth chapter brings the principal results – the theory of quadratic congruences culminating in the proof of the quadratic reciprocity law, a theorem found empirically by LAGRANGE and EULER. It provides a full determination of those primes for which a given prime is a quadratic residue.

This result and its generalization to composite moduli DA § 133 were regarded in the XIXth century as the central results of number theory and got many different proofs. GAUSS himself produced eight of them. P. BACHMANN [1] lists 56 proofs and at this moment there exist at least 150.

GAUSS's proof of the quadratic reciprocity law stimulated the search for similar laws governing the theory of cubic, biquadratic, and higher residues. GAUSS himself published two papers on biquadratic residues (in 1828 and 1832) and realized that it is impossible to obtain satisfactory results without extending the domain of integers. In the second of those papers he did the first step towards algebraic number theory introducing the ring of integers of the field $Q(i)$, called today the GAUSSian field and proving the fundamental arithmetic theorems therein, including the existence of the euclidean algorithm. He noted, although did not prove explicitly, that the latter implies the unique factorization theorem. He determined also the irreducible elements and units. Using the theory of the GAUSSian field he was able to state the biquadratic reciprocity law but he never published a proof of it. In a footnote GAUSS mentioned that the study of cubic residues is closely connected with arithmetic in the field of cubic roots of unity. He never returned to this idea in print, but some results are to be found in his notes, published in the 8th volume of his works. The idea of GAUSS was later realized by EISENSTEIN who dealt also with biquadratic residues.

Although the further development of the theory of algebraic numbers in the XIXth century was motivated rather by attempts to prove the FERMAT's Last Theorem, the question of generalizing the reciprocity law to higher exponents belonged always to the central topics of research in number theory. EISENSTEIN, KUMMER, FURTWÄNGLER gave partial results and the development of the classfield theory lead to ARTIN's reciprocity law for abelian extensions of a given algebraic number field, which in the case of cyclotomic field $Q(\zeta_n)$ as ground fields gives the reciprocity law for n-th powers. This result was not quite explicit, so further research of H. HASSE and I. R. SHAFAREVIČ lead to an explicit formulation of the general reciprocity law.

4. Primitive roots were known already to EULER who attempted to prove their existence for any prime, however his proof was unsatisfactory as pointed out by GAUSS

in § 56 of DA. In § 54 and § 55 of DA Gauss gave two proofs of this important result which in modern language states that the multiplicative group of the field of p elements is cyclic.

In a later paper Gauss considered also primitive roots for primes in the Gaussian field and proved their existence along similar lines as his second proof in DA. Behind those proofs lies an elementary result of the theory of abelian groups, which states that if two elements have relatively prime orders then the order of their product equals the product of their orders. Grouptheoretical aspects are abound in his work – we shall see more of them when speaking about his theory of quadratic forms.

The notion of the primitive root played a big role in the further development of number theory and there are problems connected with it which still await solution. The first obvious question which one can put about primitive roots is the following: how to find a primitive root, once we know that it exists. The naive answer goes as follows: just check the consecutive integers till you find one. However for this method to be of any practical use one has to know an a priori bound for the smallest primitive root (mod p). Call it $g(p)$. Here simple methods do not give any nontrivial result and first essential step forward was made by I. M. Vinogradov who in 1918 deduced from the Pólya-Vinogradov inequality the bound

$$g(p) < 2^m p^{1/2} \log p$$

with m being the number of distinct prime divisors of $p - 1$. The best known bound is due to Wang [25] and D. A. Burgess [4] who independently obtained

$$g(p) < Bp^{1/4+\varepsilon} \text{ (for each } \varepsilon > 0)$$

where B is a constant depending on ε.

It is also known (Wang) that the extended Riemann Hypothesis implies $g(p) < m^6 \log^2 p$ and on the other hand P. Turán [22] showed that for infinitely many primes p one has $g(p) \geqslant C \log p$ with a certain explicitly given positive constant C. The true order of magnitude of $g(p)$ is thus unknown. One does not even know the mean value of $g(p)$, the best known result being the bound

$$\sum_{p \leqslant x} g(p) \leqslant Bx \log x \, (\log \log x)^4$$

obtained in 1968 by D. A. Burgess and P. D. T. A. Elliott [5].

There is a famous conjecture due to E. Artin connected with primitive roots: given an integer a not equal to -1 or a square, are there infinitely many primes p such that a is a primitive root mod p? If so, does the set of all such primes have a density? The main result towards this conjecture has been obtained by C. Hooley [11] who showed that the extended Riemann Hypothesis implies Artin's conjecture in its strongest quantitative form. It was already known (H. Bilharz [2]) that the analogue of this conjecture for fields of algebraic functions over a finite field follows from the analogue of Riemann's conjecture for those fields, which was later established by A. Weil.

5. The Gaussian sums, which play now an important role in various branches of number theory and which in particular served I. M. Vinogradov to establish the first nontrivial bound for the smallest primitive root, are nowadays defined as follows: let N be a positive integer, χ a character mod N and let f be any additive character mod N, i.e. $f(n) = \exp 2\pi irn/N$ for a certain r. Then the r-th Gaussian sum corresponding to χ

equals

$$\tau(\chi) = \sum_{n=1}^{N} \chi(n) f(n).$$

Of particular interest is the sum corresponding to $r = 1$ as all others can be easily reduced to it. One writes $\tau(\chi)$ for it and this is usually called the GAUSSian sum corresponding to the character χ. They appear for the first time in § 356 of DA and a profound study of their properties was made by GAUSS in a paper published in 1811. He considered only the case of a quadraic character to a prime modulus p and his definition was slightly different from ours. One proves easily that the modulus of $\tau(\chi)$ equals $p^{1/2}$ and the difficult problem of determining its argument was solved by GAUSS.

In the case considered by him the ratio $\tau(\chi)/p^{1/2}$ is a root of unity. It turned however out later (L. J. MORDELL [16], S. CHOWLA [7]) that this can happen only for quadratic characters. This makes the problem of finding the argument of GAUSSian sums for other characters much more difficult and in fact in no other case this problem was solved. We should mention here a famous conjecture of E. E. KUMMER, concerning the distribution of the arguments of GAUSSian sums corresponding to cubic characters for primes p congruent to unity mod 3. KUMMER divided the complex plane in three parts and conjectured that the number of primes congruent to unity mod 3 which do not exceed x and for which the values of the corresponding GAUSSian cubic sums lie in one of them, are in the ratio 2:3:6. Later computations seem however to indicate that this conjecture should be modified.

E. HECKE [9] generalized GAUSSian sums to algebraic number fields where they played an important role in the theory of reciprocity laws in quadratic fields. H. HASSE [8] made a deep study of their properties and E. LAMPRECHT [13] made a further generalization introducing GAUSSian sums in arbitrary finite commutative rings. One should note that GAUSSian sums appear as factors in the functional equation of DIRICHLET's L-functions and their generalizations in algebraic number fields. J. TATE [21] showed that they arise quite naturally in the theory of integration in p-adic fields and play a fundamental role in the theory of FOURIER transform there. This explains their appearance in the functional equations for L-functions which most natural proof goes through the harmonic analysis in p-adic fields.

6. The central place in DA is occupied by the theory of binary quadratic forms with integral coefficients, created earlier by LAGRANGE but the principal and deepest theorems of which were obtained by GAUSS. His most important discovery in this topic was the introduction of a multiplication in the set of equivalence classes of forms. This multiplication induces in this set a group structure. GAUSS himself was not aware of the group concept which emerged later, but many fundamental results of the theory of abelian groups can be found already in his study of this multiplication called by him the composition of form classes.

In § 249 of DA which starts with the definition of class multiplication one finds the elementary facts about the multiplication by the principal class and the proof of the identity $(ab)^{-1} = a^{-1}b^{-1}$. (GAUSS utilized additive notation). § 252 brings the well-known proof of the fact that all cosets have the same number of elements in the special case of the subgroup of all squares, called by GAUSS the principal genus. On another place § 305 GAUSS shows that the order of any group element divides the order of the group. Although he does it only in a particular case his proof goes through also in the general case.

In the next section he notes the analogy between the theory of class multiplication and the theory of multiplication in the set of reduced residue classes, treated earlier in § 45 and § 49 and states that those results are only particular cases of a unifying theory, however lack of space prohibites him its exposition: ,,Demonstratio theor. praec. omnino analoga invenietur demonstrationibus in artt. 45, 49, reveraque theoria multiplicationis classium cum argumento in Sec. III. tractato permagnam affinitatem habet. At limites huius operis non permittunt, illam theoriam ea qua digna est ubertate hic persequi; ..." (Werke, I, p. 371).

He never returned to this subject again. Are we allowed to infer from this quotation that Gauss knew much more about groups than he published?

Gauss considers also cyclical principal genera but stops shortly before the representation of the principal genus in the general case as a sum of cyclic factors. His remark concluding § 306 seems to indicate that he already guessed this theorem. Later he proved a result which corresponds to the factorization of an arbitrary finite abelian group into primary groups but the final theorem was not obtained till 1869 (E. Schering [17]).

7. Most place in the last part of DA is occupied by the study of the number of generas of forms with a given discriminant. In modern language this is equivalent to the search for the number of even invariants of the classgroup and in a true tour de force Gauss is able to express this number explicitly in terms of the discriminant.

Nowadays one studies rather classes of ideals of quadratic fields than classes of quadratic forms because of the existence of a one-to-one correspondence between such forms and ideals which preserves multiplication. Using this correspondence it is possible to translate all results of Gauss about the group of classes of forms into the language of classgroup of a quadratic field and thus we may consider Gauss as one of the founders of this theory, forming today one of central pillars of the theory of algebraic numbers. It is clear that many notions of Gauss's theory may be generalized to cover the case of fields with a higher degree. In particular the notion of the principal genus gets an interesting extension: one defines the principal genus of an abelian field K as this subgroup of the classgroup of K which corresponds, according to the classfield theory, to the maximal unramified abelian extension of K which is abelian also over the field of the rational numbers. One can give also a constructive definition of the principal genus using the norm-residue symbols, which corresponds to the spirit of the original definition of Gauss.

8. In §§ 301—304 some results are stated without proof and also some conjectures are put forward, all concerning the behaviour of the classnumber and the number of generas. In particular Gauss states the asymptotic formula

$$\sum_{d \leq N} h(-d) \sim \frac{4\pi}{21\,\zeta(3)} N^{3/2} - \frac{2}{\pi^2} N$$

(where $h(k)$ denotes the number of classes of forms with discriminant k) which was later proved by I. M. Vinogradov in 1918 with the error term of the order $N^{3/4} \log^2 N$. The best evaluation of the error term is at this moment due to Chen [6] and I. M. Vinogradov [24] who got the evaluation $N^{2/3+\varepsilon}$ for every positive ε.

In § 303 we find the famous statement that the classnumber of forms with negative discriminant tends to infinity. The first step towards its proof was done in 1918 by E. Hecke, who showed that it is implied by the extended Riemann's Hypothesis. Assuming the falsity of Riemann's original conjecture L. J. Mordell [15] proved Gauss's assertion and finally H. HEILBRONN [10] made the last step towards its confirmation. Later C. L. SIEGEL [18] made this result more precise proving

$$\lim_{d\to\infty} \frac{\log h(-d)}{\log d} = {}^1/_2$$

and R. BRAUER [3] extended SIEGEL's theorem to all algebraic number fields of a fixed degree, in which case one has to replace the classnumber by its product with the regulator. For real quadratic fields this was obtained already by SIEGEL.

It should be pointed out that in § 304 of DA GAUSS states that for positive discriminants one should consider rather the product of the classnumber by the logarithm of the least solution of the corresponding PELLian equation than the classnumber itself. As this logarithm equals the regulator in this particular case we see that the concept of the regulator appears already in DA.

At this moment we know all negative discriminants with class number one and two — nine discriminants with $h = 1$ and eighteen with $h = 2$ (H. M. STARK [19], [20], H. L. MONTGOMERY, P. J. WEINBERGER [14]).

Similar problems for positive discriminants are still open. In particular we do not know whether there are infinitely many such discriminants with classnumber one.

9. „Disquisitiones Arithmeticae" are concluded by the study of the cyclotomic equation $x^p = 1, p$ being an odd prime. Here GAUSS anticipates GALOIS theory in this particular case and shows that this equation can be reduced to a chain of equations of degrees $p_1, p_2, \ldots$ where the p_i-s are primes and $p_1p_2 \ldots = p - 1$. In particular if p is a FERMAT prime, i.e. $p = 2^k + 1$, then all those equations are of the second degree and the constructibility of the regular p-gon with the aid of ruler and compass results in this case. Moreover GAUSS showed that all those auxiliary equations can be reduced to pure equations, i.e. they are solvable by radicals.

10. The first part of volume X of GAUSS's works edited by the Königliche Gesellschaft der Wissenschaften zu Göttingen in 1917 brings various notes of GAUSS which also concern number theory. Let us quote some of them:

On the last page of a copy of logarithmic tables of SCHULZE, GAUSS wrote that there are $a/\log a$ primes up to a. He never proved that and the first step towards settling this conjecture was made by P. A. ČEBYŠEV who showed that if $\pi(a)$ denotes the number of prime numbers up to a, then with some positive constants A and B one has

$$A \cdot \frac{a}{\log a} \leqslant \pi(a) \leqslant B \cdot \frac{a}{\log a} \quad (a \geqslant 2).$$

After the introduction of analytic tools into the study of the distribution of prime numbers by RIEMANN, J. HADAMARD and C. DE LA VALLÉE-POUSSIN independently in 1896 proved the asymptotic law for $\pi(a)$ conjectured by GAUSS. It turned however out that the integral logarithm li a gives a better approximation to $\pi(a)$ and the best result up to date is due to I. M. VINOGRADOV [23] and N. M. KOROBOV [12] who got

$$|\pi(a) - \mathrm{li}\, a| \leqslant Ca \exp\{-D \log^{3/5} a \log\log^{-1/5} a\}$$

with certain positive C and D. It is known that RIEMANN's conjecture implies

$$|\pi(a) - \mathrm{li}\, a| \leqslant C_1 a^{1/2} \log^2 a$$

with a certain C_1 but we are still very far from proving it.

On the same page we find asymptotic evaluations for the counting function of the set of all numbers with at most 2, 3, ... prime divisors which were first proved by E. LANDAU in 1900. The last entry concerning the prime numbers deals with the partial sums of thed ivergent series of reciprocals of primes and states that the k-th partial sum is approximately equal to log log $k + C$, where $C = 1{,}266\ldots$. It is not difficult to get a precise evaluation of these sums, which depend only on the STIRLING's formula and it turns out that the true value of C differs from that given by GAUSS, being in reality equal to $1{,}26149\ldots$.

In the famous Tagebuch of GAUSS we find a.o. asymptotical results for the mean value of various arithmetical functions such as the number of divisors, sum of divisors etc., which were later proved by DIRICHLET.

11. Those examples demonstrate perfectly that GAUSS was interested in all parts of the theory of numbers and obtained important results in them. Our short survey shows that in all parts of modern theory of numbers we find ideas of GAUSS. Congruences, primitive roots, algebraic number fields, the notion of an abelian group, the classnumber, all those fundamental notions appear either in DA or in later papers of him. One can say that number theory in its modern form was created singlehanded by GAUSS.

References

[1] BACHMANN, P., Grundlehren der neueren Zahlentheorie, II Aufl. Berlin 1921.
[2] BILHARZ, H., Primdivisoren mit vorgegebener Primitivwurzel, Math. Ann. **114** (1937) 476—492.
[3] BRAUER, R., On the Zeta-functions of algebraic number fields, Amer. J. Math. **69** (1947) 243—250; **72** (1950) 739—746.
[4] BURGESS, D. A., On character sums and primitive roots, Proc. London Math. Soc. **12** (1962) 179—192.
[5] BURGESS, D. A., ELLIOTT, P. D. T. A., The average of the least primitive root, Mathematika **15** (1968) 39—50.
[6] CHEN, J.-R., Improvements on the asymptotic formulas for the number of lattice points in a region of three dimensions, II, Sci. Sinica **12** (1963) 751—764.
[7] CHOWLA, S., On GAUSSian sums, Norsk Vid. Selsk. Forh. **35** (1962) 66—67.
[8] HASSE, H., Allgemeine Theorie der Gausschen Summen in algebraischen Zahlkörpern, Abhandl. DAW 1951, nr. 1, 1—23.
[9] HECKE, E., Reziprozitätsgesetz und Gaussche Summen in quadratischen Zahlkörpern, Nachr. Ges. Wiss. Göttingen, 1919, 265—278.
[10] HEILBRONN, H., On the class-number in imaginary quadratic fields, Quart. J. Math., **5** (1934) 150—160.
[11] HOOLEY, C., On Artin's conjecture, J. reine angew. Math. **225** (1967), 209—220.
[12] KOROBOV, N. M., Weyl's estimate of sums and the distribution of primes, DAN SSSR **123** (1958) 28—31 (Russian).
[13] LAMPRECHT, E., Allgemeine Theorie der Gaussschen Summen in endlichen kommutativen Ringen, Math. Nachr. **9** (1953) 149—196.
[14] MONTGOMERY, H. L., WEINBERGER, P. J., Notes on small class numbers, Acta Arith. **24** (1974) 529—542.
[15] MORDELL, L. J., On the Riemann hypothesis and imaginary quadratic fields with a given class number, Journal London Math. Soc., **9** (1934) 289—298.
[16] —, On a cyclotomic resolvent, Archiv Math. **13** (1962) 486—487.
[17] SCHERING, E., Die Fundamentalklassen der zusammensetzbaren arithmetischen Formen, Abh. Kgl. Ges. Wiss. Göttingen, 1869.
[18] SIEGEL, C. L., Über die Classenzahl quadratischer Zahlkörper, Acta Arith. **1** (1935) 83—86.
[19] STARK, H. M., There is no tenth complex quadratic field with class number one, Proc. Nat. Acad. Sci. USA **57** (1967) 216—221.
[20] —, On complex quadratic fields with class-number two, Math. Comput. **129** (1975) 289—302.
[21] TATE, J., Fourier analysis in number fields and Hecke's zeta funktion, Thesis, Princeton 1950

[22] TURÁN, P., 30 years of mathematics in Soviet Union, III, Mat. Lapok **1** (1950) 48–63 (Hungarian).
[23] VINOGRADOV, I. M., A new estimate of the function $\zeta(1 + it)$, IAN SSSR **22** (1958) 161–164 (Russian).
[24] —, On the number of integer points in a three-dimensional domain, IAN SSSR **27** (1963) 3–8 (Russian).
[25] WANG, Y., On the least primitive root of a prime, Acta Math. Sinica **9** (1959) 432–441 (Chinese).

H. Baumgärtel und P. Obermann

Zentralinstitut für Mathematik und Mechanik der Akademie der Wissenschaften der DDR, Berlin

Betrachtungen zu Gauss aus der Sicht der Mathematischen Physik

Das Ziel dieses Vortrages ist es, einige Bemerkungen zu Arbeiten von Gauss zu machen, die die Mathematische Physik als Disziplin mit begründet haben. Dabei soll als Ausgangspunkt die gegenwärtige Auffassung von Mathematischer Physik dienen.

Für dieses Vorhaben greifen wir hier im wesentlichen auf eine Arbeit von Gauss zurück. Sie trägt den Titel „*Allgemeine Lehrsätze in Beziehung auf die im umgekehrten Verhältnisse des Quadrats der Entfernung wirkende Anziehungs- und Abstoßungskräfte*" (Werke, V) und stammt aus dem Jahre 1839.

I. Zunächst machen wir einige Bemerkungen über das gegenwärtige Verständnis von Mathematischer Physik. Natürlich kann hier keine tiefschürfende Analyse gegeben werden, vielmehr möchten wir die Abgrenzung des Gegenstandes an Hand von Äußerungen einiger kompetenter Vertreter des Faches vornehmen, frei nach dem Hilbert-Zitat, wonach Mathematik das ist, was kompetente Leute darunter verstehen.

II. Zweitens soll an Hand einer Lektüre der o.g. Arbeit von Gauss klargemacht werden, daß in den Gaussschen Beiträgen zur Mathematischen Physik die methodischen Grundlinien dieser Disziplin, wie sie auch heute noch gültig sind, klar zutage treten.

Vermerken möchten wir dabei gleich, daß sich diese These auf das prinzipielle Vorgehen, eben die methodischen Grundlinien bezieht, daß aber der konkrete Gegenstand der Gaussschen Arbeit, nämlich die Potentialtheorie, als Forschungsrichtung heute nicht mehr zum Zentrum der Mathematischen Physik gerechnet werden kann, jedenfalls gemessen an der Gegenstandsbestimmung, die im folgenden zugrunde gelegt werden wird. Als mathematische Disziplin jedoch — und das ist allgemein bekannt — hat die Potentialtheorie gerade in den letzten Jahrzehnten eine außerordentlich fruchtbare Entwicklung genommen, für die u.a. die Verknüpfung mit der Theorie der Markovschen Prozesse als Ursache genannt werden kann.

Außerdem könnte darauf verwiesen werden, daß die klassische Potentialtheorie Fredholms Untersuchungen zur Theorie der Integralgleichungen mit verursacht hat und damit die Untersuchungen von Hilbert, Schmidt, Weyl, Riess, die letztlich zur abstrakten Hilbert-Raum-Theorie geführt haben. Bekanntlich hat diese Theorie ganz entscheidende Rückwirkung bei der mathematischen Fundierung ganz neu entstandener physikalischer Disziplinen gehabt.

III. Zum dritten kann der Versuchung nicht widerstanden werden, kurze Bemerkungen zu einer zweiten Arbeit von Gauss zu machen, die aus dem Jahre 1829 stammt und den Titel trägt „*Über ein neues allgemeines Grundgesetz der Mechanik*" (Werke, V) selbst auf die Gefahr hin, daß diese singulär wirken und den Gesamtzusammenhang vielleicht etwas stören.

Während Gauss, wie allgemein bekannt ist, viele seiner z.T. tiefstliegenden Entdeckungen für sich behalten und der Öffentlichkeit nicht bekannt gemacht hat, handelt es sich bei der hier zu besprechenden Abhandlung um eine Arbeit, durch die die darin enthaltenen Ideen (der Potentialtheorie) zum eigentlichen Besitz der mathematischen Öffentlichkeit wurden. Der Abhandlung von GAUSS geht zeitlich voran die Arbeit von GREEN „*Essay on the application of mathematical analysis on the theories of electricity and magnetism*" aus dem Jahr 1828. Die Ergebnisse dieser Arbeit überschneiden sich mit denen der Arbeit von GAUSS. Wie M. KRAFFT in seinem GAUSS-Artikel[1]) bemerkt, steht jedoch fest, daß GAUSS die Arbeit von GREEN nicht gekannt hat. Der Name „Potential", der GAUSS und GREEN gemeinsam ist, tritt schon im 18. Jahrhundert auf und entstammt der philosophischen Terminologie.

Mit dieser unserer Betrachtung, die unsere Auffassung von Mathematischer Physik an Hand der Arbeit von GAUSS vergegenwärtigen soll, wollen wir von seiten der Mathematischen Physik einen bescheidenen Beitrag zur Würdigung der Person GAUSS zum Zeitpunkt seines 200. Geburtstages versuchen.

A

In seinen Vorlesungen über die Entwicklung der Mathematik im 19. Jahrhundert bezeichnet FELIX KLEIN die Mathematische Physik als „theoretisches Rüstzeug in allen physikalischen Gebieten außer der Mechanik" und in einem anderen Zitat aus dem Jahre 1894 heißt es bei KLEIN[2]):

„Denn es kann in der mathematischen Physik doch nicht blos darauf ankommen, Einzelprobleme unter Einführung geeigneter Vernachlässigungen, bis zum Vergleich mit dem Experimente rechnerisch durchzuarbeiten, sondern es muß immer einen gewissen Wert behalten, den gedanklichen Inhalt der allgemeinen Methoden, vollständiger als es bis dahin geschehen war, zu exponiren. Und sollte Jemand vom physikalischen Standpunkte aus den mathematischen Apparat, der für diesen Zweck in Bewegung gesetzt wird, für zu ausgedehnt oder schwerfällig halten, so wird er doch die Tendenz billigen, die allgemeinen Ideenbildungen der neueren mathematischen Forschung auf ihre physikalische Brauchbarkeit zu prüfen".

1924 liest man bei COURANT und HILBERT im Vorwort zu ihrem Buch „*Methoden der Mathematischen Physik*":

„Es (das Buch) entwickelt mathematische Methoden, die im Anschluß an klassische physikalische Fragestellungen des 18. und 19. Jahrhunderts ausgebildet worden sind und sucht die gewonnenen Ergebnisse zu einheitlichen mathematischen Theorien auszugestalten."

Für die gegenwärtige Auffassung sind vielleicht die folgenden Sätze konzentriertester Ausdruck. Sie stammen aus dem Vorwort des Buches[3]) „*Methods of Modern Mathematical Physics*" von REED/SIMON, erschienen 1972:

„Die Analyse mathematischer Modelle für physikalische Phänomene gehört zum Gegenstand der Mathematischen Physik. Unter Analyse ist dabei zu verstehen sowohl die strenge Herleitung expliziter Formeln als auch Untersuchungen der inneren mathematischen Struktur der Modelle. In beiden Fällen können die entstehenden mathematischen Probleme zu allgemeineren mathematischen Fragestellungen führen, die nicht mit irgendeinem speziellen Modell verknüpft sind. Obwohl diese allgemeinen Fragen mitunter Probleme reiner Mathematik sind, werden sie gewöhnlich zur Mathematischen Physik gezählt, da ihre Quelle physikalische Probleme sind."

[1]) M. KRAFFT, Carl Friedrich Gauß, Supplemento al volme II, ser. X, del Nuovo Cimento N. 5 (1955), 1221–1255.

[2]) FELIX KLEIN, 1894, im Vorwort zu: Über die Reihenentwicklungen der Potentialtheorie von M. BOCHER.

[3]) M. REED and B. SIMON, Methods of Modern Mathematical Physics, Vol. 1, Functional Analysis, New York 1972.

Mathematische Physik ist also Strukturuntersuchung solcher mathematischen Modelle, die herkunftsmäßig und final auf die Physik bezogen sind.

Man erkennt deutlich, daß gegenüber der Auffassung von KLEIN und COURANT/HILBERT hier die Modellanalyse im Vordergrund steht, zu der natürlich, aber eben unter anderem, die Entwicklung allgemeiner mathematischer Methoden gehört.

Es entsteht die Frage, ob diese Bereicherung bzw. Verbreiterung der Auffassung von Mathematischer Physik ein spezifisches Kennzeichen neuerer Entwicklung ist.

Wir können an Hand von GAUSS deutlich machen, daß die Modellkonstituierung und Modellanalyse von Anfang an charakteristische Bestandteile Mathematischer Physik waren.

Man muß sich in diesem Zusammenhang folgendes klarmachen: In Zeiten, wo es keine Unklarheiten über die zugrunde liegenden Modelle gibt, kommt es praktisch ausschließlich auf die Entwicklung von Methoden zur Behandlung von Einzel- und allgemeinen Problemen an, und diese Aufgabe erscheint faktisch als einziger Gegenstand Mathematischer Physik.

Die Entwicklung der Physik im 20. Jahrhundert hat jedoch ein beträchtliches Interesse an der Schaffung neuer Modelle für die Beschreibung physikalischer Phänomene erzeugt. Hieraus resultiert die einfache Tatsache, daß das heutige Verständnis von Mathematischer Physik stärker als früher vom Modellbegriff getragen wird. Versucht man, das heutige Verständnis über einen historischen Exkurs transparent zu machen, so wird man zwangsläufig auf die Zeit der Entstehung der klassischen Fragestellungen gelenkt. Die Entwicklung von Fragestellungen ist ja bereits der Beginn des Modellentwurfs.

Die eigentliche Gründerzeit der Mathematischen Physik ist der Anfang des 19. Jahrhunderts. Als repräsentative Schriften aus dieser Zeit, die auch maßgebend für die weitere Entwicklung waren, muß man die bereits o.g. Arbeiten von GREEN und GAUSS sowie FOURIERS „*Théorie analytique de la chaleur*" nennen.

Bevor wir nun mit unserer GAUSS-Lektüre beginnen, sollte vielleicht vermerkt werden, daß nicht alle Aspekte, die in unserem Zusammenhang von Bedeutung sind, verfolgt werden können. Zum Beispiel wird der Modellbegriff nicht weiter analysiert. Des weiteren kann das allgemeine Problem des Spannungsverhältnisses zwischen disziplinärer Entwicklung der Mathematik und ihrer Rolle in den Anwendungsgebieten nicht voll aufgegriffen werden. Wir können nur andeuten, daß diese beiden Grundtendenzen mathematischer Entwicklung in der Mathematischen Physik auf das Innigste miteinander verknüpft sind.

B

Die GAUSSsche Begründung der Potentialtheorie enthält bereits alle wesentlichen Grundelemente Mathematischer Physik.

Über die Fragestellung, die ihn zu seinen Untersuchungen über Potentialtheorie geführt hat, macht GAUSS in der Selbstanzeige[1]) seiner Arbeit Mitteilung. Ausgangspunkt ist die Schwierigkeit, magnetostatische Kräfte auf räumliche magnetische Ladungsverteilungen zurückzuführen, infolge des prinzipiellen Dipolcharakters magnetischer Kräfte. Zu diesem Problem gelangte man beim Studium des Erdmagnetismus, das in der damaligen Zeit durch die Bedürfnisse der Schiffahrt nach genauen magnetischen Karten

[1]) GAUSS, Werke Bd. V, S. 305—308.

angeregt wurde. Es galt, eine rationelle Methode zur Erfassung des Magnetfeldes der Erdkugel zu finden. Die begrifflich widersprüchliche Vorgehensweise, die dabei zur Anwendung kam, erregte GAUSS' Unmut:

„Wenn aber in physikalischen Schriften auf dem einen Blatte die richtige Vorstellungsart gelehrt (Dipolcharakter der magnetischen Kräfte), und doch auf dem folgenden wieder von dem freien nördlichen Magnetismus, der sich in dem einen Ende des Magnetstabes, und dem südlichen, der sich in dem anderen befinden soll, geredet wird, so scheint eine solche schwankende Sprache die Begriffe zu verwirren, und wissenschaftliche Pracision abzusagen." [1])

GAUSS selbst lehnt unfruchtbare Spekulationen über die Ursachen des Erdmagnetismus ab und geht als konstruktiver Denker einen Schritt, der eine phänomenologische Beschränkung mit einer Modellbildung verknüpft:

„In diese Unklarheit kann nur Licht gebracht werden durch ein Theorem, welches in der Intensitas vis magneticae terrestris Art. 2 angekündigt ist, und darin besteht, daß anstatt irgend welcher Verteilungen der magnetischen Flüssigkeiten innerhalb eines begrenzten körperlichen Raumes substituiert werden kann eine ideale Verteilung auf der Oberfläche dieses Raumes mit dem Erfolg, daß von dieser idealen Verteilung in jedem Punkt des äußeren Raumes genau dieselbe Wirkung ausgeübt wird, wie von jener wirklichen." [2])

Dieses Zitat ist außerordentlich aufschlußreich. Erstens macht GAUSS hier ausdrücklich ein Modell zum Ausgangspunk, das er von der Wirklichkeit durch das Attribut „ideal" abhebt. Zweitens gilt ihm als Ziel der Methode einzig die Erklärung des „Phänomens", die „Wirkung im äußeren Raum".

Der Gedanke der Phänomenologie war weder für GAUSS noch für seine Zeit zufällig. GAUSS schreibt z.B. in der „Allgemeinen Theorie des Erdmagnetismus":

„In der gegenwärtigen Abhandlung werde ich die allgemeine Theorie des Erdmagnetismus, unabhängig von allen besonderen Hypothesen über die Verteilung der magnetischen Flüssigkeit im Erdkörper, entwickeln, ..." [3])

Dieser Standpunkt deckt sich bis hinein in die wörtliche Formulierung, z.B. mit dem FOURIERS, der sagt:

„Man könnte nur unsichere Hypothesen über die Natur der Wärme machen, jedoch die Kenntnis der mathematischen Gesetze, denen ihre Wirkungen genügen, ist unabhängig von jeder Hypothese; sie erfordert lediglich die aufmerksame Untersuchung der prinzipiellen Tatsachen, die die gemeinsamen Beobachtungen ergeben haben und die durch Experimente bestätigt wurden." [4])

Phänomenologische Ansätze spielen also als Ausgangspunkt für die Begründung der Mathematischen Physik eine nicht unwesentliche Rolle. Es hat manchmal den Anschein, als ob der phänomenologische Standpunkt und die damit zusammenhängende Unzufriedenheit erst durch die moderne Physik entstanden sei (ich erinnere daran, daß die Entwicklung von Relativitätstheorie und Quantenmechanik im 20. Jahrhundert in entscheidender Weise mit der Besinnung auf die wirklich beobachtbaren Größen zusammenhing). Das ist aber eine optische Täuschung. An die klassische Physik hat man sich lediglich so sehr „gewöhnt", daß man bei ihren Begriffen nichts Verzichtendes, nichts Phänomenologisches mehr empfindet. Die tiefschürfenden Denker der klassischen Physik aber hatten ein deutliches Gespür für den phänomenologischen Charakter, z.B.

[1]) GAUSS, Werke Bd. V, S. 305.
[2]) GAUSS, Werke Bd. V, S. 306.
[3]) GAUSS, Werke Bd. V, S. 125.
[4]) zitiert nach P. OBERMANN, Die Bibel der Mathematischen Physik, Wissenschaft und Fortschritt **25**, 12 (1975), S. 547.

der durch Differentialgleichungen getragenen Naturbeschreibung. Als Beleg hierfür geben wir ein Zitat von Bernhard Riemann[1]):

Es ist seit Newton kein neuer Fortschritt gemacht, alle Versuche, über diese Grundbegriffe hinaus ins Innere der Natur zu dringen, sind bis jetzt mißglückt.

Neben der vielleicht mehr negativ zu bewertenden Tatsache, daß die Modellbildung einhergeht mit der Einnahme eines bestimmten phänomenologischen Standpunktes, mit einem Schritt des Verzichts in bezug auf physikalische Ursachenforschung, kann man auf der anderen Seite natürlich positiv hervorheben, daß durch einen solchen Schritt eine Multivalenz im Hinblick auf Anwendbarkeit erzeugt wird. Bereits bei Gauss kommt dieser Gesichtspunkt zum Ausdruck, und zwar darin, daß die Arbeit mit einer Auflistung aller Kräfte beginnt, die umgekehrt proportional zum Entfernungsquadrat wirken.

Die allgemeine Modellkonstitution besteht quasi in der präzisen Fassung der physikalisch intuitiven Begriffe. Bei Gauss ist dies die Einführung von stetigen bzw. differenzierbaren Massenverteilungen m auf Gebieten G, Flächen F, Linien L des R^3 und die Entwicklung der Theorie der Funktionen

$$\int_G \frac{m}{r}\,\mathrm{d}x, \qquad \int_F \frac{m}{r}\,\mathrm{d}\sigma, \qquad \int_L \frac{m}{r}\,\mathrm{d}s$$

sowie ihrer Ableitungen. Bereits hier finden Idealisierungen statt, deren Gauss sich bewußt ist, wie das folgende Zitat zeigt:

„Wenn die Agentien nicht aus discreten Punkten wirken, sondern eine Linie, eine Fläche oder einen körperlichen Raum stetig erfüllen, so tritt an die Stelle der Summation Σ eine einfache, doppelte oder dreifache Integration. Der letzte Fall ist an sich allein der Fall der Natur: allein da man oft dafür, unter gewissen Einschränkungen, fingirte in Punkten concentrirte, oder auf Linien oder Flächen stetig vertheilte Agentien substituiren kann, so werden wir jene Fälle mit in unsere Untersuchung ziehen, wobei es unanstössig sein wird, von Massen, die auf einer Fläche oder Linie vertheilt, oder in einem Punkt concentrirt sind, zu reden, insofern der Ausdruck Masse hier nichts weiter bedeutet, als dasjenige, wovon Anziehungs- oder Abstossungs-Kräfte ausgehend gedacht werden.“[2])

Das Ziel der Gaussschen Modellbildung besteht in dem Beweis des Theorems, daß räumliche Massenverteilungen ohne Änderung der Wirkung im Außenraum durch Oberflächenmassenverteilungen ersetzt werden können. Dazu ist nun eine gründliche Durcharbeitung des Modells nötig. Gauss schreibt:

„Was nun die Begründung des in Rede stehenden Theorems betrifft, so erfordert dieselbe eine ziemlich zusammengesetzte mathematische Zurüstung; das Theorem selbst erscheint als spezieller Fall eines allgemeineren, welches seinerseits das letzte Glied einer Kette genau zusammenhängender allgemeiner Lehrsätze bildet.“[3])

„*Es ist jedoch nicht die Meinung, daß die Zwischensätze bloß wie Mittel zu dem angeführten Zweck betrachtet werden sollen, sondern sie nehmen als allgemeine Untersuchungen über die im umgekehrten Verhältnisse des Quadrats der Entfernung wirkenden Kräfte (wovon die magnetischen nur ein einzelner Fall sind) ein selbständiges Interesse in Anspruch ...*“[4])

Die Bedeutung gerade dieses letzten Satzes für das Verständnis der die Mathematische Physik bestimmenden Impulse kann überhaupt nicht überschätzt werden. Die darin

[1]) zitiert nach: Die partiellen Differentialgleichungen der Mathematischen Physik, nach Riemanns Vorlesungen neu bearbeitet von H. Weber, S. VI.

[2]) Gauss, Werke Bd. V, S. 199.

[3]) Selbstanzeige der Arbeit zur Potentialtheorie, Gauss, Werke Bd. V, S. 306.

[4]) dto, S. 306.

ausgedrückte Auffassung läßt sich weiterverfolgen über das vorhin gebrachte KLEIN-Zitat bis hinein in die Gegenwart, wo sie z.B. in dem bereits erwähnten Buch von REED/SIMON wie folgt zum Ausdruck kommt:

„Sobald ein erfolgreiches mathematisches Modell für ein physikalisches Phänomen geschaffen worden ist, d.h. ein Modell, das für exakte Berechnungen und Vorhersagen benutzt werden kann, liefert die mathematische Struktur des Modells selbst eine neue Möglichkeit, über das Phänomen nachzudenken. Anders gesagt: Sobald ein Modell erfolgreich ist, beginnt man, physikalische Größen und die sie repräsentierenden mathematischen Objekte im Denken zu identifizieren, z.B., um ähnliche oder sekundäre Phänomene durch die innere mathematische Struktur desselben Modells zu interpretieren. Aus diesem Grunde kann eine Untersuchung der inneren mathematischen Struktur des Modells unser Verständnis physikalischer Phänomene vertiefen und vergrößern."

Man könnte vielleicht von einer Rückwirkung der mathematischen Diskussion auf das physikalische Denken sprechen.

Zur Modellbildung gehört die Identifikation von Beobachtungsgrößen mit Modellgrößen hinzu. Bei der „Durcharbeitung" des Modells wird als erster wesentlicher Punkt die Existenztheorie für diese Größen auftreten. Dabei entstehen die manchmal merkwürdig anmutenden, zu Anekdoten Anlaß gebenden Betrachtungen, an deren Schluß man von der Existenz des Existierenden überzeugt ist. Diese Betrachtungen bilden aber eine notwendige Vorstufe für die rechnerische Bewältigung besagter Größen. Daneben ist ein solcher Existenzbeweis eine erste Vergewisserung der Zweckmäßigkeit des Modells und der getroffenen Identifikationen.

Existenzbeweise sind in der Mathematik durchaus nicht seit jeher selbstverständlich; es wird gesagt, daß erst mit GAUSS' Dissertation (Fundamentalsatz der Algebra) die Epoche der Existenzbeweise eingeleitet wurde.[1]) Wir wollen hier nur einige Beispiele geben, wie GAUSS in seiner Arbeit auf Existenzbetrachtungen eingeht.

In der ersten Hälfte (bis Kap. 18) seiner Arbeit über Potentialthoerie stellt GAUSS Bekanntes dar, d.h., die Formeln sind bekannt, aber seine Darstellung geht in einem für die Mathematische Physik typischen Sinn darüber hinaus, denn er gibt exakte Ableitungen der Formeln und klärt ihren Gültigkeitsbereich, z.B.:

„Die bekannte Gleichung

$$\frac{\partial^2 V}{\partial X^2} + \frac{\partial^2 V}{\partial Y^2} + \frac{\partial^2 V}{\partial Z^2} = 0$$

gilt also für alle Punkte des Raumes, die außerhalb der wirkenden Massen liegen."[2])

LAPLACE hatte diese notwendige Einschränkung noch nicht gemacht, Im Kap. 6 weist er die Existenz des Potentials $V = \int m/r \, dx$ sowie der Ableitungen $\partial V/\partial x$ usw. für Punkte innerhalb der Massenverteilung nach:

„Es wird also V nothwendig einen bestimmten endlichen Werth erhalten."[3])

Kap. 8–11 gibt er erstmals eine exakte Ableitung der POISSONschen Gleichung

$$\Delta V = -4\pi m.$$

Bereits dadurch geht er über POISSON hinaus, der die Gleichung schon formal besaß. Außerdem vermerkt er, daß ΔV auf der Oberfläche einer Masse (Unstetigkeit von m)

[1]) Diese Arbeit leitet die Epoche der Existenzbeweise ein, welche in der Mathematik des 19. Jahrhunderts eine bedeutungsvolle Rolle spielten. R. COURANT in „Carl Friedrich Gauß" DUZ, Heft X/9, S. 8–11.

[2]) GAUSS, „Allg. Lehrsätze ...", Werke Bd. V, S. 202.

[3]) dto., S 202.

seine Bedeutung verliert. Auch an anderen Stellen findet sich Polemik gegen „leere Zeichen", z. B. betont er, daß für Flächenbelegungen

$\partial V/\partial x$ „auf der Oberfläche ein leeres Zeichen"[1])

wird.

Anderslautenden Behauptungen kann er, „insofern der Begriff von Differentialquotienten in seiner mathematischen Reinheit aufgefaßt wird, eine Zulässigkeit nicht einräumen."[2])

Es soll natürlich nicht verschwiegen werden, daß nicht alle Existenzbetrachtungen in der Arbeit vom heutigen Standpunkt aus befriedigen können.

Beim Beweis des Haupttheorems z. B. spielt derselbe Schluß eine Rolle, der auch beim DIRICHLETschen Prinzip benutzt wird. Wie allgemein bekannt ist, hat WEIERSTRASS zu Recht diese Schlußweise angefochten, jedoch ist später durch HILBERT eine exakte Begründung des Prinzips gegeben worden.

Auf diesen Punkt hat bereits Prof. REICHARDT in seinem gestrigen Festvortrag aufmerksam gemacht.

Nach der begrifflichen Klärung, der Existenztheorie, entsteht das Problem der rechnerischen Bewältigung, der exakten Berechnung und Vorhersage.

Die einfachsten Fälle werden in der Regel gleichzeitig mit der Modellkonstituierung gelöst, sie geben dem Modell die Feuertaufe, Markante Beispiele dafür bilden die Berechnung der elliptischen Planetenbahnen aus dem Gravitationsgesetz oder die Berechnung des Wasserstoffatoms in der Quantenmechanik. Geschlossene Lösungen liegen aber stets nur für wenige elementare Beispiele vor.

So entsteht das Problem der Ausarbeitung von Näherungsmethoden mit dem Ziel, den kleinen Kreis geschlossen lösbarer Probleme im Anwendungsinteresse zu erweitern. Hierzu gehören z. B. die störungstheoretischen Methoden der Himmelsmechanik oder der Quantenmechanik. Die in diesem Zusammenhang zu behandelnden GAUSSschen Methoden z. B. zur Störungstheorie in der Himmelsmechanik, können hier nicht erörtert werden.

Jedoch wollen wir einen Ansatz von GAUSS im Zusammenhang mit der Potentialtheorie erwähnen, der einen Fall von Randstörung für das äußere DIRICHLETsche Randwertproblem betrifft. GAUSS hat sein vorhin erwähntes Haupttheorem im Auge und schreibt:

„Die wirkliche Bestimmung der Vertheilung der Masse auf einer gegebenen Fläche für jede vorgeschriebene Form von U übersteigt in den meisten Fällen die Kräfte der Analyse in ihrem gegenwärtigen Zustande. Der einfachste Fall, wo sie in unsrer Gewalt ist, ist der einer ganzen Kugelfläche; wir wollen jedoch sofort den allgemeinern behandeln, wo die Fläche von der Kugelfläche sehr wenig abweicht, und Größen von höherer Ordnung, als die Abweichung selbst, vernachlässigt werden dürfen."[3])

Es geht also darum, die Massenverteilung auf einer leicht deformierten Kugeloberfläche zu bestimmen, wenn die Potentialwerte U auf ihr vorgegeben sind.

GAUSS beschreibt die Deformation durch eine Funktion $z(\varphi, \Theta)$ der beiden Winkelkoordinaten und koppelt z durch einen Störparameter γ an:

$$r = 1 + \gamma z(\varphi, \Theta).$$

[1]) GAUSS, Werke Bd. V, S. 214.
[2]) dto., S. 206.
[3]) dto., S. 237.

Zur Lösung des Störungsproblems geht er von der Lösung des ungestörten Problems $\gamma = 0$ (exakte Kugel) aus und leitet Entwicklungen nach γ her, die er dann nach der ersten Potenz abbricht. GAUSS sagt es nicht explizit, aber es geht aus dem Kontext seiner Studien zur Potentialtheorie hervor, daß er bei dieser Rechnung die Abweichung der Erde von der Kugelgestalt und die Kartographierung der magnetischen Kräfte im Sinn hatte.

Unseres Wissens ist die Vorläuferschaft von GAUSS im Hinblick auf Störungstheorie von Differentialoperatoren bisher nicht weiter beachtet worden. Im allgemeinen wird LORD RAYLEIGH als Begründer störungstheoretischer Betrachtungen auf diesem Gebiet (für Eigenwertprobleme) angesehen.

C

Zum Schluß wollen wir eine Arbeit von GAUSS hervorheben, in der das sog. „Prinzip des kleinsten Zwanges" angegeben wird. Der Titel der Arbeit wurde zu Beginn erwähnt.

In dieser Arbeit faßt GAUSS die wirkliche Bewegung eines Systems von Massenpunkten als Störung der freien Bewegung auf und zwar so, daß die wirkliche Bewegung den Zwang minimiert, wobei GAUSS unter Zwang den Ausdruck

$$Z = \sum \frac{1}{m_i} \|X_i - m_i \ddot{\mathfrak{x}}_i\|^2, \quad \|\cdot\| \text{ euklidische Norm des } \mathrm{R}^3,$$

versteht. Die Nebenbedingungen können Gleichungen und Ungleichungen sein und brauchen auch nicht, wie beim D'ALEMBERTschen Prinzip, in den Differentialen der Koordinaten linear zu sein. GAUSS schreibt:

> „Die Bewegung eines Systems materieller, auf was immer für eine Art unter sich verknüpfter Punkte, deren Bewegungen zugleich an was immer für äussere Beschränkungen gebunden sind, geschieht in jedem Augenblick in möglichst größter Übereinstimmung mit der freien Bewegung oder unter möglichst kleinem Zwange, indem man als Maass des Zwanges, den das ganze System in jedem Zeittheilchen erleidet, die Summe der Produkte aus dem Quadraten der Ablenkung jedes Punkts von seiner freien Bewegung in seine Masse betrachtet."[1])

Verblüffend ist bei diesem Prinzip die Benutzung der Methode der kleinsten Quadrate. Man kann sagen, daß man in diesem GAUSSschen Prinzip ein Beispiel einer physikalischen Gesetzmäßigkeit vor sich hat, bei der Mechanik und Statistik eine Verbindung eingegangen sind. Dieser Gedanke einer engen Verbindung von Mechanik und Statistik war zum damaligen Zeitpunkt mehr als neuartig und geradezu befremdend. So konnte denn auch GAUSS damit nicht mehr anfangen, als sich darüber zu wundern, und schließt seine Arbeit mit den Worten:

> „Es ist sehr merkwürdig, dass die freien Bewegungen, wenn sie mit den nothwendigen Bedingungen nicht bestehen können, von der Natur gerade auf dieselbe Art modificirt werden, wie der rechnende Mathematiker nach der Methode der kleinsten Quadrate, Erfahrungen ausgleicht, die sich auf unter einander durch nothwendige Abhängigkeit verknüpfte Grössen beziehen. Diese Analogie liesse sich noch weiter verfolgen, was jedoch gegenwärtig nicht zu meiner Absicht gehört."[2])

Es wäre vielleicht reizvoll, diese Analogie aus heutiger Sicht weiter zu verfolgen, man müßte dabei zwangsläufig einige der tiefstliegenden Erkenntnisse der letzten 50 Jahre berühren, z.B. die Verbindung von Mechanik und Statistik, wie sie im Rahmen der Quantenmechanik durch die BORNsche Wahrscheinlichkeitsinterpretation der Wellen-

[1]) GAUSS, „Über ein neues allgemeines Grundgesetz der Mechanik", Werke Bd. V, S. 25—28
[2]) dto., S. 28.

funktion zustande kam. Unwillkürlich drängt sich uns bei diesem Thema auch das erst in jüngster Zeit gewonnene neue Verständnis z. B. eines freien Quantenfeldes auf, was als ein Ensemble Gaussscher Prozesse aufgefaßt werden kann, die durch die Elemente eines Hilbert-Raumes indiziert sind, der im wesentlichen durch Masse und Spin des Feldes bestimmt ist. Gerade dieses Verständnis hat bekanntlich der konstruktiven Quantenfeldtheorie ganz neue Möglichkeiten eröffnet.

Es hieße allerdings, den Bogen der Spekulation weit zu überspannen, wollte man den Versuch unternehmen, für diese Marksteine auf dem Entwicklungsweg der Mathematischen Physik erste Spuren in den Gaussschen Arbeiten zu suchen.

So bleibt uns nur übrig, an dieser Stelle unseren Exkurs abzubrechen in der Hoffnung, daß ein kleiner Einblick in die Wurzeln und Triebkräfte Mathematischer Physik an Hand unserer kleinen Gauss-Lektüre gegeben werden konnte.

Z. Ciesielski
Mathematical Institute of the Polish Academy of Sciences, Sopot

Gaussian Distribution and its Appearance in Various Problems

1. Introduction

The Gauss (normal) law plays a central role in probability and statistics. The Gaussian processes do form one of the most important classes in the theory and applications of stochastic processes.

The bicentennial of the birth of Carl Friedrich Gauss is a perfect occasion to recollect some dates concerning the creation of the probability normal law itself and of establishing its importance. This seems to be a proper time and place as well to present a choice of problems where the normal law enters in a natural way. This is being done to confirm the unique place of the Gauss distribution in probability, and not only in probability.

Gauss himself was deeply convinced about the exceptional role of the normal law. In his famous "Theoria combinationis" (Werke Band IV, Gottingae 1823, p. 18) we read about the least squares method and the distribution of errors "..., theoriam illam ad legem maxime plausibilem applicavimus, ubi probabilitas erroris x quantati exponentiali e^{-hhxx} proportionalis, ...", which in free translation is "..., that theory is based on the most plausible law for which the probability of the error x is proportional to e^{-hhxx}, ...".

The genius of Carl Friedrich Gauss has influenced a vast part of science, and this lecture touches merely few problems from that area.

2. Historical remarks

The normal law seems to appear for the first time in the work of A. de Moivre during the year 1730, where he proves the bionomial limit theorem in the case of symmetric Bernoulli trials. This result has been extended in 1810 by P. L. Laplace to the case of non-symmetric Bernoulli trials. This was the origin of the central limit theorem (see [1]).

In the celebrated "Theoria motus" Gauss published the principle of arithmetic mean, the normality of the distribution of errors and the least squares method. The "Theoria motus" was published in 1809 but it is commonly accepted that the correct date of creation by Gauss of the theory of errors, and in particular the least squares method, is the year 1794 (cf. [1], [2]). This opinion in part is apparently based on the outstanding achievments of Carl Friedrich Gauss in astronomy and geodesy where he successfully applied his theory of measurments since 1794.

A. M. Legendre published in 1806 independently the least squares method. However Legendre's approach was not a probabilistic one (see [3], [4]).

It is very interesting that R. Adrain published in 1808 in America an independent work on the statistical theory of errors and on the method of least squares (cf. [1]).

3. Normal distribution of errors

The Gauss' postulate on the arithmetic mean claims that if direct observations $x_1, \ldots, x_n$ of an unknown quantity x are given, then the most probable value is their arithmetic mean. In [3] the derivation of this postulate from more elementary and natural axioms is dicussed. It is shown there that the postulate on arithmetic mean can not be universally accepted. However if it is fullfilled, then as it is shown in „Theoria motus" the errors $x_1 - x, \ldots, x_n - x$, have normal distribution with mean zero (for more complete discussion see [3]).

ADRAIN in his work derives as well the normal probability law for the errors on completely different way (see [1]).

How essential is the normal law for the errors was explained only in 1954 by V. V. PIETROV (cf. [4]) who established for fixed number of observations the necessity for the normal law of the errors. In more details, under mild conditions, PIETROV proved the following theorem: *If the least squares unbiased estimate of a given number of parameters is jointly efficient and the errors are independent, then they have Gaussian distribution.* We understand here the *joint efficiency* of an estimate as in [4], i.e. an estimate is jointly efficient if it has the extreme property that its correlation ellipsoid is contained in the correlation ellipsoid corresponding to any other estimate. Thus, the extreme estimates obtained by the least squares method, provided the errors are independent, are necessarily Gaussian.

As we shall see in the next section the Gaussian density function is a solution to number of extreme problems.

4. Heisenberg inequality and entropy

For mathematician the Heisenberg inequality is simply a property of Fourier transform, and in quantum theory it corresponds to the *Heisenberg uncertainty principle.* This principle applied to the harmonic oscillator implies that the product of the variances of position and momentum operators exceeds an absolute positive constant, i.e. it is impossible to measure precisely in the same time both momentum and position. We confine our attention to the mathematical problem only.

For simplicity let us consider the one dimensional case. Let for f in $L^2(R)$ $Ff = \hat{f}$ denote the Fourier transform and let

$$\hat{f}(x) = \int_R e^{2\pi i x y} f(y)\, dy.$$

Let now $\|f\|_2 = 1$, then by the Parseval's identity $\|\hat{f}\|_2 = 1$, where $\|\cdot\|_2$ stands for the L^2 norm. For such functions the Heisenberg inequality is as follows

$$\int_R x^2 |\hat{f}(x)|^2 dx \int_R y^2 |f(y)|^2 dy \geqslant \left(\frac{1}{4\pi}\right)^2, \tag{4.1}$$

and the equality holds if and only if $|f(x)|^2$ is the Gaussian density with mean zero.

It turns out that inequality (4.1) is related to an inequality for entropies of densities with second moment finite. Let for such density $p(x)$

$$\delta^2 = \int_R x^2 p(x)\, dx,$$

and

$$g_\delta(x) = (2\pi\delta^2)^{-1/2} \exp\left(-\frac{1}{2\delta^2}x^2\right).$$

Then, as it is well known, for the entropy

$$H(p) = -\int_R p(x) \log p(x)\, dx$$

we have the following inequality

$$H(p) \leqslant H(g_\delta) = {}^1/_2 \log (2\pi\delta^2 e). \tag{4.2}$$

Moreover, the equality in (4.2) holds if and only if $p = g_\delta$.
Defining for given f in L^2 with $\|f\|_2 = 1$

$$\delta^2 = \int_R x^2|\hat{f}(x)|^2 dx \quad \text{and} \quad \varepsilon^2 = \int_R y^2|f(y)|^2\, dy$$

we obtain from (4.2)

$$H(|\hat{f}|^2) + H(|f|^2) \leqslant \log (2\pi e\delta\varepsilon),$$

whence

$$\delta\varepsilon \geqslant \frac{1}{4\pi} \exp\,[H(|\hat{f}|^2) + \mathrm{H}\,(|f|^2) - H(|\hat{f}_0|^2) - H(|f_0|^2)], \tag{4.3}$$

where $|\hat{f}_0|^2 = |f_0|^2 = g_a$ with $a = {}^1/_2\, \pi^{-1/2}$. It is now clear that (4.3) implies (4.1) provided that

$$H(|\hat{f}|^2) + H(|f|^2) \geqslant H(|\hat{f}_0|^2) + H(|f_0|^2). \tag{4.4}$$

Inequality (4.4) was conjectured in 1957 by I. I. Hirschman and proved only recently by W. Beckner in [5].

Thus, harmonic oscillator has minimal entropy in the ground state f_0 i.e. in this state the quantum system in question is most determined.

5. Inequalities in Fourier analysis

In Fourier analysis there are at least two important inequalities. Namely, the Hausdorff-Young inequality

$$\|\hat{f}\|_{p'} \leqslant \|f\|_p,\ 1 \leqslant p \leqslant 2,\ \frac{1}{p'} + \frac{1}{p} = 1, \tag{5.1}$$

$\|\cdot\|_p$ denotes the $L^p(R)$ norm w.r.t. Lebesgue measure. This inequality is a simple consequence of the Riesz convexity theorem. The inequality of Young concerns convolution and it is a consequence of Hölder's inequality.

$$|f * g|_r \leqslant |f|_p|g|_q,\ \frac{1}{r'} = \frac{1}{p'} + \frac{1}{q'}. \tag{5.2}$$

Since the work of K. I. Babenko it is known that the constant 1 in (5.1) is not the best possible. Babenko has proved that the Fourier transform operator $F: L^p(R) \to L^{p'}(R)$, for p' being even integers, attains its norm on the Gaussian density, and consequently he conjectured

$$\|f\|_{p'} \leqslant A_p \|f\|_p \quad \text{with} \quad 2 \log A_p = \frac{\log p}{p} - \frac{\log p'}{p'},\ 1 \leqslant p \leqslant 2. \tag{5.3}$$

This was finally proved by W. BECKNER in [5]. The same author proved as well

$$\|f * g\|_r \leqslant A_p A_q A_{r'} \|f\|_p \|g\|_q, \quad \frac{1}{r'} = \frac{1}{p'} + \frac{1}{q'}. \tag{5.4}$$

Again the equality takes place on Gaussian functions and according to BECKNER [5], p. 177, they are essentially the only extreme functions. In [5] analogous inequalities to (5.3) and (5.4) in the case of R^n are established as well, and the constants are then simply $(A_p)^n$ and $(A_p A_q A_{r'})^n$, respectively.

The BECKNER's proof of (5.3), among others, is based on the Moivre central limit theorem. It is amusing and amazing in the same time that a result proved almost 250 years ago plays essential role in the only known proof of inequality (5.3). To see better where the approximation comes in it is necessary to refrase inequality (5.3) as follows

$$\left\{\int_R \left| \int_R T_z(x, y) f(y) g_1(y) \,\mathrm{d}y \right|^{p'} g_1(x) \,\mathrm{d}x\right\}^{1/p'} \leqslant A_p \left\{\int_R |f(x)|^p g_1(x) \,\mathrm{d}x\right\}^{1/p},$$

where g_1 is the Gaussian density with mean zero and variance 1,

$$T_z(x,y) = (1 - z^2)^{-1/2} \exp\left\{-\frac{z^2(x^2 + y^2)}{2(1 - z^2)} + \frac{zxy}{1 - z^2}\right\}$$

is the Mehler kernel. The operator corresponding to the Mehlerkernel is a multiplier operator defined on the Hermite polynomials by

$T_z : H_m \to z^m H_m.$

To the approximation of the normal distribution by binomial distributions there corresponds a suitable approximation of the $L^p(R, g_1 \mathrm{d}x)$ and $L^{p'}(R, g_1 \mathrm{d}x)$ spaces by some finite-dimensional spaces. The idea of BECKNER was to find out the form of the multiplier operators corresponding to T_z in the finite-dimensional spaces mentioned before, to prove the corresponding sharp inequalities in the finite-dimensional case and then to pass to the limit. In an ingenious way this program has been carried out in [5].

Application of the inequality (5.3) leads to positive solution of the Hirschman conjecture (4.4). On the other hand inequality (5.4) implies the Nelson's "hyperconductive inquality" i.e. the norm of the operator T_z: $L^r(R, g_1 \mathrm{d}x) \to L^p(R, g_1 \mathrm{d}x)$ is 1, whenever $1 < p < r$ and z is between 0 and $((p - 1)/(r - 1))^{1/2}$.

6. Brownian Motion

The GAUSS' "Theoria Motus" is the first work where the Gaussian families of random variables appear. Clearly by that work CARL FRIEDRICH GAUSS started the subject of investigations called today Gaussian Random Fields. First came the Brownian Motion process, then general Gaussian processes, white noise, stochastic differential equations, diffusion processes and so on. These mathematical investigations interplayed all the time with research in different fields of science, and in particular in physics.

The history of Brownian Motion is very rich, and the applications of this particular process are enormous. The physical theory of that process started with R. BROWN (1827), and then it was continued by A. EINSTEIN, M. SMOLUCHOWSKI, J. PERRIN, P. LANGEVIN, N. WIENER, G. E. UHLENBECK and L. S. ORNSTEIN, P. LÉVY, S. KAKUTANI, M. KAC, J. L. DOOB, G. A. HUNT and many others. Out of the research on Brownian Motion came out two essentially different stochastic processes: the standard Brownian Motion (the Wiener process) and the Ornstein-Uhlenbeck process. The first one is

Markovian and nowhere differentiable, and the second one is 2-Markovian and continuously differentiable. Both these processes were important models for the theory of diffusion processes and stochastic differential equations. However we shall mention here another dicovery: the intrinsic relation between the classical Newtonian potential theory and the standard Brownian Motion. This started with S. KAKUTANI who proved in 1944 [6], Gauss' theorem on harmonic functions: the mean over a sphere of harmonic function is equal to the value of the function at the center of the sphere, "Theoria attractionis" §§ 19–20 (see as well [2], p. 214). Kakutani's theorem gave an impulse to investigations on strong Markov property, general Markov processes, probabilistic potential theory, elliptic and parabolic operators of second order, abstract potential theory, martingales and recently the general theory of stochastic integrals and processes.

M. KAC started more analytic investigations of the standard Brownian Motion, his work was apparently inspired by the famous Feynman's approach to quantum mechanics. Efforts in this direction led finally to the dicovery of the correspondence between Euklidean Markov Random Fields and Quantum Fields (see [7]).

7. Problem on Gaussian distribution of statisticians in Chicago

About this problem I have learned from prof. S. SHERMAN and I am glad that I have the opportunity to formulate it here with the hope that somebody will solve it in full generality.

We denote by P a Gaussian probability distribution with mean zero on R^n and by A and B symmetric convex bodies with centers at the origin in R^n. The conjecture is

$$P(A \cap B) \geq P(A)\,P(B). \tag{7.1}$$

In the case of $n = 1$ (7.1) is obviously satisfied. For $n = 2$ inequality (7.1) was proved by L. D. PITT with the help of Ornstein-Uhlenbeck process. For $n > 2$ the problem remains open.

Thus, there are still some questions on the Gauss distribution to which the answers are unknown.

8. Concluding remarks

We even did not mention many of the places and parts of probability and its applications related to Gaussian measures and Gaussian fields. For instance the Gaussian distributions on infinite-dimensional spaces and on algebraic structures, prediction and filtering.

We have tried to indicate only some of the places in probability where the contribution of CARL FRIEDRICH GAUSS' genius is essential.

References

[1] L. E. MAJSTROV, Teoria vierojatnostiej, istoričeskij očerk, Moskva 1967.
[2] CARL FRIEDRICH GAUSS, sbornik statiej k 100-letiu so dnia smerti, Moskva 1956.
[3] E. WHITTAKER and G. ROBINSON, The calculus of observations, London 1944, 4-th ed.
[4] YU. V. LINNIK, Metod naimenšyh kvadratov ..., Moskva 1958.
[5] W. BECKNER, Inequalities in Fourier analysis, Annals of Mathematics, **102** (1975) 159–182.
[6] S. KAKUTANI, Two-dimensional Brownian motion and harmonic functions, Proc. Imp. Acad. Tokyo **20** (1944) 706–714.
[7] E. NELSON, The free Markoff field, J. Func. Analysis **12** (1973) 211–227.

А. Н. Пушков (A. N. Puschkow)
Измиран, Москва (IZMIRAN, Moskau, UdSSR)

Ideen, die die Zeiten überdauerten
(Zum 200. Geburtstag von C. F. Gauss)

(Zusammenfassung)

Den Fragen des Erdmagnetismus sind in dem umfangreichen Werk des großen deutschen Mathematikers und Astronomen C. F. Gauss (1777—1855) insgesamt 20 Arbeiten gewidmet, die nach 1813 entstanden. Im allgemeinen nimmt man an, daß das Interesse an Fragen des Geomagnetismus durch die Bekanntschaft mit A. v. Humboldt ausgelöst wurde, die im Jahre 1828 entstand; höchstwahrscheinlich ist dies nicht so, wenn man das allgemeine Interesse jener Zeit an Problemen des Elektromagnetismus, das Erscheinen der ersten Arbeit von C. F. Gauss im Jahre 1813 sowie sein Verhältnis zu den eigenen Arbeiten berücksichtigt. Wenn wir heute eine Übersicht über die Entwicklung der geomagnetischen Forschungen geben, teilen wir sie in zwei Perioden ein: die Periode vor Gauss und die nachfolgende Entwicklung von Experiment und Theorie, die bis heute von Gauss' Gedanken lebt.

Drei Ideen von C. F. Gauss, die für seine Arbeit auf dem Gebiet des Geomagnetismus grundlegend waren und ihn selbst und seine Epoche überlebt haben, sind:

1. Die Ausarbeitung einer Methode zur absoluten Beobachtung der Elemente des geomagnetischen Feldes
2. Die Organisation des Internationalen Magnetischen Vereins
3. Die Erarbeitung einer Methode zur analytischen Darstellung der räumlichen Struktur des geomagnetischen Feldes.

Die Entwicklung seit Gauss in der geomagnetischen Forschung und in den Naturwissenschaften überhaupt legt Zeugnis ab von der Allgemeingültigkeit der Gedankengänge, auf denen diese Richtlinien basieren: der Notwendigkeit absoluter Messungen, der Organisation der internationalen Zusammenarbeit, der exakten mathematisch-analytischen Beschreibung der Naturvorgänge.

Идеи, пережившие время.
(К 200-летию со дня рождения К. Ф. Гаусса)

Вопросам земного магнетизма в богатом наследстве великого немецкого математика и астронома К. Ф. Гаусса (1777—1855) посвящено всего 20 работ, охватывающих период с 1813 г. Первой работой была статья «Теория притяжения однородных эллипсоидов», посвященная вопросам потенциала, последняя работа — «К математической теории электромагнитных действий» — была опубликована посмертно. Однако, в настоящее время, давая обзоры развития геомагнитных исследований, мы делим всю историю на два периода — период «до Гаусса» и последующее развитие эксперимента и теории, до настоящего времени питающееся идеями Гаусса.

Инициатор издания трудов К. Ф. Гаусса на русском языке академик А. Н. Крылов, сам выполнявший перевод на русский язык работ по земному магнетизму в трудные военные годы, писал в своих воспоминаниях: «Я увидел, что сущность всего, что мне предстояло делать, изложена у Гаусса и работа, заданная Колонгом, пошла сама собой». Первая работа А. Н. Крылова «Вычисление делений силы дефлектора компасса», вышедшая в 1884 г., выполнялась под руководством Де Колонга, который и рекомендовал, в первую очередь, познакомиться с работой К. Ф. Гаусса «Общие теоремы относительно сил притяжения и отталкивания, действующих обратно квадрату расстояния» [1].

Обычно считается [1], что интерес к вопросам геомагнетизма был вызван знакомством с А. Гумбольдтом происшедшим в 1828 г.; скорее всего это не так, если учитывать общий интерес к проблемам электромагнетизма того времени, выход первой работы К. Ф. Гаусса в 1813 г. и его отношение к собственным работам. В переписке К. Ф. Гаусса часто говорится о стремлении публиковать только совершенно готовые работы:

«Такой способ работы может иметь иногда те последствия, и иногда имел их, что идеи, которыми я обладал в течении многих лет, открывались другими и становились известными раньше, чем мои; вероятно также, что некоторые идеи исчезнут вместе со мной, и я знаю, что мои друзья желают, чтобы я меньше работал в таком духе, но это никогда со мной не случится, я не могу испытывать настоящей радости от недоделанного, а работа, от которой я не имею радости, является для меня мучением» (письмо к Энке, 18 августа 1832 г.).

Ниже мы остановимся на трех идеях К. Ф. Гаусса, переживших его самого и его эпоху:

1. Разработка метода абсолютных наблюдений элементов геомагнитного поля.

2. Организация Международного Магнитного Союза.

3. Разработка метода аналитического представления пространственной структуры геомагнитного поля.

Совершенно очевидно, что третья идея была определяющей, но она не могла быть осуществлена без реализации двух первых, и этой основной идее К. Ф. Гаусс отдавал все свои силы, начиная с 1813 г.

18 февраля 1832 г. К. Ф. Гаусс пишет Ольберсу: «Я занимаюсь земным магнетизмом, именно — абсолютными наблюдениями его напряженности. Мой друг Вебер производит опыты по моим указаниям ...[1])

2 августа 1832 г. в письме к тому же Ольберсу:

«... Эти работы до сих пор не только оправдали мои ожидания, но и превзошли их. Мне всегда казалось, что приборы, применяемые для магнитных наблюдений, являются весьма несовершенными и находятся в вопиющем противоречии с точностью наших геодезических и астрономических наблюдений. В течение пяти месяцев я задавался целью преодолеть все эти недостатки, причем, я исходил из некоторых идей, имевшихся у меня много лет; однако каждую неделю я находил чтонибудь новое. В настоящее время у меня готово два прибора, при момощи которых можно измерять абсолютное склонение и его изменения, время колебаний и т. д. с такой точностью, которая не оставляет желать ничего лучшего, за исключением специального помещения, где нет никакого железа и токов воздуха. Оба эти условия отсутствуют у меня в астрономической обсерватории и дома ... Здесь можно собрать очень богатый урожай, и я склонен посвятить этому вопросу собственную работу, если небо сохранит мне жизнь и силы, но я сделаю это совсем не так скоро, так, как я всегда ненавидел спешку с незаконченным. Между тем я намерен сгелать отчет о наиболее важном применении — именно, определении абсолютной напряженности земного магнетизма.»

[1]) тексты писем даны на основе переводов работы [1].

Отчет был сделан 15 декабря 1832 г. на заседании Королевского общества в Геттингене. Геттингенская обсерватория, удовлетворявшая требованиям К. Ф. Гаусса, начала работать в 1833 г., а исследования по совершенствованию метода абсолютных наблюдений продолжались и были закончены публикацией только в 1841 г. статьи «Напряженность магнитной силы, приведенная к абсолютной мере».

Появление абсолютного способа измерений означало возможность получения точных, надежных и сопоставимых панных в обсерваторских и полевых условиях. В нашей стране идеи К. Ф. Гаусса нашли самую благоприятную почву. М. А. Рыкачев в историческом очерке Главной геофизической обсерватории писал:

«...Нигде, ни в одной стране открытие Гаусса не отразилось с такой силой, как в России, где в это время Купфер был занят учреждением целой системы метеорологических и магнитных наблюдений.»

Магнитные измерения с 1829 г. проводились в Петербурге, с 1832 г. — в Нерчинске, Барнауле, Колывани [2].

Идея абсолютных измерений К. Ф. Гаусса вышла за пределы геомагнитных интересов, приобрела общефизическое значение и привела к установлению абсолютной системы единиц. У К. Ф. Гаусса магнитное поле выражалось через массу, расстояние, время; позднее Вебер реализовал подобный подход при измерениях электрического поля; абсолютная система единиц была принята в 1881 г. В нашей стране метод Гаусса был использован институтом метрологии им. Д. И. Менделеева для эталонирования магнитных устройств, измеряющих магнитное поле и поток. Метод Гаусса существовал в обсерваториях всего мира до 50-тых годов и только появление протонных абсолютных магнитометров смогло заменить этот метод.

Отчетливо представляя необходимость объединения усилий ученых разных стран при изучении глобального явления — геомагнитного поля — К. Ф. Гаусс, А. Гумбольдт, В. Вебер создают в 1834 г. первый международный союз по изучению геомагнитных явлений. С 1837 г. начинается регулярная публикация «Результатов наблюдений Магнитного союза». Помимо данных в «Результатах» печатались и теоретические работы, в том числе и наиболее крупные самого К. Ф. Гаусса. В 1843 г. была опубликована работа И. Н. Симонова «О новом методе определения магнитного склонения».

Одной из первых задач, поставленных «Союзом», было изучение вариаций склонения, магнитных бурь и их широтного распределения. К. Ф. Гаусс писал по поводу практической значимости этих работ:

«Знание магнитных вариаций и бурь магнитного склонения имеет громадный практический интерес. Мореплавателю, геодезусту, топографу, маркшейдеру весьма важно знать, насколько частым и сильным воздействиям подвергаются приборы, применяющиеся в их деле, хотя бы для того, чтобы определять степень доверия к этим приборам.»

Наблюдения «Магнитного Союза» позволили установить одновременность возникновения магнитных бурь, уменьшение их интенсивности к экватору. Спервые был получен согласованный материал, но К. Ф. Гаусс оставался верен себе:

«Для предположения о причинах магнитных бурь еще слишком мало данных, и я всегда не сколнен или, по крайней мере, стесняюсь делать предположения там, где отсутствуют основания. Но я считаю причины космическими в том смысле, который обычно придают этому слову» (письмо к Олберсу, февраль 1835 г.).

Наблюдения магнитных обсерваторий обеспечили К. Ф. Гаусса информацией, необходимой ему для проверки положений метода сферического гармонического анализа, разработкой которого он в это время, видимо, уже занимался.

Геттингенский «Магнитный Союз" был первым и успешным опытом международного сотрудничества, облегчившим впоследствии исследования по согласованной программе первого и второго Международного Полярного года.

В наши дни идея К. Ф. Гаусса о необходимости международного сотрудничества при изучении глобальных явлений реализуется в работе МАГА, в проведении крупных магнитных исследований, например, по проекту «Мировая Магнитная Съемка» 1956—1968 г. г. и ряда других международных проектов.

Вопрос о создании математической модели, описывающей пространственную структуру геомагнитного поля, видимо, был основным, и, хотя работа «Общая теория земного магнетизма» появилась только в 1839 г., уже в 1832 г. К. Ф. Гаусс сформулировал её основные положения, как всегда в частном письме:

«...В современном изложении учения о магнетизме столько неясного, ничего не говорящего, нелогичного, что оно должно быть построено совершенно заново ... В этих предметах я уже давно достиг полной ясности; сюда следует отнести некоторые, в высшей степени интересные теоремы очень глубокого содержания, развитие которых выходит очень далеко за рамки моей статьи и которые я поэтому должен отметить в ней несколькими строками» (письмо к Энке, 18 августа 1832 г.).

В письме к Ханстину идея звучит еще более отчетливо:

«...Мое предположение приводит к тому, что магнитные явления на земной поверхности могут быть собраны в одну формулу, которая, разумеется, должна содержать много членов, чтобы включать в себя всевозможные аномалии, не являющиеся исключительно локальными, т. е. ограниченными малой площадью... Таким образом, исключается гипотеза двух или четырех полюсов, которую я не могу принять согласно сказанному выше. Все это дело будет проверено самым строгим образом, как только будут для этого факты в необходимой форме.»

В наши дни изложение результатов первого анализа в монографиях по геомагнетизму занимает несколько строк, например у С. Чепмена и Ю. Бартельса (3):

«...Гаусс не мог применить долгое время свою теорию из-за отсутствия необходимой экспериментальной информации. В 1838 г., используя карты полной интенсивности Себайна (1837), карты изогон Барлоу (1833 г.), карты изоклин Хорнера (1836 г.), он вычислил 24 коэффициента на основе значений поля в 84 точках и сравнил вычисленные по коэффициентам значения поля с независимыми данными наблюдений в 91 точке».

Предложенный метод был основан только на предположении, что магнитное поле Земли обладает потенциалом, зависящим от широты и долготы места. Потенциал магнитного поля был представлен в виде разложения по сферическим функциям. Этот ряд мы и сейчас называем рядом Гаусса. Найденное общее решение задачи включало как частные, и результаты первых аппроксимаций полем магнитного диполя (Майер, Био) и представление полем однородно намагниченной сферы, данное И. М. Симоновым в работе «Опыт математической теории земного магнетизма», опубликованной в 1835 г.

Оценку современников, может быть, несколько восторженную, можно найти в письме А. Гумболдта к К. Ф. Гауссу [1а]:

«С тех пор, как я начал заниматься земным магнетизмом, я всегда протестовал против увеличения числа магнитных полюсов и расщепления изогон и весьма интересовался измерением напряженности. Я имперически узнал о возрастании напряженности от экватора к полюсам ... Я был против представления о малом магните, против «разогретой» и видоизмененной Био гипотезы Тобиаса Майера, против неуклюжих попыток Ханстина. Я хотел золотого времени, когда ньютоновский дух освободил бы нас от оков нагромождающихся эпициклов и все элементы вывел бы из одного принципа. Это чудо сделали Вы, мой дорогой друг, и мои глаза увидели это.»

Оценкой идеи К. Ф. Гаусса следующим поколением явилось повторение анализов на основе нового, более точного и подробного материала, уточнение метода, применение его к переменному полю, позволявшее выделить индуцируюшую и индуцированную части поля внешних источников. Последующие анализы были выполнены: Эрманом и Петерсеном (1846 г.), Адамсом (1898 г.), Фриче (1897 г.) — анализ эпохи 1885 г. и серия анализов за прошлые эпохи (1905), А. Шмидтом (1895 г.) и рядом других авторов. Подробную библиографию по ранним анализам можно найти в [2, 3].

Однако, анализы по большому количеству экспериментальной информации, позволявшей увеличить длину ряда и, соответственно, подробность и точность представления пространственной структуры поля, представляли до недавнего прошлого, весьма трудоемкую операцию и, как правило, выполнялись на основе мировых магнитных карт.

Появление вычислительной техники и ее бурное развитие послужило новым толчком развитию метода анализа. Предложенный и реализованный К. Ф. Гауссом метод оказался оптимальным при составлении мировых магнитных карт на ЭВМ, при этом аналитическая модель поля, заданная набором коэффициентов ряда Гаусса, приобрела основное значение, а карты стали своеобразной графической иллюстрацией этой модели.

Появление новой специфической информации — данных измерний геомагнитного поля со спутников, ещё более упрочило положение метода сферуческого гармонического анализа, т. к. он оказался единственным для обработки массовых разновысотных наблюдений.

Представляется целесообразным, в заключение, кратко рассмотреть современные области применения метода К. Ф. Гаусса и некоторые модификации классического варианта анализа, т. к. широкое его использование в наши дни является оценкой современного поколения геофизиков этой идеи великого математика.

Уравнение Лапласа в сферических координатах записывается в виде:

$$\nabla^2 V = \frac{1}{r^2}\cdot\frac{\partial}{\partial r}\left(r^2\frac{\partial V}{\partial r}\right) + \frac{1}{2r\sin\Theta}\cdot\frac{\partial}{\partial\Theta}\left(\sin\Theta\frac{\partial^2 V}{\partial\Theta}\right) + \frac{1}{r^2\sin^2\Theta}\cdot\frac{\partial^2 V}{\partial\lambda^2} = 0. \tag{1}$$

Представление потенциала поля (не обязательно геомагнитного) рядом сферических гармонических функций является решением уравнения (1):

для внутренних источников

$$V_e = R\sum_{n=1}^{\infty}\left(\frac{R}{r}\right)^{n+1}\sum_{m=0}^{n}[g_n^m\cdot\cos m\lambda + h_n^m\sin m\lambda]P_n^m(\cos\Theta)$$

для внешних источников

$$V_i = \sum_{n=1}^{\infty}\frac{r^n}{R^{n-1}}\sum_{m=0}^{n}[j_n^m\cdot\cos m\lambda + k_n^m\sin m\lambda]P_n^m(\cos\Theta) \tag{2}$$

В общем случае, на поверхности Земли, компоненты наблюдаемого поля можно представить как сумму полей внешних и внутренних источников:

$$\left.\begin{aligned} X &= X_i + X_e = -\sum_{n=1}^{\infty}\sum_{m=0}^{n}\left[(g_n^m + j_n^m)\cdot\cos m\lambda + (h_n^m + k_n^m)\sin m\lambda\right]\frac{\mathrm{d}P_n^m(\cos\Theta)}{\mathrm{d}\Theta} \\ Y &= Y_i + Y_e = \sum_{n=1}^{\infty}\sum_{m=0}^{n}\left[(g_n^m + j_n^m)\cdot\sin m\lambda - (h_n^m + k_n^m)\cos m\lambda\right]\frac{mP_n^m(\cos\Theta)}{\sin\Theta} \\ Z &= Z_i + Z_e = \sum_{n=1}^{\infty}\sum_{m=0}^{n}\left[(n+1)\,g_n^m - nj_n^m\right]\cos m\lambda + \left[(n+1)\,h_n^m - nk_n^m\right]P_n^m\cos\Theta \end{aligned}\right\} \quad (3)$$

В выражениях (1—3) и далее использованы следующие обозначения:

Θ — коширота; λ — долгота; r — радиус вектор; R — радиус Земли; P_n^m — присоединенные полиномы Лежандра; $g_n^m, h_n^m, j_n^m, k_n^m$—искомые коэффициенты разложения.

Введем обозначения:

$$\begin{aligned} &g_n^m + j_n^m = p_n^m, \quad h_n^m + k_n^m = q_n^m; \\ &(n+1)\,g_n^m - nj_n^m = s_n^m, \quad (n+1)\,h_n^m - nk_n^m = t_n^m, \end{aligned} \quad (4)$$

решив систему (3) относительно коэффициентов p, q, s, t и используя (4) найдем набор коэффициентов, определяющих структуру поля внешних и внутренних источников. Естественно, что эта задача решается только при наличии компонентной информации. Для определения коэффициентов используется метод наименьших квадратов, соответственно, количество точек на поверхности Земли, в которых значения компонент заданы, должно существенно превышать число определяемых коэффициентов. Эта классическая схема в наши дни применяется для анализа обсерваторских данных и результатов компонентных съемок. Метод используется:

1. Для анализа главного поля и вековых вариаций. Подробную библиографию по анализам разных эпох можно найти в [2—5]. Мы выделим работу Х. Кауцлебена [6], дополнившего классическую схему статистическим анализом. Особенно следует подчеркнуть группу работ, в которых выполнялась серия последовательных анализов с целью определения зависимости коэффициентов от времени. К этим работам относятся анализы Е. Х. Вестина 1905—1940 г. г. [7], Дж. С. Кейна 1940—1962 г. г. [8], Х. Кауцлебена 1880—1960 г. г. [9], А. Н. Пушкова и Т. А. Черновой 1880—1970 и 1950—1970 г. г. [10]. Эти анализы полностью перекрывают интервал времени, обеспеченный компонентными абсолютными измерениями, позволяют увязать коэффициенты g_n^m, h_n^m поля с коэффициентами g_n^m, h_n^m вековой вариации, дать описание пространственно-временной структуры поля и построить прогноз-экстраполяцию на пятилетний интервал с достаточной точностью.

2. Для анализ вариаций внешнего поля в широком интервале периодов с выделением внешней — индуцирующей и внутренней — индуцированной частей. Внешняя часть может быть использована для расчета токовых систем. На новом этапе данные со спутников позволяют получить прямую информацию [11], контролирующую правильность аналитических построений. Соотношение индуцированной и индуцирующей частей позволяет получить представление об интегральной проводимости земли до глубин порядка 1500 км и соответственно выделить аномальные зоны на поверхности Земли, в которых искажения внешнего поля могут быть объяснены аномалиями распределения проводимости [12].

Массовые съемки со спутников модуля полного вектора потребовали модернизации аппарата сферического гармонического анализа. А. Змудой [13] и Дж. С. Кейном [8, 14] были предложены различные способы анализа. Широкое применение нашел метод, основанный на применении нулевого приближения, позволяющего линеаризовать систему уравнений для вычисления поправок δg_n^m, δh_n^m к нулевому приближению, вычисленному по компонентной информации. Решается система уравнений:

$$\delta T_i = T_i - T_{0i} = X_{0i}/T_{0i}\, \delta X_i + Y_{0i}/T_{0i}\, \delta Y_i + Z_{0i}/T_{0i}\, \delta Z, \qquad (5)$$

где: T_i — измеренные значения модуля полного вектора;
X_0, Y_0, Z_0, T_0 — значения, вычисленные по нулевому приближению;

$$\left.\begin{aligned} \delta X &= X - X_0 = \sum_{nm} (\delta g_n^m \cos m\lambda + h_n^m \sin m\lambda) \frac{\mathrm{d}P_n^m(\Theta)}{\mathrm{d}\Theta} \\ \delta Y &= Y - Y_0 = \sum_{nm} (\delta g_n^m \cos m\lambda - h_n^m \sin m\lambda) \frac{P_n^m}{\sin \Theta} \\ \delta Z &= Z - Z_0 = \sum_{nm} (\delta g_n^m \cos m\lambda + h_n^m \sin m\lambda) P_n^m \end{aligned}\right\} \qquad (6)$$

Система (5) решается иттерационным способом.

С 1956 г. по 1968 г. проходила реализация проекта «Мировая Магнитная съемка», явившаяся осуществлением на новом этапе идей К. Ф. Гаусса о необходимости международной кооперации при изучении глобальных явлений. Полученные в результате проекта компонентные данные обрабатывались классическим способом. Данные спутников «Космос-49» (СССР), «ОГО-2,4» (США) обрабатывались иттерационным способом Дж. С. Кейна [14]. Завершением проекта явилось создание в 1968 г. первой Международной Аналитической Модели геомагнитного поля, заданной набором коэффициентов ряда К. Ф. Гаусса [4, 11]. На основе этого метода по информации со спутника Дж. С. Кейном построена самая подробная модель — ряд Гаусса развит до $n = m = 22$.

Таким образом, в полном смысле пророческими оказались слова В. Вебера в описании первого атласа магнитных карт: «Настоящий атлас является началом ряда атласов, которые должны появляться через равные промежутки времени и, начиная с данного времени, отражать полно и наглядно историю земного магнитизма...» Однако, в заключительной части: «Историю же прошлого времени восстановить невозможно» — он ошибся — в 1900 г. Х. Фриче опубликовал результаты по серии последовательных анализов, начиная с 1550 г. [15].

Развитие археo- и палеомагнитных анализов, желание получить хотя бы грубые приближенные данные о свойствах поля на возможно больших временных интервалах, привлекает исследователей на поиски путей обхода основной трудности — принципальной невозможности определения коэффициентов по данным о склонении и наклонении.

Х. Фриче [15] экстраполировал на прошедшие эпохи данные силовой компоненты. С. И. Брагинский [16] экстраполировал временной ход коэффициента g^0 первоначально линейной, а затем квадратичной зависимостью от времени. Д. Р. Бараклоу [17] провел на первом этапе определение относительных значений коэффициентов $G_n^m = g_n^m/g_1^0$, $H_n^m = h_n^m/g_1^0$, а затем абсолютизировал их, задавшись временным ходом.

Т. Юкутаке [18] построил наиболее сложную программу последовательного определения относительных значений секториальных и тессеральных гармоник с переходом к абсолютным значениям по археомагнитной информации и последующим уточнением зональных гармоник по данным о наклонении. Н. П. Бенькова с сотрудниками [19] в серии работ опробовала практически все возможности построения набора коэффициентов, согласованных во времени, начав с методов определения относительных значений и кончив привлечением археомагнитной информации об интенсивности. А. Н. Пушков и Т. А. Чернова [20] провели серию анализов и дали зависимость коэффициентов от времени, используя нулевое приближение, найденное осреднением опубликованных для этого временного интервала значений коэффициентов. Важно подчеркнуть, что проведенные анализы [15—20] представляют пространственную структуру поля рядом, развитым до $n = m = 4$, с временной дискретностью в 50 лет и, в принципе, дают согласованные результаты по интервалу в 500 лет (1500—1950 г. г. с экстраполяцией до 2000 года).

Число анализов за больший временной интервал в 2000 лет существенно меньше. Эти анализы используют в основном археомагнитные данные, которых пока еще очень мало, что и ограничивает возможности анализа. К ним относятся анализы: П. Мартона [21], анализ экстраполяция С. И. Брагинского [22], Г. И. Коломийцевой и А. Н. Пушкова [23].

Вся совокупность проведенных исследований позволяет нам представить пространственно-временную структуру геомагнитного поля для интервалов различной длительности с различной степенью подробности как во времени, так и в пространстве, причем, эта подробность определяется качеством и количеством исходной информации. По современной наземной информации и съемкам со спутников для эпох 1965—1975 г. г. поле может быть представлено рядом, развитым до 22 гармоник и, видимо, этот ряд представляет не только главное поле, но частично и поле коровых источников. Для интервала 1950—1970 гг. ряд может быть развит до 9 гармоник, непредставленными остаются особенности с характерными размерами менее 4 т. км. Для интервала 1880—1970 гг. ряд еще менее представителен — он ограничивается шестью гармониками. Для интервала 1500—1950 гг. (с экстраполяцией до 2000 г.) ряд может быть представлен только четырьмя гармониками. По археомагнитной информации для интервала в 2000 лет мы можем представить структуру поля, определяемую центральным осевым диполем $(n = m = 1)$ и грубо оценить структуру недипольной части $(1 < m = m \leqslant 3)$.

Сферическому гармоническому анализу палеомагнитной информации посвящено пока еще очень мало работ. Исследования, выполненные в Советском Союзе, представлены в обзоре [5], который следует дополнить работами: К. М. Крира, Д. Т. Георги, В. Ловри [24], Д. Т. Георги [25]. Обобщение и интерпретация палеомагнитных данных, образно говоря, переживают «догауссов период» — обобщение и интерпретация ведутся на базе гипотезы центрального осевого диполя [26] в предположении, что поле по большим временным интервалам, зафиксированное в остаточной намагниченности горных пород, не может содержать других компонент из-за их осреднения за счет западного дрейфа. Результаты анализов [21—22] и уже выполненные анализы палеомагнитной информации [5, 24, 25] показывают, что гипотезу центрального диполя можно рассматривать как первое и весьма грубое приближение в силу удивительной стабильности недипольных компонент поля, стабильности смещения «магнитного» центра, проявляющихся при анализе осредненной по большим временным интервалам информации.

Если учесть, что только по палеомагнитной информации можно получить представление об изменениях поля на больших временных интервалах, установить длительность основного периода генерации поля, исследовать механизм инверсии и уточнить палеомагнитные реконструкции, то необходимость корректного аппарата анализа, каковым является анализ К. Ф. Гаусса, становится очевидной.

Решая задачу на основе данных о склонении, наклонении и полной интенсивности, мы должны использовать аппарат анализа в максимально общем виде. Если экспериментальные данные заданы значениями склонения, наклонения и интенсивности, анализ может быть осуществлен минимизацией выражения:

$$S_B = \sum_{i=1}^{K_D} H_{0i}(D_i - D_0)^2 W_D + \sum_{i=1}^{K_I} T_{0i}(I_i - I_0)^2 W_I + \sum_{i=1}^{K_H} (\mathrm{H}_i - H_0)^2 W_H + \sum_{i=1}^{K_T} (T_i - T_0) W_T, \quad (7)$$

где: W — статистические веса, заданные таким образом, чтобы каждый элемент давал примерно одинаковый вклад с учетом количества точек, точности измерения данного элемента и его распределения; $K = K_D + K_I + K_H + K_T$ — общее число экспериментальных данных. Условие минимума S_B требует равенство нулю частных производных $\partial S_B/\partial q_n^m$, $\partial S_B/\partial h_n^m$ и нелинейная система (7) сводится к системе M линейных уравнений, содержащих M неизвестных [5].

Таким образом, аппарат анализа существует, остается невыясненным вопрос о соответствии этому аппарату качества и количества имеющейся экспериментальной информации, если учесть ограниченную точность палеомагнитной информации, неопределенность привязки ко времени и весьма неравномерное распределение информации.

Сферические гармонические анализы развивались не только как аппарат исследования геомагнитного поля. В первую очередь следует отметить многочисленные анализы гравитационного поля, библиографию по которым можно найти в любой монографии по теории фигуры Земли или гравитационному полю, например, [27]. Информация о гравитационном поле, как и о магнитном, состоит из прямых наземных измерений и данных об орбитах искусственных спутников земли.

По анализам теплового потока сошлемся на две работы [28, 29], отметив, что из-за недостатка информации авторам работы [26] для получения приемлемых с геофизической точки зрения результатов пришлось заполнить пустые места средними значениями теплового потока.

Работами Прея в 1919—1922 г. г. началась серия сферичеких гармонических анализов рельефа Земли. Описание этих исследованний в связи с проблемой конвекции можно найти в работе [30]. У. Х. Манк и МакДональд [31] ввели понятие континентальной и океанической функции, показав, что аппарат сферического анализа, как аппарат аппроксимации, применим для любой функции, заданной на поверхности Земли при условии, что она имеет ограниченное число точек разрыва.

Сопоставление гармонических разложений полей различной природы позволяет в наиболее общей форме произвести их сравнение, однако работ такого плана пока еще очень мало. В первую очередь отметим работу Р. Хайда и С. Р. Малина [32], в которой проведено сравнение разложения магнитного и гравитационного полей с целью обоснования гипотезы о том, что неоднородности границы раздела ядромантия могут быть причиной крупных неоднородностей в магнитном и гравитационном полях, наблюдаемом на поверхности Земли. В работе К. Хораи и Г. Симмонса [28] проводится сравнение коэффициентов разложения теплового и гравитационного полей.

Таким образом, в результате приведенного обзора мы видим, что идея описания «магнитных явлений с помощью одной формулы, которая, разумеется, должна содержать много членов, чтобы включать всевозможные аномалии», высказанная и разработанная К. Ф. Гауссом почти 150 лет назад, оказалась исключительно плодотворной, превратившись в наши дни в аппарат анализа многочисленных геофизических явлений, и возможности этого аппарата далеко не исчерпаны.

Литература

[1] Гаусс, К. Ф., Избранные труды по земному магнетизму. Перевод академика А. Н. Крылова, под редакцией Б. М. Яновского. Изд-во АН СССР, Москва, 1952.
[1a] Biermann, K.- R., Briefwechsel zwischen Alexander von Humboldt und Gauss, S. 76/77, Berlin 1977.
[2] Яновский, Б. М., Земной магнетизм, ч. 1. Изд-во ЛГУ, 1964.
[3] Chapman, S. and J. Bartels, Geomagnetism. Oxford, 1940.
[4] The world magnetic survey 1957—1969. IAGA Bull. 1971, N 28.
[5] Адам, Н. В., и Н. П. Бенькова, Итоги науки и техники. «Геомагнетизм и высокие слои атмосферы». Москва, изд-во ВИНИТИ, **3** (1976) 88.
[6] Кауцлебен, Х., Геомагнетизм и аэрономия, **5**, 3 (1965) 502.
[7] Vestine, E. H., Description of the main magnetic field and its secular change 1905—1940. Carnegie inst. publ., 1948, N 578.
[8] Kain, J. C., Daniels, W. E., Hendricks, S. J. and D. C. Jensen, Journ. Geophys. Res., **70**, 15 (1965) 3647.
[9] Kautzleben, H., Gerlands Beitr. Geophys., **81**, 3—5 (1972) 223.
[10] Пушков, А. Н., и Т. А. Чернова, Особенности пространственно-временной структуры вековой вариации геомагнитного поля. Препринт № 18, Москва, ИЗМИРАН, 1972.
[11] Змуда, А., Геомагнетизм и аэрономия, **13**, 6 (1973) 1099.
[12] Berdichevsky, M. N., E. B. Fainberg et al., Annales de Géophys., **32** (1976) 143.
[13] Zmuda, A., Journ. Geophys. Res., **63**, 3 (1958) 477.
[14] Kain, G. C., Rev. Geophys. and Space Phys., **9**, 2 (1971) 259.
[15] Fritsche, H., Die Elemente des Erdmagnetismus und ihre säcularen Änderungen während des Zeitraums 1550 bis 1915. St. Petersburg, 1900
[16] Брагинский, С. И., Геомагнетизм и аэрономия, **12**, 3 (1972) 524.
[17] Barraclough, D. R., Geophys. J. Roy. Astron. Soc., **36**, 3 (1974) 497.
[18] Yukutake, T., Journ. Geomagn. and Geoelectr., **23**, 1 (1971) 11.
[19] Бенькова, Н. П., Г. И. Коломийцева и Т. Н. Черевко, Геомагнетизм и аэрономия, **14**, 5 (1974) 881.
[20] Пушков, А. Н., и Т. А. Чернова, Геомагнетизм и аэрономия, **15**, 4 (1975) 705.
[21] Marton, P., Pageoph., **81** (1970) 193.
[22] Брагинский, С. И., Геомагнетизм и аэрономия, **14**, 3 (1974) 522.
[23] Коломийцева, Г. И., и А. Н. Пушков, В сб. «Пространственно-временная структура геомагнитного поля», Москва, изд-во «Наука», 1976, 52.
[24] Creer, K., D. Georgi and W. Lowrie, Geophys. J. Roy. Astron. Soc., **33** (1973) 323.
[25] Georgi, D., Geophys. J. Roy. Astron. Soc., **39**, (1974) 71.
[26] Хромов, А. Н., Палеомагнетизм Палеозоя. Ленинград, изд-во «Недра», 1974.
[27] Smittsonian Standard Earth III., ed. by E. M. Gaposhkin. SAO, Cambridge, 1973.
[28] Horai, K. and G. Simmons, Earth and planetary science letters, **6**, 5 (1964) 386.
[29] Суетнова, Е. И., В сб. «Исследование тепловых и электрических полей в СССР». Москва, изд-во «Наука», 1975, 37.
[30] Вениг-Мейнис, Ф. А., В сб. «Дрейф континентов», под ред. С. К. Ранкорна. Москва, изд-во «Мир», 1966.
[31] Munk, W. H. and G. J. F. MacDonald, The Rotation of the Earth. Cambridge, 1960.
[32] Hide, R. and S. R. Malin, Nature Phys. Sci., **232**, 28 (1971) 32.

H. HEINRICH

Emeritus, Sektion Mathematik der Technischen Universität Dresden

Über GAUSS' Beiträge zur Numerischen Mathematik

Dem GAUSS-Komitee der Akademie der Wissenschaften der DDR danke ich sehr herzlich dafür, daß es mich eingeladen hat, auf dieser aus Anlaß des zweihundertsten Geburtstages von CARL FRIEDRICH GAUSS veranstalteten wissenschaftlichen Konferenz über GAUSS' Beiträge zur Numerischen Mathematik zu referieren. Denn bei der Beschäftigung mit ihnen stellt es sich heraus, daß sich hier ein noch weithin offenes Feld vor einem ausbreitet. Zwar begegnet man in Monographien und Lehrbüchern der Numerischen Mathematik auch heute auf Schritt und Tritt dem Namen GAUSS, aber im Gegensatz zu den Teilgebieten der Mathematik, die wir nach der seit der Mitte des vorigen Jahrhunderts entstandenen Tradition der sogenannten reinen Mathematik zurechnen, haben bisher seine ideenreichen und tiefgründigen Beiträge zur Numerischen Mathematik, zu denen er *in engster Verbundenheit mit der Praxis* als Astronom und Geodät gelangt ist, offensichtlich noch keine zusammenfassende Darstellung unter einem einheitlichen Gesichtspunkt erfahren. Ich bin überzeugt, daß sich in dieser Hinsicht für die künftige GAUSS-Forschung noch eine reizvolle Aufgabe ergibt.

Wenn wir heute von *Numerischer Mathematik* sprechen, so meinen wir damit jenes Teilgebiet der Mathematik, das sich der gesellschaftlich unbedingt notwendigen und im Zuge des technisch-wissenschaftlichen Fortschritts immer dringlicher gewordenen Aufgabe angenommen hat, für die zahllosen, aus den verschiedensten Objektbereichen stammenden Probleme, deren Lösung die Angabe *zahlenmäßiger* Resultate verlangt, mathematisch fundierte und leistungsfähige *Verfahren* bereitzustellen, mit denen man eben diese Ergebnisse zuverlässig gewinnen kann. Wir stellen heute an solche Verfahren *hohe wissenschaftliche Ansprüche*. Ich will versuchen, ihnen eine Formulierung zu geben, die auf die Zeit von GAUSS ebenso paßt wie auf unsere heutige.

1. Die Verfahren sollen *ökonomisch* arbeiten, d.h. möglichst wenig Zeit- und Arbeitsaufwand erfordern.

2. Sie sollen das Ergebnis mit einer *dem Problem angepaßten*, d.h. weder übertriebenen noch zu geringen *Genauigkeit* liefern.

3. Die mit ihnen erreichte bzw. erreichbare *Genauigkeit* soll zuverlässig und in möglichst engen Grenzen *abschätzbar* sein.

4. Die Grenzen, innerhalb deren ein Verfahren *durchführbar* ist, müssen bekannt sein und beachtet werden.

5. Die Verfahren sollen *numerisch stabil* sein, d.h. möglichst unempfindlich gegenüber Störungen (z.B. durch die unvermeidlichen Rundungsfehler).

6. Jedes numerisch zu behandelnde *Problem* soll in einer dem Rechner möglichst leicht zugänglichen Form *aufbereitet* sein. Dazu gehört

7., daß das anzuwendende Verfahren in einer *algorithmischen* Form dargestellt wird, die den durchzuführenden Rechenprozeß unmittelbar widerspiegelt.

8. Die Verfahren sind den jeweils geeignetsten verfügbaren *Rechenhilfsmitteln* anzupassen.

9. Sie sollen schließlich — entsprechend der *Multivalenz* der mathematischen Modelle, die der Beschreibung quantitativer Zusammenhänge dienen, — vielseitig anwendbar sein und für ganze Klassen gleichartiger Aufgaben zur Verfügung stehen.

Zur Befriedigung solcher Ansprüche sind oft umfangreiche und tiefgründige mathematische Untersuchungen erforderlich, und diese sind es, die das Gesicht der heutigen Numerischen Mathematik prägen. Diese Ansprüche bereits erkannt und in seinen zahlreichen und bedeutenden Beiträgen zur Numerischen Mathematik formuliert und in genialer Weise befriedigt zu haben, ist das unbestreitbare Verdienst von CARL FRIEDRICH GAUSS. Er ist dadurch zum unübertroffenen Lehrmeister der Numerischen Mathematik geworden. Seine Beiträge betreffen:

die *Ausgleichungsrechnung* und die ihr zugrunde liegende *Fehlerquadratmethode* bis hin zu Ansätzen zur Lösung von *Optimierungsproblemen*;

die theoretischen und praktischen Fragen der *Interpolation* — einschließlich der trigonometrischen — und der *numerischen Quadratur*;

in engem Zusammenhang mit der Interpolation die Berechnung umfangreicher *Tafeln* für als nützlich erkannte und ad hoc eingeführte *Hilfsfunktionen*;

Reihen- und Kettenbruchentwicklungen als Hilfsmittel für *Approximationen* und die dabei auftretenden *Konvergenzfragen*;

die *Eliminationsalgorithmen* und *Iterationsverfahren* zur numerischen Lösung *linearer Gleichungssysteme*;

Ansätze zur *iterativen numerischen Lösung nichtlinearer Gleichungssysteme*;

nicht zuletzt die von ihm immer wieder als besonders wichtig hervorgehobenen Fragen der zweckmäßigsten

Organisation umfangreicher Rechenprozesse.

Schon diese Aufstellung macht es verständlich, daß es im Rahmen eines kurzen Vortrages unmöglich ist, in irgendeiner Hinsicht Vollständigkeit der Ausführungen anzustreben und sie in wünschenswertem Maße durch Zitate aus GAUSS' Werken, seinen zahlreichen Briefen und seinem Nachlaß zu ergänzen.

Es ist bekannt, daß GAUSS von Kindesbeinen an ein ausgezeichneter *Rechner* war. Seine an vielen Stellen zu findenden Angaben über das von ihm in Stoßzeiten täglich verarbeitete Zahlenmaterial und über den relativ geringen dafür benötigten Zeitaufwand grenzen ans Unwahrscheinliche und sind nur durch eine außergewöhnliche Fähigkeit zum *Kopfrechnen*, ein enormes *Zahlengedächtnis* und eine hervorragende Begabung, Rechenprozesse durch Ersinnen immer wieder *neuer Methoden* abzukürzen und zu beschleunigen, erklärbar. Man vergleiche dazu den Brief, den der Astronom OLBERS Ende April 1807 an den Astronomen VON ZACH gerichtet hat und in dem er mit Bewunderung darüber berichtet, daß GAUSS ihm die rechnerische Auswertung der Beobachtungen des Planetoiden Vesta innerhalb von nur zehn Stunden geliefert hat[1]).

Es wäre aber sicher falsch, GAUSS einen leidenschaftlichen Rechner zu nennen, der etwa um des Rechnens willen rechnete. Aus einem Gutachten, das er über „*Eine in Deutschland erfundene Rechenmaschine*“, eine offenbar wieder in der Versenkung verschwundene Erfindung des Frankfurter Mathematiklehrers J. F. SCHIERECK, abgegeben

[1]) CARL FRIEDRICH GAUSS, Werke Bd. X/1 (im folgenden kurz als GW ... zitiert), S. 371—374.

hat, zeigt deutlich, wie aufgeschlossen GAUSS gegenüber der Idee war, umfangreiche Rechnungen mit maschinellen Hilfsmitteln zu bewältigen. Es hat folgenden Wortlaut[1]):

„Herr J. F. SCHIERECK aus Frankfurt am Mayn hat mir eine von ihm eingerichtete zur Ausführung der arithmetischen Operationen bestimmte Rechenmaschine im Modell vorgewiesen, in bezug auf welche ich mit Vergnügen bezeuge:

daß durch dieselbe der vorgesetzte Zweck mit vieler Leichtigkeit erreicht wird, daß die von dem Urheber beabsichtigten Zusätze diese Leichtigkeit noch erhöhen werden, und daß sich die sinnreiche Einrichtung auch durch den Umstand empfiehlt, daß eine Vervielfältigung der Exemplare der Maschine vergleichsweise mit geringen Kosten zu erreichen sein wird.

Göttingen, den 5. April 1831

C. F. GAUSS

Vielleicht hätte ihm eine Eigenschaft unserer heutigen Rechner mißfallen: alle Ergebnisse, auch in Fällen, in denes es vermeidbar wäre, als *Näherungswerte in Form abgekürzter Dezimalzahlen* zu liefern. Denn obwohl wir ihm die später für alle Funktionentafeln verbindliche Rundungsvorschrift verdanken, hat er es beispielsweise bei Reihen- und Kettenbruchentwicklungen und in Quadraturformeln in auffälliger Weise vorgezogen, die Koeffizienten exakt als Brüche ganzer Zahlen, und seien sie noch so vielstellig, anzugeben.

Sicherlich wäre aber wohl niemand über die Existenz leistungsfähiger Rechenmaschinen glücklicher gewesen als er. Wie aus zahlreichen Briefen an seine Freunde und Mitarbeiter hervorgeht, hat GAUSS häufig genug das übermäßig viele Rechnenmüssen als eine unerträgliche Last empfunden. Einige wenige von vielen möglichen Zitaten mögen dies belegen. Am 10. Mai 1805 schreibt GAUSS an OLBERS[2]):

„Die Methode, nach der ich die Ceres-Störungen zu berechnen angefangen hatte, habe ich doch wieder aufgegeben. Das gar zu viele mechanische todte Rechnen, was ich dabei vor mir sah, hat mich abgeschreckt; ..."

Wenig später, am 3. September 1805, heißt es, wieder in einem Brief an OLBERS[3]):

„Ich bin ... durch eine Art Überdruß oder wenigstens Ermüdung an dem todten mechanischen Calcül verleitet worden, in diesem einmal eine Pause zu machen und meine geliebten arithmetischen Untersuchungen wieder aufzunehmen."

Schließlich findet sich in dem Briefwechsel zwischen GAUSS und OLBERS noch die folgende bezeichnende Stelle vom September 1813[4]):

„Die Pallas-Störungen habe ich seit einigen Monaten ganz beiseite gelegt, ich hatte die geistlosen Rechnungen zu satt und habe mich seitdem wieder mit einigen Spekulationen der höheren Arithmetik beschäftigt."

Angesichts solcher Selbstzeugnisse müssen wir den Grund für die bei GAUSS zweifellos vorhandene *starke Affinität zur Welt der Zahlen* darin suchen, daß zahlenmäßige Rechenergebnisse für ihn entweder eine *Quelle für neue mathematische Erkenntnisse, Ideen und Vermutungen* oder das *Endziel* waren, *durch das sich die angestrebte Lösung eines Problems einzig und allein adäquat ausdrücken ließ*. Was den erstgenannten Aspekt angeht, so sei an die Worte erinnert, mit denen FELIX KLEIN in seinen Vorbemerkungen zu dem

[1]) nach K. R. BIERMANN, Forsch. u. Fortschr. **41** (1967), S. 362f. Der in GW X/1, S. 6, abgedruckte Text weicht von dem hier angegebenen etwas ab.

[2]) GW VII, S. 401ff.

[3]) GW X/1, S. 24.

[4]) Aus dem Briefwechsel zwischen GAUSS und OLBERS zitiert nach C. F. GAUSS 1777—1855, Gedenkband anläßlich des 100. Todestages am 23. Februar 1955, Leipzig 1957, S. 27, Anm. 4.

ersten Abdruck des berühmten GAUSSschen *Tagebuchs*[1]) den Arbeitsstil von GAUSS charakterisiert hat[2]):

„Und dabei immer wieder die Eigenart seines mathematischen Genius: an der Hand von Zahlenrechnungen die Resultate zu finden, um hinterher langsam, in härtester Arbeit die Beweise zu zwingen."

Sowohl in dem im Band X/2 von GAUSS' Werken erschienenen Aufsatz
PAUL BACHMANN, Über GAUSS' zahlentheoretische Arbeiten[3]),
als auch in dem Aufsatz PAUL STÄCKEL, GAUSS als Geometer,[4])
der ebenda abgedruckt ist und für das Kennenlernen der GAUSSschen Arbeitsweise besonders aufschlußreich ist, ist in solchem Zusammenhang von *„numerischem Beobachtungsmaterial"* die Rede. Man denke hier beispielsweise nur an die Tagebuchnotiz vom 30. Mai 1799,[5]) in der GAUSS in knappster Form von seiner Entdeckung berichtet, daß das arithmetisch-geometrische Mittel zwischen den Zahlen 1 und $\sqrt{2}$ *auf elf Dezimalstellen* mit dem Wert π/ω übereinstimmt, bei dem $\omega/2$ der Wert des elliptischen Integrals $\int_0^1 \frac{1}{\sqrt{1-x^4}}\,dx$ ist, das bei der Untersuchung der Lemniskate eine Rolle spielt.
GAUSS ist sich, was besonders bemerkenswert ist, der Tragweite dieser Entdeckung offenbar sofort, noch bevor er die exakte Übereinstimmung der beiden Zahlen streng beweisen konnte, bewußt, denn er gibt gleich in dieser ersten Notiz seiner Überzeugung Ausdruck, daß sich damit ein „neues Feld in der Analysis" eröffne. In der Tat war damit ein Tor zur Entwicklung der *Theorie der elliptischen Integrale und Funktionen* aufgestoßen, die im Grunde erst 25 Jahre später durch ABEL und JACOBI erfolgt ist.

Was den zweiten — für uns im Vordergrund stehenden — Aspekt angeht, so muß man berücksichtigen, daß GAUSS vom Ausmaß der aufgewendeten Zeit her gesehen vorwiegend als *Astronom* und *Geodät* gearbeitet hat. Schließlich war er ja von 1807 bis an sein Lebensende Professor für Astronomie und Direktor der Sternwarte in Göttingen. Als Astronom hatte er nicht nur eine analytische *Theorie der Bewegungen der Himmelskörper und ihrer gegenseitigen Störungen* aufzubauen, sondern diese auch für eine numerische Behandlung so aufzubereiten, daß ihre Ergebnisse einen zuverlässigen Vergleich mit den beobachteten astronomischen Werten zuließen. An den überaus verwickelten, umfangreichen und zeitraubenden Rechnungen, die dazu — zu einem erheblichen Teil von ihm selbst — zu bewältigen waren, hätte der *Mathematiker* GAUSS zerbrechen können, wenn es nicht seinem mathematischen Scharfsinn gelungen wäre, immer wieder neue Methoden zu ersinnen, um den Rechenaufwand auf ein Mindestmaß zu reduzieren, dem mathematischen Hintergrund dieser Verfahren nachzugehen, sie mit höheren mathematischen Hilfsmitteln zu verfeinern, ihre Genauigkeit zu steigern und durch eine hervorragende Organisation der notwendigen Rechenprozesse den für sie erforderlichen Zeitaufwand entscheidend zu verringern. Man findet in GAUSS' Briefen immer wieder Be-

[1]) vgl. Nachbildung des Tagebuchs (Notizenjournals) von C. F. GAUSS, in GW X/1, nach S. 482 bzw. Mathematisches Tagebuch 1796—1814 von CARL FRIEDRICH GAUSS, in OSTWALDS Klassiker der exakten Wissenschaften Bd. 256, Leipzig 1976.

[2]) GW X/1, S. 486.

[3]) in GW X/2, S. 5 des BACHMANNschen Aufsatzes.

[4]) in GW X/2, S. 3 des STÄCKELschen Aufsatzes.

[5]) Tagebuchnotiz Nr. 98 (deutsche Übersetzung in der Ausgabe von 1976, [s. Anm.[1])], S. 75); Kommentar von KLEIN und SCHLESINGER in GW X/1, S. 542f.

merkungen, die sich auf seine „Methoden" beziehen, „durch welche die weitläufigsten Rechnungen sehr zusammengezogen würden"[1]). In dem bereits erwähnten Brief an OLBERS vom 10. Mai 1805, in dem es um die Berechnung der Ceres-Störungen geht, heißt es dazu:

„Ich habe indessen bereits eine andere Methode ausgesonnen, die eben so weit führen kann, als jene, aber bei weitem weniger — obwohl künstlichere — Arbeit erfordert. ... Diese Methode hat um so mehr Reiz für mich, da ich dabei von vielen, schon vor längerer Zeit angestellten, ziemlich tiefen Untersuchungen über eigene Arten von transcendenten Funktionen einen glücklichen Gebrauch machen kann."

Ein äußerst instruktives Beispiel für die Gesichtspunkte, unter denen GAUSS einen verwickelten Rechenprozeß organisiert und entsprechende detaillierte Anweisungen an seine Mitarbeiter gibt, findet sich in einem Brief vom 3. September 1805 an den Astronomen BESSEL[2]). Er ist leider zu umfangreich, um hier in Einzelheiten erörtert werden zu können. Es betrifft die Ermittlung der numerischen Werte der Koeffizienten A°, A', A'', ... der trigonometrischen Reihe

$$\frac{1}{2} A^\circ + A' \cos\varphi + A'' \cos 2\varphi + A''' \cos 3\varphi + \ldots, \tag{1}$$

in die der reziproke Abstand

$$(a^2 + a'^2 - 2aa' \cos\varphi)^{-1/2}$$

zweier Punkte im Raum entwickelt werden kann. (Man beachte die Jahreszahl 1805, verglichen mit dem Erscheinungsjahr 1822 der „Théorie analytique de la chaleur" von FOURIER (1768–1830)!) Bei den mehrfachen Umformungen und Einführungen von Hilfsgrößen, die GAUSS vornimmt und die auf Potenzreihen- und Kettenbruchentwicklungen führen, spielt nicht nur die Tabellierung von Hilfsfunktionen mit der zugehörigen Interpolationsrechnung eine Rolle, sondern, was noch wesentlicher ist: die einzelnen Schritte werden als Maßnahmen motiviert, die iterative Verbesserung der sich schrittweise ergebenden Näherungswerte zu beschleunigen und die Fehlerempfindlichkeit zu verringern. Meines Erachtens würde es sich wohl lohnen, diesen Brief einmal unter diesen Gesichtspunkten eingehender zu analysieren.

Einer der ersten eklatanten Erfolge des rechnenden Astronomen GAUSS waren seine Ergebnisse, die es den Astronomen ermöglichten, am 7. DEZEMBER 1801 den nach nur etwa vierzigtägiger Beobachtung wieder verschwundenen, am Neujahrstag 1801 von dem Italiener PIAZZI in Palermo entdeckten ersten Planetoiden Ceres wieder aufzufinden. Dahinter steckten als Leistungen einerseits die *Entwicklung einer analytischen Methode, die charakteristischen Elemente einer elliptischen Planetenbahn aus nur drei Ortsbestimmungen zu berechnen*, andererseits die Anwendung der *Fehlerquadratmethode*, die es gestattete, die mehr als drei vorhandenen Beobachtungen *in systematischer, von Willkür freier Weise* zu einem optimal zuverlässigen Ergebnis zu kombinieren. Diese Fehlerquadratmethode oder *Methode der kleinsten Quadrate*, wie sie später auch von GAUSS nach dem Vorbild des französischen Mathematikers LEGENDRE (1752–1833) genannt wird, der sie unabhängig von ihm entwickelt und vor ihm veröffentlicht hat (1806)[3]), begleitet GAUSS durch sein ganzes Leben. Nach seinen eigenen Angaben hat er

[1]) GW X/1, S. 20.
[2]) GW X/1, S. 237–242.
[3]) LEGENDRE, A. M., Nouvelles méthodes pour la détermination des orbites des comètes, (1806).

sie bereits 1794 oder spätestens 1795 konzipiert, um sie bald, was für ihn als Mathematiker charakteristisch ist, *wahrscheinlichkeitstheoretisch* zu begründen, sie zu einer umfassenden *Theorie der Beobachtungsfehler* auszubauen, als zugehörige numerische Methode eine *Ausgleichsrechnung* zu schaffen, diese bei seinen astronomischen und geodätischen Arbeiten mit durchschlagendem Erfolg einzusetzen und sie seine Schüler und Mitarbeiter zu *lehren*, zuletzt noch in einer Vorlesung, die er im Wintersemester 1850/51 als Vierundsiebzigjähriger gehalten hat und über die sein damals zwanzigjähriger Schüler RICHARD DEDEKIND (1831–1916) noch fünfzig Jahre später in einer Festschrift zum 150jährigen Bestehen der Königlichen Gesellschaft der Wissenschaften zu Göttingen eindrucksvoll und begeistert berichtet hat[1]). Wenn man sich darüber unterrichten will, wie GAUSS die Zweckmäßigkeit der Fehlerquadratmethode durch *praktische* Erwägungen begründet hat – dazu war er sich nicht zu schade, obwohl er über mathematisch-theoretische Begründungen verfügte! –, so kann ich mir keine bessere Darstellung vorstellen, als sie DEDEKIND in diesem Bericht über die GAUSSsche Vorlesung gegeben hat.

Die Methode der kleinsten Quadrate ist im Laufe der Zeit nicht nur – entsprechend ihrer ursprünglichen Aufgabe – zu einem unentbehrlichen, immer mehr vervollkommneten und in ihren numerischen Verfahren der modernen maschinellen Rechenhilfsmitteln angepaßten *Rüstzeug vieler technischer und wissenschaftlicher Bereiche* ausgebaut worden, sie ist auch zur *Grundlage statistischer Methoden* geworden und ist darüber hinaus heute ein fester, zum täglichen Handwerkszeug gehöriger *Bestandteil der Analysis*, insbesondere der *Matrizenanalysis* und der *Approximationstheorie*, wo die Verwendung der Quadratsummen- bzw. der L_2-Norm und die Aufgabe, diese unter bestimmten Bedingungen zu minimieren, unmittelbar auf das Prinzip der Fehlerquadratmethode zurückgehen.

Im Zusammenhang mit der Methode der kleinsten Quadrate hätte es zu einem Prioritätsstreit zwischen GAUSS und LEGENDRE kommen können, wenn GAUSS auf die *Priorität* der Veröffentlichung Wert gelegt hätte. In den Göttingeschen gelehrten Anzeigen vom 17. Juni 1809[2]) zeigt GAUSS in einem ausführlich gehaltenen Artikel das Erscheinen seines astronomischen Hauptwerkes[3]) „*Theoria motus corporum coelestium in sectionibus conicis solem ambientium*" an. Es heißt dort[4]):

„Zu der schärferen Ausfeilung der Elemente eines Himmelskörpers hat man, gerade umgekehrt, nicht die möglich kleinste Zahl von Beobachtungen, sondern so viele, als nur zu Gebote stehen, anzuwenden. Wie man sich dabei zu verhalten hat, lehrt der dritte Abschnitt. Hier war der Ort, die Hauptmomente von einer *für jede Anwendung der Mathematik auf die Körperwelt* höchst wichtigen Frage zu entwickeln, wie Beobachtungen und Messungen, die bei der Unvollkommenheit unserer Sinne und Werkzeuge unvermeidlich immer mit Fehlern, wenn auch noch so geringen, behaftet sind, am zweckmäßigsten zur Festsetzung von Resultaten zu combinieren sind. Die Grundsätze, welche hier ausgeführt werden, und welche von dem Verfasser schon seit 14 Jahren angewandt, und von demselben schon vor geraumer Zeit mehreren seiner astronomischen Freunde mitgetheilt waren, führen zu derjenigen Methode, welche auch LEGENDRE in seinem Werke

„*Nouvelles méthodes pour la détermination des orbites des comètes*"

1) DEDEKIND, R., GAUSS in seiner Vorlesung über die Methode der kleinsten Quadrate, abgedruckt in: R. DEDEKIND, Ges. Werke 2, S. 293–306 (1931).

2) GW VI, S. 53–60.

3) GW VII, S. 1–280.

4) GW VI, S. 59 (Hervorhebungen durch den Referenten).

vor einigen Jahren unter dem Namen

Méthode des moindres carrés

aufgestellt hat; *die Begründung der Methode,* welche von dem Verfasser gegeben wird, *ist diesem ganz eigenthümlich.* Eine weitere Ausführung hat man von demselben in der Folge zu erwarten."

Aus einem Brief, den GAUSS am 5. Mai 1812 in einem anderen mathematischen Zusammenhang an LAPLACE (1749–1827) geschrieben hat[1]), geht indirekt hervor, daß LEGENDRE offenbar geglaubt hat, aus diesen Bemerkungen von GAUSS seinen Anspruch auf die Priorität bezüglich der Methode der kleinsten Quadrate herauslesen zu müssen. Dieser Anspruch bezieht sich aber offensichtlich nur auf die – wahrscheinlichkeitstheoretische – Begründung der Methode. Die Methode selbst hält GAUSS für so einfach, daß man „sich wundern muß, daß man sich ihrer nicht schon hundert Jahre früher bedient hat". Er wehrt sich nur dagegen, daß man glauben könne, daß er sie von LEGENDRE übernommen habe, und schreibt am Ende seines Briefes:

„Ich habe in meinen Aufzeichnungen viele Dinge, bei denen ich vielleicht die Priorität der Veröffentlichung verlieren könnte, Sei es denn! ich liebe es mehr, die Dinge reifen zu lassen."

Dem Prinzip der *Multivalenz der mathematischen Methoden* entspricht es, wenn GAUSS die der Fehlerquadratmethode zugrunde liegende Aufgabe, eine Summe von Quadraten unter bestimmten Nebenbedingungen zum Minimum zu machen, auch in Gesetzen der *Mechanik* vorliegen sieht und so zu dem nach ihm benannten *Prinzip des kleinsten Zwanges* gelangt. Über dieses Prinzip gibt es eine Dissertation seines Schülers A. RITTER aus dem Jahre 1853, in der ganz klar die Aufgabe formuliert ist, eine über dem n-dimensionalen Raum definierte Ortsfunktion unter Nebenbedingungen zu minimieren, die in Form von *Ungleichungen* gegeben sind[2]). Daß dieses Problem auf GAUSS selbst zurückgeht, läßt sich indirekt aus der Nachschrift ablesen, die RITTER von der bereits erwähnten Vorlesung „*Über die Methode der kleinsten Fehlerquadrate*" von 1850/51 angefertigt hat[3]). Dort behandelt GAUSS die Aufgabe, eine Summe von Quadraten

$$f(\boldsymbol{x}) := \boldsymbol{x}^T \boldsymbol{x} = \sum_{k=1}^{n} x_k^2; \quad \boldsymbol{x} = (x_1, \ldots, x_n)^T \in R^n$$

unter der Einschränkung durch lineare Ungleichungen

$$u_j := \sum_{k=1}^{n} a_{jk} x_k + b_j \geqq 0; \quad j = 1(1)\,m; \quad m > n; \quad b_j \geqq 0$$

d.h.

$$\boldsymbol{u} := \boldsymbol{A}\boldsymbol{x} + \boldsymbol{b} \geqq \boldsymbol{o}; \quad \boldsymbol{A} = (a_{jk}) \in L(R^n, R^m); \quad \mathrm{Rg}\boldsymbol{A} = n; \quad \begin{matrix} \boldsymbol{b} = b_1, \ldots, (b_m)^T \in R^m \\ \boldsymbol{u} = u_1, \ldots, (u_m)^T \in R^m \end{matrix} \tag{4}$$

zu minimieren. In unserer heutigen Sprechweise handelt es sich also um ein echtes *Optimierungsproblem* mit der Quadratsumme (3) als nichtlinearer Zielfunktion und mit den linearen Restriktionen (4). Wir hätten es nun kaum mit GAUSS zu tun, wenn er nicht sogleich – und zwar in der genannten Vorlesung – einen *Algorithmus* zur Lösung dieses Problems angegeben hätte. Er setzt dabei voraus, daß die Ungleichungen (4) vor der Durchführung des Algorithmus so normiert worden sind, daß

$$\sum_{k=1}^{n} a_{jk}^2 = 1, \quad j = 1(1)\,m \tag{5}$$

[1]) GW X/1, S. 371–374.
[2]) GW X/1, S. 469–472.
[3]) GW X/1, S. 473–481.

ist. Auf meine Bitte hin hat sich Herr Dr. KLEINMICHEL (Dresden) der Mühe unterzogen, diesen Algorithmus mit den in Betracht kommenden heutigen Vorgehensweisen zu vergleichen. Danach entspricht die auf S. 478ff. l.c. beschriebene Vorgehensweise dem Auffinden einer *zulässigen Basisdarstellung* des Systems (4), wie es nicht nur für die Simplexmethode zur Lösung linearer Optimierungsprobleme kennzeichnend ist, sondern auch für verschiedene Algorithmen zur Lösung von Optimierungsproblemen mit nichtlinearer Zielfunktion und linearen Restriktionen, z.B. für die reduzierte Gradientenmethode von WOLFE[1]) oder — bei quadratischer Zielfunktion — für das Verfahren von BEALE[2]). Im einzelnen läßt sie sich wohl folgendermaßen darstellen. Es wird ohne wesentliche Beschränkung der Allgemeinheit angenommen, daß sich die (m, n)-Matrix $\boldsymbol{A}$ gemäß der Blockdarstellung

$$\boldsymbol{A} = \begin{pmatrix} \boldsymbol{A}_1 \\ \boldsymbol{A}_2 \end{pmatrix} \tag{6}$$

in eine reguläre (n,n)-Matrix $\boldsymbol{A}_1$ und eine $(m-n,n)$-Matrix $\boldsymbol{A}_2$ aufteilen läßt. Sind dann

$$\boldsymbol{b} = \begin{pmatrix} \boldsymbol{b}^1 \\ \boldsymbol{b}^2 \end{pmatrix}, \; \boldsymbol{b}^1 = (b_1, \ldots, b_n)^T, \; \boldsymbol{b}^2 = (b_{n+1}, \ldots, b_m)^T \tag{7.1}$$

$$\boldsymbol{u} = \begin{pmatrix} \boldsymbol{u}^1 \\ \boldsymbol{u}^2 \end{pmatrix}, \; \boldsymbol{u}^1 = (u_1, \ldots, u_n)^T, \; \boldsymbol{u}^2 = (u_{n+1}, \ldots, u_m)^T \tag{7.2}$$

entsprechende Aufteilungen der Vektoren $\boldsymbol{b}$ und $\boldsymbol{u}$, so zerfällt die Gleichung (4) in die beiden Gleichungen

$$\boldsymbol{u}^1 = \boldsymbol{A}_1\boldsymbol{x} + \boldsymbol{b}^1, \tag{8.1}$$

$$\boldsymbol{u}^2 = \boldsymbol{A}_2\boldsymbol{x} + \boldsymbol{b}^2. \tag{8.2}$$

Aus ihnen folgt sofort

$$\boldsymbol{x} = \boldsymbol{A}_1^{-1}\boldsymbol{u}^1 - \boldsymbol{A}_1^{-1}\boldsymbol{b}^1 \tag{9.1}$$

$$\boldsymbol{u}^2 = \boldsymbol{B}\boldsymbol{u}^1 + \boldsymbol{c} \tag{9.2}$$

mit

$$\boldsymbol{B} := \boldsymbol{A}_2\boldsymbol{A}_1^{-1}, \; \boldsymbol{c} = \boldsymbol{b}^2 - \boldsymbol{B}\boldsymbol{b}^1. \tag{9.3}$$

Der Übergang von $\begin{pmatrix} \boldsymbol{u}^1 \\ \boldsymbol{u}^2 \end{pmatrix}$ zu $\begin{pmatrix} \boldsymbol{x} \\ \boldsymbol{u}^2 \end{pmatrix}$ kann durch ein Austauschverfahren bewerkstelligt werden. Bei GAUSS/RITTER findet sich die Teilgleichung (9.1) als das Gleichungssystem (2) auf S. 479 l.c., die Teilgleichung (9.2/3) als das Gleichungssystem (1) auf S. 478 l.c. Die quadratische Zielfunktion (3) geht, wenn man (9.1) in sie einführt, in eine Funktion $\varphi(\boldsymbol{u}^1)$ über:

$$\begin{aligned} \varphi(\boldsymbol{u}^1) := f(\boldsymbol{x}(\boldsymbol{u}^1)) &= [\boldsymbol{A}_1^{-1}(\boldsymbol{u}^1 - \boldsymbol{b}^1)]^T \, [\boldsymbol{A}_1^{-1}\,(\boldsymbol{u}^1 - \boldsymbol{b}^1)] \\ &= (\boldsymbol{u}^1 - \boldsymbol{b}^1)\, \boldsymbol{D}(\boldsymbol{u}^1 - \boldsymbol{b}^1) \\ &= \boldsymbol{v}^T(\boldsymbol{u}^1 - \boldsymbol{b}^1), \end{aligned} \tag{10.1}$$

wobei die (n,n)-Matrix

$$\boldsymbol{D} := (\boldsymbol{A}_1\boldsymbol{A}_1^T)^{-1}, \tag{10.2}$$

[1]) WOLFE, P., Methods of nonlinear programming, in: ed. ABADIE, J., Nonlinear programming, North Holl. Publ. 1967, S. 98—131.

[2]) BEALE, E. M. L., On minimizing a convex function subject to linear inequalities. J. Roy. Stat. Soc. (B) **17** (1955), S. 173—184.

eine der beiden GAUSSschen Transformierten der Matrix A_1^{-1}, symmetrisch ($D^T = D$) und voraussetzungsgemäß positiv definit und der Vektor v durch

$$v := D(u^1 - b^1) \tag{10.3}$$

definiert ist.

Betrachten wir mit GAUSS/RITTER den Einfluß einer Änderung von u^1 um δu^1 auf x, u^2, v und φ, so erhält man für diese Größen, wie aus (9) und (10) folgt, die Änderungen

$$\delta x = A_1^{-1}\delta u^1, \tag{11.1}$$

$$\delta u^2 = B\delta u^1, \tag{11.2}$$

$$\delta v = D\delta u^1, \tag{11.3}$$

$$\delta\varphi = \delta u^{1T} D\delta u^1 + 2v^T\delta u^1. \tag{11.4}$$

Auf dieser Grundlage ist es möglich, *schrittweise* vorzugehen und von einem Startvektor u^1 aus über eine *Folge* von Änderungen δu^1 und die zugehörigen Änderungen (11) *Folgen* von Vektoren u^1, x, u^2 und v und von Werten φ zu erzeugen. Die dabei zu befolgende Strategie betrifft die Wahl der Änderungen δu^1. Für GAUSS ist es kennzeichnend, daß er bei jedem Schritt nur eine Koordinate berücksichtigt und dementsprechend

$$\delta u^1 = \tau e_k, \quad k \in \{1, 2, \ldots, n\} \tag{12.1}$$

setzt, wobei e_k den k-ten Einheitsvektor bedeutet und τ eine „Schrittweite" ist. Damit ergeben sich die übrigen Änderungen

$$\delta x = \tau A_1^{-1} e_k, \quad \delta u^2 = \tau B e_k, \quad \delta v = \tau D e_k,$$

$$\delta\varphi = \tau^2 d_{kk} + 2\tau v_k, \tag{12.2}$$

wobei

$$d_{kk} := e_k^T D e_k \quad \text{und} \quad v_k := v^T e_k \tag{12.3}$$

das k-te Hauptdiagonalelement der Matrix D bzw. die k-te Koordinate des Vektors v sind.

Bei GAUSS/RITTER heißt es nun (l. c. S. 478):

„Man sucht zuerst ein System von Werthen der $x_1, x_2, \ldots$, welches n von den Ungleichungen zu 0 macht und die übrigen $m - n$ positiv."

Das bedeutet, daß von der zulässigen Basisdarstellung

$$x = -A_1^{-1} b^1, \quad u^2 = c \geqq o \tag{13}$$

ausgegangen wird, die sich aus (9) ergibt, wenn man $u^1 = o$ setzt. Der Index k wird bei GAUSS/RITTER (s. letzte Formelzeile auf S. 479 l. c. und den zugehörigen Text) so gewählt, daß v_k die betragsmäßig größte negative und damit diejenige Koordinate von v ist, die den größten Beitrag zur Verminderung des bezüglich u^1 linearen Anteils von φ liefert. Die Schrittweite muß so festgelegt werden, daß $\delta\varphi \geqq 0$, $|\delta\varphi|$ möglichst groß und die Nebenbedingung $u^2 + \delta u^2 \geqq o$ erfüllt wird.

Diese Andeutungen über die von RITTER beschriebene GAUSSsche Vorgehensweise bei der Lösung des angegebenen Optimierungsproblems sollten genügen, um den Standpunkt zu rechtfertigen, daß es angebracht ist, sie in Darstellungen über mathematische Optimierung als Vorläuferin heutiger Verfahren zu erwähnen.

Sie steht im übrigen in engstem Zusammenhang mit den übrigen bedeutenden Beiträgen von GAUSS zur *numerischen linearen Algebra.* Bei der Ausgleichung astronomischer Beobachtungen stößt GAUSS auf sogenannte überbestimmte lineare Gleichungssysteme

$$Ax + a = o, \quad A \in L(R^n, R^m), \quad m > n; \quad x \in R^n, \quad a \in R^m \tag{14}$$

mit spaltenregulärer (m,n)-Koeffizientenmatrix A (Rang $A = n$). Der gesuchte Vektor x^* umfaßt die an den Beobachtungswerten anzubringenden differentiellen Korrekturen. GAUSS sucht ein solches System in dem Sinne „optimal" zu befriedigen, daß er x^* als denjenigen Vektor bestimmt, für den die Quadratsummennorm des Residuenvektors

$$r(x) := Ax + a \in R^m \tag{15}$$

minimal wird:

$$\Omega(x) := \|r(x)\|^2 = \|Ax + a\|^2 \geqq \Omega(x^*) \text{ für alle } x \in R^n. \tag{16}$$

Die notwendige Minimalbedingung führt für x^* auf das sogenannte *Normalgleichungssystem*

$$A^T A x + A^T a = o, \tag{17}$$

dessen (n,n)-Koeffizientenmatrix $A^T A$ eine der beiden GAUSSschen Transformierten der Matrix A ist und sich durch Regularität, Symmetrie und positive Definitheit auszeichnet.

In seiner am 25. November 1810 der königlichen Societät der Wissenschaften zu Göttingen als Vorlesung übergebenen, in lateinischer Sprache verfaßten Schrift[1]) *Untersuchung über die elliptischen Elemente der Pallas aus den Oppositionen der Jahre* 1803, 1804, 1805, 1807, 1808 *und* 1809 läßt sich GAUSS eingehend über seine Art der numerischen Behandlung der Normalgleichungen aus. Dort findet sich auch der heute allgemein nach ihm benannte *Eliminationsalgorithmus*, mit dessen Hilfe ein vollbesetztes lineares Gleichungssystem in ein sogenanntes gestaffeltes übergeführt werden kann. Es scheint nicht möglich zu sein, in früheren Aufzeichnungen von GAUSS Hinweise auf diesen Algorithmus ausfindig zu machen. Indirekt geht dies auch daraus hervor, daß er selbst in einem 1816 verfaßten Nachtrag[2]) zum Artikel 183 seiner Theoria motus corporum ... im Hinblick auf sein Eliminationsverfahren auf eben jene Stelle in der Pallas-Schrift als Quelle verweist. Außerdem zeigt ein Bericht über diese Schrift, der am 13. Dezember 1810 in den Göttingeschen gelehrten Anzeigen erschienen ist[3]), daß seine Vorgehensweise damals als etwas absolut Neues empfunden worden ist. Es heißt dort:

„Diese Elimination ist aber, wenn die Anzahl der Unbekannten etwas beträchtlich ist, eine äußerst beschwerliche Arbeit, weil jede der Gleichungen alle unbekannten Größen enthält. Herr Prof. GAUSS hat diese Arbeit sehr bedeutend abgekürzt; denn obgleich er die Auflösung auch auf so viele lineäre Gleichungen, als unbekannte Größen sind, zurückführt, so sind diese Gleichungen so beschaffen, daß nur die erste alle unbekannten Größen (p, q, r usw.) enthält, aber die zweite von p, die dritte von p und q, die vierte von p, q und r frei ist usw., daher die Bestimmung der unbekannten Größen in der umgekehrten Ordnung nur noch wenige Mühe macht."

GAUSS hat freilich diesen Algorithmus in der besagten Schrift nicht nur dazu benutzt, um die Normalgleichungen zu lösen, sondern es kommt ihm außerdem darauf an, die Fehlerfunktion durch die Kette von Eliminationsschritten in

$\Omega(x) = \Omega(x^*)$ + eine Summe von Quadraten, deren Glieder im Minimalfall gleichzeitig mit den Koordinaten des Residuenvektors Null werden,

umzuformen.

[1]) GW VII, S. 307–309.
[2]) GW VI, S. 64.
[3]) GW VI, S. 61–64.

Auf die zahlreichen Varianten und Weiterentwicklungen des Gaussschen Algorithmus, die mit Namen wie W. Jordan, Cholesky, Banachiewicz, Stiefel u.a. verbunden sind, kann hier nicht eingegangen werden. Interessant aber und vielleicht nicht allgemein bekannt ist – was dem Genie Gauss sicher keinen Abbruch tut –, daß sich sein Eliminationsverfahren bereits vor etwa zwei Jahrtausenden unter dem Namen *fang cheng* in der chinesischen Mathematik findet, und zwar in einer Gestalt, die der heute üblichen, den Matrizenkalkül verwendenden Darstellungsweise aufs engste verwandt ist. Man vergleiche dazu, was der sowjetische Mathematik-Historiker Juschkewitsch in seinem Buch „Mathematik im Mittelalter"[1]) über das aus der frühen Han-Zeit, d.h. etwa aus den beiden letzten Jahrhunderten v.u.Z. stammende, in einer Ausgabe aus dem Jahre 263 u.Z. erhaltene chinesische Mathematik-Werk „Mathematik in neun Büchern" ausführt, und die 1968 erschienene, von K. Vogel kommentierte deutsche Übersetzung dieser „Neun Bücher arithmetischer Technik"[2]). Ich sehe hier eine historische Entwicklung sich abzeichnen, der gesondert nachzugehen einmal eine reizvolle Aufgabe sein könnte: die Entwicklung, die von bereits sehr früh vorhandenem algorithmischen Denken zur einseitigen Betonung der mathematischen Formel in der abendländischen Mathematik geführt hat, um in jüngerer Zeit, vor allem im Zusammenhang mit der Rechentechnik, in einem gewissen Umfange wieder zu einem Denken in Prozessen zurückzuführen.

Nicht minder wichtig für die numerische Behandlung linearer Gleichungssysteme als das Eliminationsverfahren ist die Methode, die Gauss als *indirekte Elimination* bezeichnet und seinem Schüler Gerling in einem Briefe vom 26. Dezember 1823 auseinandersetzt und mit den Worten empfiehlt[3]).

„Schwerlich werden Sie je wieder direkt eliminieren, jedenfalls, wenn Sie mehr als zwei Unbekannte haben. Das indirekte Verfahren läßt sich halb im Schlafe ausführen, oder man kann während desselben an andere Dinge denken."

Eine beachtenswerte und auch heute noch didaktisch bestens geeignete Darstellung dieses Verfahrens verdanken wir Dedekind in der bereits erwähnten Festschrift aus dem Jahre 1801. Es läßt sich, nachdem dieser Begriff erst einmal durch Southwell[4]) geschaffen worden ist, als ein *Relaxationsverfahren* begreifen, bei dem die Unbekannten nacheinander und dezimalstellenweise „abgearbeitet" werden, und wird dementsprechend in manchen Darstellungen, z.B. bei Zurmühl[5]) als Gauss-Southwell-Relaxation bezeichnet.

Aus der Dedekindschen Darstellung geht klar hervor, daß Gauss auch die Idee der Pivotisierung, auch wenn sie nicht explizit erwähnt wird, durchaus geläufig war. Da das Verfahren der großen Klasse der Iterationsverfahren zuzurechnen ist, spielt selbstverständlich auch die Konvergenzfrage eine wichtige Rolle. Gauss selbst begnügt sich im allgemeinen mit der Feststellung, ob die sukzessive sich ergebenden Näherungswerte in den Grenzen der angestrebten Genauigkeit „zum Stehen kommen". Householder[6])

1) Juschkewitsch, A. P., Mathematik im Mittelalter, russ. Orig. 1961, dt. Übers. Leipzig 1964.

2) Chiu Chang Suan Shu, Neun Bücher arithmetischer Technik (übers. u. erläutert von K. Vogel). Braunschweig 1968.

3) GW IX, S. 278–281.

4) Southwell, R. V., Stress-calculation in frameworks by the method of systematic relaxation of constraints I/III. Proc. Roy. Soc. **151** (1935). S. 56–95, **153** (1935), S. 41–76.

5) Zurmühl, R., Matrizen. 4. Aufl. Berlin/Heidelberg/New York 1964, S. 347ff.

6) Householder, A. S., The theory of matrices in numerical analysis. New York/Toronto/London 1964, S. 115f.

vermutet aber, daß GAUSS bereits eine Fehlerabschätzung kannte, die später (1884, 1892) von dem russischen Mathematiker NEKRASOV[1]) aufgestellt worden ist. Dazu ist noch zu bemerken, daß sowohl in dem von GAUSS in seinem Brief an GERLING vorgeführten Beispiel als auch in dem Beispiel, das DEDEKIND anführt, die Koeffizientenmatrix symmetrisch ist, daß sie, wenn auch schwach, diagonaldominant ist und daß in der Zerlegung

$$\boldsymbol{A} = \boldsymbol{D} - \hat{\boldsymbol{A}}, \quad \boldsymbol{D} = \operatorname{diag}\,(a_{11}, \ldots, a_{nn}) \tag{19}$$

beide Bestandteile $\boldsymbol{D}$ und $\hat{\boldsymbol{A}}$ positiv sind.
Das Verfahren der indirekten Elimination kann als eine Vorstufe des Iterationsverfahrens angesehen werden, das L. SEIDEL 1874[2]) unter dem Titel

„Über ein Verfahren, die Gleichungen, auf welche die Methode der kleinsten Quadrate führt, sowie lineare Gleichungen überhaupt, durch successive Annäherung aufzulösen"

veröffentlicht hat, und zwar des *Einzelschrittverfahrens.* Wie sich zeigen läßt, führt der erste Schritt dieses Verfahrens, wenn man ihn mit einem passenden Startvektor durchführt, zu demselben Ergebnis wie n Relaxationsschritte, die nacheinander alle Koordinaten in geeigneter Reihenfolge erfassen.

Bekanntlich läßt sich nun das GAUSS-SEIDELsche Iterationsverfahren, wie es seitdem heißt, auch auf Systeme *nichtlinearer* Gleichungen ausdehnen, die in der *Fixpunktform*

$$\begin{aligned} &\varphi(\boldsymbol{x}) = \boldsymbol{x}, \quad \boldsymbol{x} = (x_1, \ldots, x_n)^T \\ &\qquad \varphi = (\varphi_1, \ldots, \varphi_n)^T\colon R^n \to R^n \end{aligned} \tag{20}$$

gegeben sind, und zwar sowohl in der Form des Gesamtschrittverfahrens

$$x_j^{(\nu+1)} = \varphi_j(x_1^{(\nu)}, \ldots, x_n^{(\nu)}) \tag{21.1}$$

als auch in der Form des im allgemeinen wirksameren Einzelschrittverfahrens

$$x_j^{(\nu+1)} = \varphi_j(x_1^{(\nu+1)}, \ldots, x_{j-1}^{(\nu+1)}, \; x_j^{(\nu)}, \ldots, x_n^{(\nu)}). \tag{21.2}$$

Konvergenzaussagen haben dann allerdings im allgemeinen nur noch lokalen Charakter, weil sie sich auf das variable Verhalten der als FRÉCHET-Ableitung des Operators φ fungierenden JACOBI-Matrix

$$\Phi = \left(\frac{\partial \varphi_j}{\partial x_k}\right), \quad j, k = 1\,(1)\,n, \tag{22}$$

stützen.

Ich bin damit bei dem letzten Punkt angelangt, den ich aus Gründen, die ich noch nennen werde, bei der Verfolgung von GAUSS' Spuren in der Numerischen Mathematik ausführlicher berücksichtigen möchte: bei der Behandlung nichtlinearer Gleichungssysteme. Sind diese als *Nullstellengleichung* in der Form

$$\boldsymbol{f}(\boldsymbol{x}) = \boldsymbol{o}, \; \boldsymbol{x} \in R^n, \; \boldsymbol{f}\colon R^n \to R^m \tag{23}$$

gegeben, wobei $m \neq n$ sein kann, so ist, falls eine Lösung $\boldsymbol{x}^*$ existiert, mit $\boldsymbol{f}(\boldsymbol{x}^*) = \boldsymbol{o}$ zugleich auch

$$\|\boldsymbol{f}(\boldsymbol{x}^*)\|^2 = 0 \tag{24.1}$$

[1]) NEKRASOV, P. A., НЕКРАСОВ, П. А., Определение неизвестных по способу наименьших квадратов при весьма большом числе неизвестных Mat. Sb. **12** (1884), S. 189–204; ders., к вопросу о решений линейной системы уравнений с большим числом неизвестных посредством последовательных приближений, за п. имп. Акад. Наук, Приложения КТ. **69** (1892) Mat. Sb. **16** (1892), S. 1–18 (zitiert nach HOUSEHOLDER l. c., S. 231).

[2]) SEIDEL, L., in Münchener Akad. Abhandlungen **11** (1874), S. 81–108.

und wegen $\|f(x)\|^2 \geqq 0$ für alle $x \in R^n$

$$\|f(x^*)\|^2 = \min\{\|f(x)\|^2;\ x \in R^n\}. \tag{24.2}$$

Das Ansetzen der notwendigen Minimalbedingung führt dann mit der JACOBI-Matrix F des Operators f zu der *Normalgleichung*

$$F^T(x)f(x) = o,$$

die jetzt eine nichtlineare Gleichung für x^* ist und, wenn man sie nach Art des NEWTON-Verfahrens linearisiert, zu dem Iterationsverfahren führt, das nach der Vorschrift

$$[F^T(x^{(\nu)})\,F(x^{(\nu)})]\,(x^{(\nu+1)} - x^{(\nu)}) + F^T(x^{(\nu)})\,f(x^{(\nu)}) = o \tag{26}$$

arbeitet und daher bei jedem Schritt die Lösung eines *linearen* Gleichungssystems für die am jeweils letzten Näherungsvektor $x^{(\nu)}$ anzubringende Korrektur $x^{(\nu+1)}) - x^{(\nu)}$ verlangt. Man erkennt die vollkommene Analogie zu der im linearen Fall auftretenden Normalgleichung (17), nur daß jetzt an die Stelle der konstanten Matrix A und ihrer GAUSSschen Transformierten A^TA die variable JACOBI-Matrix F und ihre GAUSSsche Transformierte F^TF getreten sind. Damit liegt die Berechtigung, dieses Verfahren als GAUSS-NEWTON-Verfahren zu bezeichnen, auf der Hand.

Für mich persönlich von besonderem Interesse ist, wenn ich darauf noch zu sprechen kommen darf, ein *ableitungsfrei* arbeitendes Verfahren zur numerischen Lösung von nichtlinearen Gleichungen (23) im Falle $m = n$, das als eine Verallgemeinerung der für $n = 1$ seit altersher bekannten *regula falsi* angesehen, aber auch aus dem einfachen NEWTON-Verfahren

$$x^{(\nu+1)} = x^{(\nu)} - F^{-1}(x^{(\nu)})f(x^{(\nu)}) \tag{27}$$

durch eine bestimmte Finitisierung der JACOBI-Matrix F hergeleitet werden kann. Sind $x^{(\nu)}, \nu = 0(1)n, n + 1$ passende Näherungen für x^* und $f^{(\nu)}$ die zugehörigen Bildvektoren, so sind die Differenzenmatrizen

$$\Delta X := (x^{(1)} - x^{(0)}, \ldots, x^{(n)} - x^{(0)})$$
$$\Delta F := (f^{1)} - f^{(0)}, \ldots, f^{(n)} - f^{(0)}) \tag{28}$$

genau dann gleichzeitig regulär, wenn die JACOBI-Matrix F in einem hinreichend großen Arbeitsbereich des R^n regulär ist. Dann ist das Verfahren durchführbar, das über

$$x^{(n+1)} = x^{(0)} - \Delta X(\Delta F)^{-1}f(o) \tag{29}$$

einen neuen Näherungsvektor $x^{(n+1)})$ liefert. Genau in dieser Gestalt, wenn auch nicht in der hier verwendeten kurzen Bezeichnungsweise, ist das Verfahren für den Spezialfall $n = 2$ („*zwei Gleichungen mit zwei Unbekannten*") von GAUSS im Artikel 120 der Theoria motus corporum ... angegeben worden[1]). Jedoch ist diese Stelle in seinem Werke, worauf OSTROWSKI 1960 in seinem Buch „Solution of equations and systems of equations"[2]) aufmerksam gemacht hat, offenbar nicht beachtet worden. Für allgemeines n ist dieses Verfahren Anfang der fünfziger Jahre von mir selbst ohne Kenntnis der GAUSSschen Vorläuferschaft entwickelt und ab 1955 in meine Vorlesungen in Dresden eingebaut worden. Unabhängig von mir hat es 1959 WOLFE gefunden und veröffentlicht[3]).

1) GW VII, S. 160—162 (Druckfehler bei OSTROWSKI[2]).

2) OSTROWSKI, A. M., Solution of equations and systems of equations. New York/London 1960.

3) WOLFE, P., The secant method for simultaneous nonlinear equations. Comm. ACM 2 (1959), S. 146f.

blieb auch jetzt noch Grundlage der Erdmessung, wurde jedoch durch die seit 1614 von SNELLIUS ausgebildete Methode der Triangulation wesentlich vervollkommnet. Einen zuverlässigen Wert für den Erdradius, wie ihn NEWTON für den Nachweis benötigte, daß die Anziehungskraft der Erde den Mond in seiner Bahn hält, ergab zum ersten Mal die von PICARD 1669/70 bei Paris ausgeführte Gradmessung. Die von der Pariser Akademie entsandten beiden Expeditionen zur Gradmessung nach Lappland (1736/37) und nach Peru (1736/43) brachten einen eindeutigen Nachweis, daß die Erde an den Polen abgeplattet ist. Damit fiel auch endgültig die Entscheidung zugunsten der Auffassungen von I. NEWTON und CH. HUYGHENS über die Erde als Gleichgewichtsfigur einer rotierenden Flüssigkeitsmasse und zum physikalischen Kern der Frage nach der Figur der Erde. Ein zuverlässiger Wert für die Abplattung ist allerdings erst durch die zahlreichen Gradmessungen im 19. Jahrhundert bekannt geworden. Die Kenntnis des Erdradius war auch die Voraussetzung zur Bestimmung des Radius der Erdbahn als der Einheit für astronomische Entfernungen. Das noch heute gebräuchliche Prinzip, wonach die Parallaxe eines erdnahen Planeten beobachtet und daraus mit Hilfe des dritten KEPLERschen Gesetzes der Radius der Erdbahn berechnet wird, war zuerst 1672 von CASSINI und RICHTER angewendet worden. Die ersten zuverlässigen Angaben wurden 1761/1769 durch die Beobachtungen der Venusdurchgänge gewonnen.

NEWTON hatte in seinen Arbeiten die Lösung des Zweikörperproblems, d.h. der Bewegung eines Planeten um die Sonne, gegeben und gezeigt, daß die Bahn ein Kegelschnitt ist. Als weit schwieriger erwies sich die mathematische Behandlung des Vielkörperproblems, d.h. der Bewegung beliebig vieler Körper unter dem Einfluß ihrer gegenseitigen Anziehung, sowohl in seiner Allgemeinheit wie auch in der besonderen Form, das es im Sonnensystem annimmt. Die Weiterentwicklung der planetarischen Bewegungslehre, das Aufsuchen allgemeiner Lösungen und der Aufbau der Störungsrechnung, erfolgte in der zweiten Hälfte des 18. Jahrhunderts im Zusammenwirken einer Gruppe hervorragender Mathematiker und Astronomen. Damals wurde die Himmelsmechanik ausgearbeitet, die in dem Gedanken einer Weltformel gipfelte – eines Systems von Differentialgleichungen, das den Zustand des Weltalls für jeden beliebigen Zeitpunkt der Vergangenheit und Zukunft zu berechnen gestattet. LEONHARD EULER führte die analytische Behandlung des Zweikörperproblems aus und stellte die zehn Integrale des n-Körper-Problems auf. LAGRANGE fand exakte Lösungen für gewisse Sonderfälle der Bewegung dreier Körper. LAPLACE entdeckte die Konstanz der großen Halbachsen der Planetenbahnen und gewann damit einen wichtigen Beweis zur Stabilität des Sonnensystems. EULER und LAMBERT förderten besonders die Methoden zur Berechnung der Bahnen von Planeten und Kometen aus Beobachtungen. Das vorausberechnete Erscheinen des HALLEYschen Kometen im Jahre 1758 überzeugte auch die letzten Zweifler unter den Astronomen von der Gültigkeit des Gravitationsgesetzes. Als entscheidende Bewährungsprobe für das NEWTONsche Gesetz erwies sich die Bewegung des Mondes um die Erde, weil hier die Sonne selbst als störender Körper auftritt und infolge ihrer großen Masse sehr beträchtliche Abweichungen von der einfachen KEPLER-Ellipse hervorruft. Der Mondtheorie widmete sich neben EULER und CLAIRAUT TOBIAS MAYER, der mit seinen Mondtafeln zugleich ein praktisches Hilfsmittel zur Längenbestimmung auf See schuf. Den Abschluß gab der ganzen Epoche LAPLACE mit seiner fünfbändigen „Mécanique céleste“ (erschienen 1802 in Paris), in der er seine eigenen Arbeiten und die seiner Vorgänger in einer glänzenden Übersicht zusammenfaßte.

Nach der Aufstellung der heliozentrischen Lehre durch KOPERNIKUS war die Erde den fünf seit dem Altertum bekannten Planeten als sechstes Mitglied des Planetensystems hinzugefügt worden. Als siebenter Planet wurde Uranus 1784 von WILHELM HERSCHEL, dem Begründer der Fixsternastronomie, bei seiner systematischen Durchmusterung des Himmels entdeckt. Die Entdeckung des achten Planeten, des Neptun, gehört bereits zum 19. Jahrhundert. Er wurde 1846 von GALLE auf Grund von Voraussagen gefunden, die LEVERRIER 1845 zur Erklärung der Störungen in der Bahn des Uranus errechnet hatte. Die Entdeckung war ein erneuter eindrucksvoller Beweis für die innere Geschlossenheit und Leistungsfähigkeit der Himmelsmechanik als Mechanik des Sonnensystems. Die ersten kleinen Planeten des Sonnensystems wurden in den Jahren 1801 bis 1807 entdeckt. Ihre Entdeckung hat die Methoden zur Bahnbestimmung und die Störungsrechnung wesentlich gefördert. Sie ist aufs engste mit dem Namen von CARL FRIEDRICH GAUSS verknüpft.

Schon KEPLER war im Planetensystem der große Zwischenraum zwischen Mars und Jupiter aufgefallen. Die Auffassung, daß es sich um eine echte Lücke handelte, gewann an Boden, als TITIUS 1766 und erneut 1772 BODE die Entfernungen der damals bekannten 6 Planeten von der Sonne durch die Näherungsformel $0{,}4 + 0{,}3\,n$ mit $n = 0, 1, 2, 2^2, 2^4, 2^5$ darstellten und darauf hingewiesen, daß für $n = 2^3$ ein Planet fehle. Nachdem diese Formel sich auch bei der Entdeckung des Uranus mit $n = 2^6$ bestätigte, wurde 1798 in Gotha auf einer Versammlung von 24 Astronomen die planmäßige Nachforschung nach diesem unbekannten Planeten beschlossen. Tatsächlich wurde von PIETRO GUISEPPE PIAZZI am 1. Januar 1801 in der vermuteten Entfernung von 2,8 AE ein Himmelskörper entdeckt, den er Ceres nannte. PIAZZI konnte diesen Himmelskörper jedoch nur 40 Nächte auf 3° seines geozentrischen Bogens beobachten. Dann ging er infolge der ungünstigen Lichtverhältnisse in der Abenddämmerung verloren und konnte auch im Spätherbst am Morgenhimmel nicht wieder aufgefunden werden.

Ebenso wie andere Astronomen befaßte sich auch der junge GAUSS, der sich schon vorher mit Fragen der Himmelsmechanik (Theorie der Mondbewegung, allgemeines Problem der Bahnbestimmung, Bahnbestimmung von Kometen nach der 1797 von OLBERS veröffentlichten Methode) beschäftigt hatte, mit der Bahnberechnung aus den von PIAZZI gefundenen Beobachtungsdaten. Er entwickelte dazu eine neue Methode, die von nur wenigen beobachteten Bahnelementen ausgeht und keinerlei Voraussetzungen über die Lage des Perihels der elliptischen Bahn macht. Dabei kamen GAUSS die bereits 1794 von ihm ausgearbeiteten Methoden des Fehlerausgleichs mittels der Methode der kleinsten Quadrate sehr zugute. Bereits im Spätherbst 1801 hatte GAUSS seine Arbeit vollendet und teilte sie zur Veröffentlichung an VON ZACH in dessen „monatlicher Korrespondenz zur Förderung der Erd- und Himmelskunde“ mit. Sehr nahe an den von GAUSS angegebenen Positionen wurde die Ceres am 7. 12. 1801 durch VON ZACH und durch eine weitere Beobachtung von W. OLBERS am 1. 1. 1802 wieder aufgefunden. Ohne Zweifel bewahrten die von GAUSS ausgeführten Berechnungen, deren Ergebnisse stark von denen der anderen Astronomen abwichen, die Ceres vor dem Verlorengehen.

GAUSS hat seine neuen Methoden ebenfalls zur Bahnbestimmung der drei weiteren in den nächsten Jahren entdeckten Planetoiden Pallas (1802), Juno (1804) und Vesta (1807) angewendet. Er hat jedes neue Beobachtungsergebnis dazu verwendet, um die Bahnelemente der Objekte immer wieder zu verbessern, und dabei auch die Methoden ständig vervollkommnet. Aus dem Nachlaß von GAUSS weiß man, daß er von Anfang an anstrebte, das Problem der Bahnbestimmung der Planeten ganz allgemein zu lösen. Er hat diese Aufgabe bereits im November 1801 vollständig gelöst. In voll ausgereifter

Form hat GAUSS seine Methoden zur Bahnbestimmung 1809 in seinem klassischen Werk „Theoria motus corporum coelestium in sectionibus conicis solem ambientium" veröffentlicht, das bereits 1806 in deutscher Sprache nahezu vollendet war. Die „Theoria motus ..." enthält außerdem die Methode der kleinsten Quadrate und schließlich weitreichende Methoden der Störungsrechnung.

Die Berechnung der Bahnelemente eines Planeten bietet keine theoretischen Schwierigkeiten, wenn zahlreiche über die ganze Bahn verteilte Beobachtungen vorliegen. Anders ist es, wenn man nur über wenige, ein kurzes Stück der Bahn umfassende Beobachtungen verfügt. Für eine erste Bahnbestimmung genügt es, die Bahn des Planeten als Ellipse aufzufassen, in deren Brennpunkt die Sonne steht. Zur Berechnung der sechs Bahnelemente sind sechs Gleichungen erforderlich, und diese werden gerade durch drei vollständige Positionsbestimmungen geliefert, deren jede ein Paar geozentrischer Rektaszensionen und Deklinationen liefert. Infolge der verwickelten Beziehungen zwischen den beobachteten geozentrischen Örtern und den zu bestimmenden Bahnelementen sind diese Gleichungen nur durch Näherungsverfahren lösbar. Im Prinzip wird dazu noch heute die von GAUSS angegebene Methode verwendet, die sich auf Integrale der Differentialgleichungen des Zweikörperproblems stützt und bei der die beobachteten Örter direkt eingehen. Wenn man mit n, n', n'' die Flächen der Dreiecke zwischen je zwei der durch die Positionsbestimmungen definierten Radiusvektoren vom Beobachtungsort zum entsprechenden Punkt der Planeten auf der Bahnellipse bezeichnet und die Verhältnisse $n:n'$ und $n'':n'$ bekannt sind, kann man die den Beobachtungszeiten entsprechenden Entfernungen des Planeten von der Erde berechnen. Es gilt also, über den Wert dieser Verhältnisse eine plausible Annahme zu machen, damit die Entfernungen zu berechnen und die gefundenen Werte durch schrittweise Annäherung zu verbessern. Sind die geozentrischen Entfernungen bekannt, lassen sich alle sechs Bahnelemente berechnen. Sind die Bahnelemente des Planeten bekannt, so läßt sich auch die umgekehrte Aufgabe lösen, seinen Ort am Himmel vorauszuberechnen und damit eine Ephemeride angeben. Von fundamentaler Bedeutung war die von GAUSS systematisch durchgeführte Untersuchung darüber, welche Größe am zweckmäßigsten als Unbekannte einzuführen ist und wie man schrittweise ihren wahren Wert finden kann. GAUSS ging in seiner ‚Theoria motus ..." jedoch noch einen entscheidenden Schritt weiter, indem er das Problem löste, eine Bahn zu bestimmen, die sich allen beobachteten Örtern möglichst genau anschließt. Er führte hierzu in voller Allgemeinheit die Methode der kleinsten Quadrate ein. Mit seiner Forderung, die aus drei Beobachtungen bestimmten ersten Bahnelemente so zu verbessern, daß die Summe der Quadrate der Differenzen zwischen allen beobachteten und errechneten Örtern ein Minimum wird, wandte er sich gegen die bisher von den Astronomen geübte Praxis, aus dem Beobachtungsmaterial immer nur eine bestimmte Anzahl willkürlich auszuwählen. Der von GAUSS aufgestellte Grundsatz, daß bei einer Untersuchung sämtliche für sie in Betracht kommenden Beobachtungen verwendet werden müssen und das Ergebnis unabhängig von jeder willkürlichen Beurteilung der Genauigkeit der Einzeldaten abzuleiten ist, wurde in der Folgezeit besonders mit Unterstützung von BESSEL zunächst in der Astronomie durchgesetzt und ging allmählich in alle exakten und messenden Disziplinen ein.

Wie bereits oben erwähnt worden ist, wird bei der ersten Bahnbestimmung die Bahn des Planeten als reine Ellipse angenommen. Die Störungen, welche die Bewegung des Planeten um die Sonne durch die Einwirkung der übrigen Planeten erleidet, sind wegen der geringen Massen der störenden Körper klein und erst bei der Verfolgung des Planeten über ein längeres Zeitintervall zu berücksichtigen. Zur Berechnung der Störungen sind zwei Wege möglich: 1. die allgemeine Störungsrechnung, die die Störungsfunktion mit Hilfe von Reihenentwicklungen für alle Zeiten darzustellen versucht und einen Einblick in den allgemeinen Mechanismus des Sonnensystems gibt, und 2. die spezielle Störungsrechnung, die die Störungen sukzessive numerisch berechnet und die Newtonschen Bewegungsgleichungen durch numerische Quadratur löst. Beide Methoden sind von Gauss wesentlich gefördert worden.

Über seine Arbeiten zum Störungsproblem hat Gauss selbst nur wenig veröffentlicht. Erst durch die Bearbeitung und Herausgabe seiner Untersuchungen über die Störungen von Ceres und Pallas bekam man einen Einblick in seine großartigen Leistungen auf diesem Gebiet. Gauss konnte die Störungstheorie für Ceres nicht abschließen, die für Pallas wurde 1815 weitgehend vollendet. In der Folgezeit sind die Gaussschen Störungsrechnungen weiter vervollkommnet und ergänzt worden. Insbesondere die numerischen Methoden der speziellen Störungsrechnung haben in der Gegenwart eine große Vollkommenheit erreicht. Sie werden unter Einsatz von Rechenautomaten sowohl für kleine Planeten und Kometen wie auch für die großen Planeten angewendet.

Am Ende des 18. Jahrhunderts erreichte die Entwicklung der Himmelsmechanik einen ersten Abschluß. Von Beginn des 19. Jahrhunderts an trat die Bewegungslehre der Planeten, die seit dem Altertum das Kernstück der Astronomie gewesen dar, allmählich in den Hintergrund, und die bisher noch kaum erschlossene Welt der Fixsterne wurde zum bevorzugten Forschungsgebiet. Nach Herschels Pionierarbeit in der allgemeinen Durchmusterung des Himmels noch in den letzten Jahrzehnten des 18. Jahrhunderts wurden in der ersten Hälfte des 19. Jahrhunderts die klassischen Methoden der Positionsastronomie entwickelt, d.h. alle die Beobachtungs- und Rechenverfahren, die darauf abzielen, die sphärischen Örter der Sterne mit möglichst hoher Genauigkeit zu messen, von den Instrumentalfehlern und den Bedingtheiten des irdischen Standpunktes, besonders der Präzession, Aberration und atmosphärischen Refraktion, zu befreien und aus den Änderungen der sphärischen Koordinaten die Entfernungen und Bewegungen der Sterne zu bestimmen.

Gauss hat zur Entwicklung dieses neuen Gebietes der Astronomie einen bedeutenden Beitrag geleistet. Sein Interesse galt ununterbrochen den Instrumenten und den Beobachtungsverfahren. Seit den frühesten Jahren bis an sein Lebensende hat Gauss astronomisch beobachtet, insbesondere nachdem er die neue Göttinger Sternwarte eingerichtet hatte. Wie bei allen seinen wissenschaftlichen Arbeiten war auch hier sein Ziel, größte Feinheit und Schärfe zu erreichen. Übertroffen wurde er darin nur noch von Friedrich Wilhelm Bessel, der zum großen Meister der Positionsastronomie wurde.

2. Die geodätischen Arbeiten

Während die rein astronomischen Arbeiten Gauss bereits in jungen Jahren und in kürzester Frist den Ruf als führender Astronom einbrachten, haben Gauss' Zeitgenossen seinen geodätischen Arbeiten recht wenig Verständnis entgegengebracht. Der Freiherr von Zach in Gotha riet Gauss unter Hinweis auf seine hervorragende mathematische Begabung vom Beobachten überhaupt ab. Später war es vor allem Bessel, der Gauss immer wieder von seinen geodätischen Messungen abzubringen versuchte. Erst in späteren Jahren ist die Bedeutung der geodätischen Arbeiten von Gauss klar geworden. Man kann heute ohne Übertreibung sagen, daß Gauss mit seinen Arbeiten zur Erdmessung und zur Landesvermessung entscheidende Beiträge zur Entwicklung der wissenschaftlichen Grundlagen, besonders der mathematischen und physikalischen Theorien und Methoden der Geodäsie geleistet hat.

Am Ende des 18. und zu Beginn des 19. Jahrhunderts war das Hauptanliegen der wissenschaftlichen Geodäsie die Bestimmung der Dimensionen der Erdfigur in Form eines an den Polen abgeplatteten Rotationsellipsoids, eine Aufgabe, die aufs engste mit der Astronomie verknüpft ist und zu jener Zeit gleichermaßen zum Arbeitsgebiet des Astronomen gerechnet wurde. Es war das die Blütezeit der Gradmessungen, von denen die von J. B. DELAMBRE und P. F. A. MECHAIN zwischen Dünkirchen und Barcelona in den Jahren 1792–1798 eine besondere Bedeutung dadurch erlangt hat, daß ihre Ergebnisse die Grundlage für die Definition des Meters geliefert haben. Von den wiederholten Berechnungen der Erddimensionen durch Ausgleichung der verschiedenen Gradmessungen haben erst die Arbeiten von BESSEL (1841) und von CLARKE (ab 1856) Anerkennung und weite Verbreitung gefunden.

Andererseits diente die Geodäsie am Ende des 18. Jahrhunderts bereits in einigen Staaten als Grundlage für die praktischen Arbeiten der Topographie und Kartographie. Als Beginn dieser technischen Entwicklung der Geodäsie gilt das Jahr 1744, in dem C. F. CASSINI DE THURY im Auftrage der französischen Akademie mit der Herstellung einer neuen topographischen Karte von Frankreich begann – dem ersten Kartenwerk, das sich auf eine einheitlich berechnete Triangulation stützt und das die im 17. Jahrhundert noch in hoher Blüte stehenden topographischen Darstellungen mit perspektivischen Ansichten verdrängte. In Form der Triangulation, welche die Streckenmessung auf eine kurze Basis beschränkt und im übrigen durch die Bestimmung von Dreieckswinkeln ersetzt, verfügte die Geodäsie seit ihrer erstmaligen Ausbildung durch W. SNELLIUS im Jahre 1614 über eine Methode, mit der auf der Karte ein festes Netz von Punkten mit hoher Lagegenauigkeit geschaffen werden kann, das die Genauigkeit der ganzen topographischen Aufnahme sichert und durch Füllnetze geringerer Genauigkeit ausgefüllt werden kann. Während die Ermittlung der Dimensionen des Erdellipsoids bis in das 19. Jahrhundert noch ausschließlich die Aufgabe von wissenschaftlichen Körperschaften war, wurden die trigonometrischen Arbeiten zur Begründung der topographischen Landesaufnahme bereits im 18. Jahrhundert in zunehmendem Maße vom Staat übernommen. Die zahlreichen territorialen Veränderungen nach der Französischen Revolution von 1789 und in Verbindung mit den Napoleonischen Kriegen erforderten umfangreiche topographische Arbeiten, die zumeist vom Militär durchgeführt wurden.

Die erste Verbindung mit der Geodäsie bekam CARL FRIEDRICH GAUSS während der trigonometrischen Landesvermessung des Herzogtums Westfalen, die in den Jahren 1797 bis 1901 unter der Leitung des preußischen Obersten VON LECOQ durchgeführt wurde. In Westfalen stand zu dieser Zeit ein Teil der preußischen Armee, die nach dem Separatfrieden zwischen Preußen und Frankreich zu Basel von 1795 die Neutralität Norddeutschlands gegen Süddeutschland sichern sollte. LECOQ als Generalquartiermeister dieser Armee zog den jungen GAUSS sowohl für die Durchführung der Berechnungen wie auch zu theoretischen Beratungen heran. Wie aus zwei Briefen von GAUSS an LECOQ vom September 1800 hervorgeht, verfügte GAUSS bereits zu dieser Zeit über die Grundgedanken für seine späteren Untersuchungen zu den Berechnungen auf dem Ellipsoid.

Erst in allerjüngster Zeit konnten bei der Neuordnung des sehr umfangreichen GAUSS-Nachlasses Beweise dafür gefunden werden, daß GAUSS auch nach Beendigung seiner

Tätigkeit für Lecoq geodätische Arbeiten ausgeführt hat. Nachdem er sich auf eigene Kosten einen Spiegelsextanten angeschafft hatte, führte Gauss in den Jahren von 1802 bis 1807 in und um Braunschweig eine Triangulation durch, bei der er die ebenen Koordinaten von etwa 100 Punkten bestimmt. Diese Triangulation ist deshalb besonders bemerkenswert, weil Gauss dabei erstmals nachweislich die Methode der kleinsten Quadrate auf geodätische Probleme angewendet hat. Bereits in dieser Zeit interessierte sich Gauss für eine Verbindung seiner Triangulation mit trigonometrischen Arbeiten, die in den angrenzenden Ländern durchgeführt wurden: in Thüringen durch den preußischen General von Müffling nach der Einbeziehung der ehemals kurmainzischen Gebiete in den preußischen Staat im Ergebnis des Reichsdeputationshauptschlusses von 1803 bzw. in Hannover durch den französischen Obersten Epailly nach der Besetzung Hannovers durch französische Truppen ebenfalls im Jahre 1803.

Nach 1807 sind die geodätischen Interessen infolge der Übersiedlung nach Göttingen und des Baus der neuen Sternwarte anscheinend etwas in den Hintergrund geraten. Gauss hat sie jedoch nicht aufgegeben, wie seine späteren umfangreichen Arbeiten zur Gradmessung und trigonometrischen Landesvermessung von Hannover zeigen, die seinen Ruf als führenden Geodäten begründen sollten. Die frühen geodätischen Arbeiten erklären, wieso Gauss zu Beginn der Gradmessung sofort mit einem klaren Konzept an die Arbeit gehen konnte.

Die Anregung zur Gradmessung von Hannover erhielt Carl Friedrich Gauss von Heinrich Christian Schumacher, der mit Gauss seit seinem Studium der Astronomie in Göttingen befreundet war, 1810 Professor für Astronomie in Kopenhagen wurde und in Altona eine Sternwarte unterhielt. Schumacher ist der Begründer der „Astronomischen Nachrichten", die heute von der Akademie der Wissenschaften der DDR herausgegeben werden. Schumacher hatte 1816 vom dänischen König den Auftrag zu einer Gradmessung zwischen Skagen und Lauenburg erhalten und Gauss umgehend um deren Fortsetzung durch das Königreich Hannover und darüber hinaus gebeten. Bereits 1818 erfolgte gemeinsam die Ausmessung einer Vermessungsbasis bei Lüneburg. Gauss konstruierte bei dieser Gelegenheit den Heliotrop zur Umlenkung des Sonnenlichtes in jede beliebige Richtung, der bis heute bei allen Triangulationen noch angewendet wird. 1820 wurde die Fortsetzung der dänischen Gradmessung durch Hannover durch Königliche Kabinettorder genehmigt. In den Jahren 1821 bis 1825 beobachtete Gauss selbst an allen 32 Stationen seines Gradmessungsnetzes zwischen den Sternwarten Altona und Göttingen und des Anschlusses an das holländische Netz. Den Breitenunterschied zwischen den beiden Sternwarten bestimmte Gauss 1827, nachdem bereits 1820 die Orientierung über ein Meridianzeichen seiner Sternwarte erreicht worden war. Gauss erkundete unmittelbar vor der Beobachtung sorgfältig jede seiner Stationen. Er hatte zwar die Absicht, auf jeder Station alle Winkelkombinationen zu messen, ging aber praktisch so vor, daß alle Richtungen zu ihrem Recht kamen, ohne sich an einen starren Beobachtungsplan zu halten. Durch die Einschaltung von Vierecken und Fünfecken in sein Dreiecksnetz gelang es Gauss, den ungünstigen Einfluß zu spitzer Winkel wesentlich herabzudrücken. Er betont ausdrücklich, daß er „ohne Auswählen, ohne Ausschließen, stets nach der Strenge der Wahrscheinlichkeitsrechnung" vorgegangen sei.

Gauss hat sich auch dem 1828 erteilten Befehl des Königs von Hannover nicht entzogen, das Gradmessungsnetz zum Netz der Hannoverschen Landestriangulation zu erweitern, um eine zeitgemäße Grundlage für die topographische Landesaufnahme zu erhalten und damit die Unsicherheiten der Entfernung in der bis dahin vorliegenden Karte auszuschließen, die mehrere Kilometer erreichten. GAUSS wurde die Leitung der bis 1844 dauernden Arbeiten übertragen, und er hatte die Berechnung auszuführen, die 1848 abgeschlossen wurde. Die Feldarbeiten wurden nach seinen Anweisungen von Offizieren ausgeführt, die von ihm während der Gradmessungsarbeiten ausgebildet worden waren. Die 2578 trigonometrisch bestimmten Punkte sind in einem Koordinatenverzeichnis überliefert. Leider ist durch die vielfach unterbliebene dauerhafte Festlegung ein großer Teil der Punkte verlorengegangen, so daß die Vermessungen in der Folgezeit nicht in dem Maße ausgenutzt werden konnten, wie sie es verdient haben. Die Gradmessung und die Landesvermessung von Hannover wurden zu klassischen Beispielen hinsichtlich der praktisch-organisatorischen Anlage, vor allem aber hinsichtlich der theoretischen Seite, der rechnerischen Aufarbeitung des ungeheuren Zahlenmaterials und der Darstellung ihrer Ergebnisse.

Die geodätischen Aufgaben bei der Ausmessung und Abbildung der Erdoberfläche führten GAUSS zur Beschäftigung mit der Theorie der gekrümmten Flächen. Nachdem er bereits 1822 die konforme Abbildung als Lösung der Aufgabe gefunden hatte, eine gegebene Fläche so auf eine andere zu projizieren, daß das Bild dem Original in den kleinsten Teilen ähnlich ist, erschien 1827 das grundlegende Werk „Disquisitiones generales circa superficies curvas", mit dem GAUSS die Differentialgeometrie als selbständiges mathematisches Gebiet begründete. Die Anwendung der Methode der kleinsten Quadrate auf das hannoversche Dreiecksnetz mit seinen besonderen Komplikationen veranlaßte GAUSS zur weiteren Ausbildung dieser Methode. In den Jahren 1821 bzw. 1823 erschienen der erste bzw. der zweite Teil der zusammenfassenden Darlegungen über diese Methode zum Ausgleich von Beobachuntgsfehlern; 1826 folgte noch eine Ergänzung. Leider hat GAUSS seine Absicht nicht verwirklichen können, nach völliger Beendigung der Messungen die von ihm verwandten Verfahren in einem besonderen größeren Werk über höhere Geodäsie darzustellen. Er veröffentlichte lediglich 1846 bzw. 1847 Teildarstellungen unter dem Titel „Untersuchungen über Gegenstände der höheren Geodäsie". Über seine Koordinatenrechnungen hat GAUSS selbst nichts veröffentlicht. Die GAUSSschen Formeln sind später aus brieflichen Mitteilungen und aus dem Nachlaß durch O. SCHREIBER und L. KRÜGER abgeleitet und erweitert worden.

Das Problem, aus überschüssigen Beobachtungen die wahrscheinlichsten Werte der Unbekannten zu bestimmen, hatte schon lange vor GAUSS viele der bedeutendsten Mathematiker und Astronomen, u.a. EULER, LAMBERT, BOSCOVICH, LAGRANGE und LAPLACE, beschäftigt. Unter anderem wurde noch 1799 von LAPLACE das bereits 1755 von BOSCOVICH vorgeschlagene Verfahren, die Absolutsumme der Fehler zum Minimum und die algebraische Summe gleich Null zu machen, als geeignetstes Ausgleichsprinzip empfohlen. GAUSS ist ursprünglich aus Zweckmäßigkeitsgründen auf die Methode der kleinsten Quadrate gekommen. Um 1798 war es ihm aber bereits gelungen, der Methode mit der Aufstellung des Fehlergesetzes eine wahrscheinlichkeitstheoretische Grundlage zu geben. Diese wurde von ihm in der 1821 erschienenen Abhandlung durch die Begründung ersetzt, daß die Methode der kleinsten Quadrate stets auf Unbekannte mit kleinsten mittleren Fehlern führt. Über die theoretischen Grundlagen hinaus hat GAUSS die verschiedenen Lösungsformen der Ausgleichungsaufgabe entwickelt, die Verfahren zur Bestimmung der Genauigkeit der Beobachtungsergebnisse angegeben und der Ausgleichungsrechnung durch einfache und elegante Rechenvorschriften den Weg in die geodätische Praxis geebnet. Er hat die Ausgleichung nach vermittelnden und nach bedingten Beobachtungen ausgearbeitet, den nach ihm benannten Algorithmus zur Auflösung des Systems der Normalgleichungen entwickelt, Vorschläge für Näherungsausgleichungen sowie für Gruppen- und stufenweise Ausgleichungsverfahren gegeben und vieles andere mehr. Bei der von Gauss verwendeten knappen und gedrängten Darstellungsart hat sich die Methode der kleinsten Quadrate in weiteren Kreisen zwar erst durch die Arbeiten der Schüler von Gauss durchgesetzt; die Gaussschen Originalarbeiten enthielten aber bereits alles, was zur praktischen Anwendung der Methode notwendig war.

Die grundlegende flächentheoretische Abhandlung von Gauss, die „Disquisitiones...“, gehört ihrem Inhalt nach nicht zu den eigentlichen geodätischen Arbeiten. Ihre Bedeutung für die Geodäsie liegt vor allem in der ausführlichen und vielseitigen Behandlung der Theorie der geodätischen Linie. Gauss hat durch seine „Disquisitiones ...“ die Grundlagen für bequeme Rechenformeln und geeignete Koordinatensysteme auf dem Rotationsellipsoid gelegt und zusammen mit seinen Zeitgenossen Legendre, Soldner und Bessel dafür gesorgt, daß die für Rechnungen auf dem Ellipsoid im 18. Jahrhundert meist benutzte Sehne durch die geodätische Linie ersetzt wurde.

Die Anwendung der in den „Disquisitiones ...“ niedergelegten Erkenntnisse auf spezielle geodätische Aufgaben hat Gauss erst 1843 und 1846 in seinen beiden Abhandlungen „Untersuchungen über Gegenstände der höheren Geodäsie“ beschrieben, nachdem er sie bereits mehr als 30 Jahre praktisch durchgeführt hatte. In den „Untersuchungen ...“ hat Gauss vor allem die geodätische Hauptaufgabe, d.h. die Übertragung der geographischen Koordinaten eines gegebenen Punktes auf einen anderen Punkt mit Hilfe des Azimutes und der Länge der beide Punkte verbindenden geodätischen Linie, gelöst. Der Grundgedanke der Gaussschen Lösung liegt darin, beim Ansatz der Reihenentwicklungen Mittel-Argumente zu verwenden; dadurch erhält man schnell konvergierende Entwicklungen und braucht nur wenige Glieder zu berücksichtigen. Besonders bewährt sich dieser Gedanke bei der Umkehrung der geodätischen Aufgabe, d.h. bei der Bestimmung der Länge einer geodätischen Linie und ihrer Azimute im Anfangs- und Endpunkt aus den gegebenen geographischen Koordinaten beider Punkte. Die Gaussschen Formeln zeichnen sich durch Kürze, Eleganz und Einfachheit sowie durch den Nachweis ihrer Genauigkeit und des Grades der Vernachlässigung aus.

Bereits von seinen frühesten geodätischen Arbeiten an beschäftigte sich Gauss mit dem Problem der zweckmäßigsten Berechnung der Dreiecksnetze in der Landesvermessung. Die von ihm schließlich gefundene Lörung, die er bei der Berechnung der Landestriangulation von Hannover praktisch angewendet hat, war jedoch für seine Zeit so revolutionär, daß noch das gesamte 19. Jahrhundert vergehen mußte, bevor es zum Allgemeingut der Geodäsie wurde. Bei diesem Verfahren wird mit Hilfe der konformen Abbildung die Berechnung des Dreiecks auf dem Ellipsoid vollständig durch eine ebene trigonometrische Berechnung ersetzt. An die Stelle der aus geodätischen Linien gebildeten Urdreiecke auf dem Ellipsoid treten ebene Bilddreiecke. An den auf der krummen Fläche beobachteten Seiten und Winkeln sind auf rechnerischem Wege Richtungs- und Entfernungsreduktionen anzubringen, die jedoch bei kleineren Dreiecken sehr einfach sind. Gleichzeitig erhält man eine ebene Abbildung des gesamten Dreiecksnetzes, die dem beobachteten Netz in den Einzelheiten ähnlich ist. Man muß hierzu lediglich die aus den reduzierten Strecken und Winkeln nach ebenen Formeln errechneten rechtwinkligen Koordinaten in der Ebene auftragen. Diese konforme Abbildung des Ellipsoids auf die Ebene ist heute unter dem Namen „Gauss-Krüger-Projektion“ bekannt.

Dabei wird ein Hauptmeridian geradlinig und längentreu abgebildet und zur Abszissenachse des ebenen Systems gewählt. Die Größe der Verzerrung des Koordinatensystems bestimmt sich unabhängig von seiner Nord-Süd-Ausdehnung ausschließlich nach dem Abstand der Punkte vom Hauptmeridian.

Eine ganz besondere Bedeutung haben die Gedanken gefunden, die GAUSS in seiner Abhandlung „Bestimmung des Breitenunterschiedes zwischen den Sternwarten von Göttingen und Altona" aus dem Jahre 1828 zur Definition der Erdfigur niedergelegt hat: „Was wir in geometrischem Sinne Oberfläche der Erde nennen, ist nichts anderes als diejenige Fläche, welche überall die Richtung der Schwere senkrecht schneidet und von der die Oberfläche des Weltmeeres einen Teil ausmacht ...". GAUSS löste sich damit von der Vorstellung, daß man die wirkliche Erdoberfläche genügend genau durch die Oberfläche eines geometrischen Körpers darstellen kann und führte als Gegenstand der geodätischen Untersuchungen eine Niveaufläche der Schwerkraft ein; für diese hat J. LISTING 1873 die Bezeichnung Geoid geprägt. GAUSS legte damit die Grundlage für die Entwicklung der modernen astronomischen und physikalischen Geodäsie, die in den sechziger Jahren des 19. Jahrhunderts stürmisch einsetzen sollte.

3. Die erdmagnetischen Arbeiten

In den dreißiger Jahren, im dritten Göttinger Jahrzehnt, standen einige physikalische und geophysikalische Untersuchungen im Vordergrund der Interessen von CARL FRIEDRICH GAUSS. Von ihnen sind die Arbeiten zum Erdmagnetismus sicher die bedeutendsten. Die Anregung dazu stammt von ALEXANDER VON HUMBOLDT. HUMBOLDT hatte auf seiner großen Südamerika-Reise (1799–1803) umfangreiche erdmagnetische Beobachtungen ausgeführt und in der Folgezeit im „Verein zum Zwecke erdmagnetischer Beobachtungen" eine lose Vereinigung von Freunden und Interessenten an solchen Beobachtungen auf der ganzen Erde organisiert. HUMBOLDT verstand es, auch GAUSS, der sich schon 1803 im Zusammenhang mit der geographischen Ortsbestimmung für den Erdmagnetismus interessiert hatte, für diese Probleme zu begeistern. Darüber hinaus machte er ihn 1828 mit dem jungen Physiker WILHELM WEBER bekannt, woraus eine fruchtbare Zusammenarbeit über mehr als ein Jahrzehnt entstehen sollte. Auf Betreiben von GAUSS wurde WEBER 1831 nach Göttingen berufen, und beide gingen an gemeinsame Untersuchungen zum Erdmagnetismus – übrigens im selben Jahr, in dem FARADAY in England die elektromagnetische Induktion entdeckte.

Die erdmagnetischen Arbeiten von CARL FRIEDRICH GAUSS bedeuten einen entscheidenden Fortschritt in der Geschichte der Geophysik, dessen Auswirkungen bis in die Gegenwart wirksam sind. Die Anfänge der Lehre vom Erdmagnetismus können bis ins erste Jahrtausend unserer Zeitrechnung zurück verfolgt werden. Die erste zusammenfassende Beschreibung der erdmagnetischen Erscheinungen wurde 1600 von WILLIAM GILBERT in seinem berühmten Buch „De Magnete" publiziert, das als erste moderne wissenschaftliche Abhandlung überhaupt bezeichnet wird. Die wesentliche Aussage dieses Buches ist die durch Experimente und Theorie erworbene Erkenntnis, daß die Erde ein großer Magnet ist. Beschrieben werden Deklination und Inklination und deren Verteilungen entlang der Erdoberfläche. Die erste Weltkarte der Deklination wurde 1701 von HALLEY, die der Inklination 1768 von WILCKE veröffentlicht. Eine Karte mit Linien gleicher Intensität hat erstmals 1804 ALEXANDER VON HUMBOLDT publiziert.

Während diese Karte noch mehr die Form einer Skizze hat, geben die Karten von C. HANSTEEN für die Horizontalintensität und die Vertikalintensität aus den Jahren 1825 und 1826 bereits recht gut die Verteilung dieser erdmagnetischen Elemente wieder. Nachdem GELLIBRAND bereits 1635 die Säkularvariation des Erdmagnetfeldes entdeckt hatte, erkannte GRAHAM 1722 auch die nichtsäkularen Schwankungen. 1741 wurde durch gleichzeitige Beobachtungen von CELSIUS in Uppsala und von GRAHAM in London die Beziehung zwischen magnetischen Störungen und Nordlichtern erkannt. Die ersten magnetischen Observatorien mit speziellen eisenfreien Beobachtungshäusern wurden in den letzten Jahren des 18. und zu Beginn des 19. Jahrhunderts errichtet. Die Beobachtung erfolgte zu dieser Zeit noch durch direkte Ablesung, die photographische Registrierung wurde erst 1846 durch BROOKE in Greenwich eingeführt. Beobachtet wurden lediglich die Schwankungen der Deklination. Im Jahre 1819 erschien die große Arbeit von CH. HANSTEEN „Untersuchungen über den Magnetismus der Erde. Erster Teil: Die mechanischen Erscheinungen des Magneten“. In dieser Arbeit entwickelte HANSTEEN die bereits von HALLEY formulierte Hypothese von vier magnetischen Polen zur Darstellung der beobachteten Verteilung des Erdmagnetfeldes.

Aus seinen Briefen ist bekannt, daß CARL FRIEDRICH GAUSS sich seit Anfang 1832 intensiv mit Fragen des Erdmagnetismus beschäftigt hat. Seine Interessen galten zuerst den Instrumenten und dem Beobachtungsverfahren. Als erstes Ergebnis der erdmagnetischen Arbeiten veröffentlichte er die Abhandlung „Intensitas vis magneticae terrestris ad mensuram absolutam revocata“. Sie ist aus mehreren Gründen bedeutungsvoll: Einmal führte sie ein neues Prinzip der Messung physikalischer Größen durch Schaffung des absoluten Maßsystems in die Physik ein, und zweitens enthält sie eine neue Methode zur absoluten Bestimmung der Intensität des Erdmagnetfeldes mit einer bis dahin nicht erreichten Genauigkeit. In dieser Arbeit wurden die physikalischen Größen eines Magneten definiert und zu seiner mathematischen Beschreibung verwendet. Es wurden die Formeln für das Drehmoment, das von einem Magnetfeld auf den Magneten ausgeübt wird, angegeben. Darauf aufbauend entwickelte GAUSS seine Methode zur absoluten Bestimmung der Horizontalintensität. Sie besteht aus zwei Teilen: erstens wird die Ablenkung einer Magnetnadel aus dem magnetischen Meridian bei Anwesenheit eines Ablenkungsmagneten beobachtet und zweitens die Schwingungsdauer des Ablenkungsmagneten bei Schwingungen im Erdmagnetfeld bestimmt. Diese Methode zur absoluten magnetometrischen Bestimmung der Intensität des Erdmagnetfeldes konnte erst in den letzten beiden Jahrzehnten durch ein Verfahren abgelöst werden, bei dem die Präzession von Wasserstoff-Kernen im Erdmagnetfeld beobachtet wird.

Außer durch seine Methode zur Bestimmung der Horizontalintensität hat GAUSS die geomagnetische Meßtechnik – zum Teil gemeinsam mit W. WEBER – auch durch die Weiterentwicklung des Deklinatoriums, durch die Verfeinerung des Variometers für die Deklination und die Einführung des Bifilarmagnetometers zur Beobachtung der Variationen der Horizontalintensität, die vollständige Untersuchung des Inklinatoriums und die Erfindung des Induktors bereichert.

In den Jahren 1832/33 wurde nach den Plänen von GAUSS auf dem Gelände der Göttinger Sternwarte ein völlig eisenfreies Haus für die magnetischen Beobachtungen errichtet, in dem schon im März 1834 die ersten „Terminbeobachtungen“ der Deklination nach dem von ALEXANDER VON HUMBOLDT angeregten Schema vorgenommen wurden. Nach Vorschlag von GAUSS wurden ab November 1834 Termine von jeweils 24 Stunden mit Ablesungen in Abständen von 5 Minuten vereinbart. An diesen Beobachtungen beteiligten sich mehr oder weniger regelmäßig in den Jahren 1836 bis 1841 rund 50 Stationen, die sich im „Magnetischen Verein" zusammengeschlossen hatten.

Die Ergebnisse der Untersuchungen während dieser Zusammenarbeit sind in den „Resultaten aus den Beobachtungen des Magnetischen Vereins" enthalten, von denen insgesamt 6 Bände für die Jahre 1836 bis 1841 erschienen sind. Die meisten Arbeiten hierzu sind von GAUSS und WEBER verfaßt worden. Dazu gehören auch die beiden bedeutenden Abhandlungen von GAUSS „Allgemeine Theorie des Erdmagnetismus" (1838/39) und „Allgemeine Lehrsätze in Beziehung auf die im verkehrten Verhältnisse des Quadrates der Entfernungen wirkenden Anziehungs- und Abstoßungskräfte" (1839/40).

In der ersten Abhandlung, deren allgemeine Konzeption schon 1806 fertig war, entwickelte GAUSS die phänomenologische Theorie zur Beschreibung des Erdmagnetfeldes, die völlig uneingeschränkt auch heute noch angewandt wird. Hierbei wurde das Potential des Erdmagnetfeldes als wesentliche Größe eingeführt, und es wurden die daraus resultierenden Beziehungen zwischen den Komponenten des Feldvektors angegeben. Zur Darstellung des Feldes verwendete GAUSS die Entwicklung nach LAPLACEschen Kugelfunktionen. Die bis dahin übliche Darstellung durch eine weitgehend willkürliche Verteilung von Polen wurde damit durch eine Entwicklung nach Multipolen ersetzt, die beliebig weit je nach der erforderlichen Genauigkeit ausgedehnt werden kann. Die theoretischen Untersuchungen wendete GAUSS auf die Karten von SABINE, BARLOW und HORNER (Epoche etwa um 1836) an und erhielt so numerische Werte für die Koeffizienten seiner Entwicklung bis $n = 4$. Ebenfalls enthalten sind Angaben über die Richtung der magnetischen Achse der Erde, das Dipolmoment und die Lage der magnetischen Pole. Die von GAUSS vorausgesagte Lage des damals noch nicht bekannten Pols auf der Südhalbkugel der Erde wurde 1842 von WILKES glänzend bestätigt.

Die in dieser Arbeit verwendeten mathematischen Lehrsätze über das Potential wurden von GAUSS in der Abhandlung „Allgemeine Lehrsätze..." allgemein bewiesen. Hier verwendete er auch erstmals das Wort „Potential". In dieser Arbeit werden wesentliche Sätze der Potentialtheorie entwickelt, insbesondere der „GAUSSsche Satz".

Die erdmagnetischen Arbeiten von GAUSS und WEBER gingen Hand in Hand mit zahlreichen experimentellen Untersuchungen über galvanische Ströme, Induktion und Elektrodynamik. Am berühmtesten wurde die Erfindung der elektromagnetischen Telegraphie, die auf die Jahre 1833/34 zurückgeht.

Das Interesse von GAUSS an der Physik erstreckte sich nicht nur auf Erdmagnetismus und Elektromagnetismus. Unter anderem hatte er 1829 mit dem sogenannten „Prinzip des kleinsten Zwanges" ein allgemeines Grundprinzip der Mechanik hergeleitet, das es gestattet, ohne die Methoden der Variationsrechnung auszukommen. Seine bedeutendsten Leistungen auf optischem Gebiet sind die dioptrischen Untersuchungen „Zum Gang des Lichtstrahles durch ein System von brechenden Kugelflächen" und seine Arbeiten über achromatische Doppelobjektive. Erwähnt sei schließlich noch die berühmte Arbeit von GAUSS aus dem Jahre 1830 zur Kapillaritätstheorie, wo die Theorie der Gleichgewichtsfigur von Flüssigkeiten behandelt wird, die unter dem Einfluß der Schwere und der von ihr selbst und dem Gefäß ausgeübten Molekularkräfte stehen. Die Anregungen für seine Arbeiten zur Optik und zur Kapillarität erhielt GAUSS aus praktischen Anforderungen des Baues und der Untersuchung astronomischer Beobachtungsgeräte, womit er bei der Errichtung der neuen Göttinger Sternwarte und den praktischen astronomischen Beobachtungen konfrontiert war. Auch hier zeigt sich die Einheit im

Schaffen von GAUSS. Die praktische Tätigkeit in Astronomie, Geodäsie, Geophysik und Physik war für ihn ein Ausgleich für zu exklusive mathematisch-theoretische Tätigkeit, zugleich aber auch ein Quell der Anregung für theoretische Untersuchungen.

4. Zusammenfassung

CARL FRIEDRICH GAUSS hat ebenso wie als Mathematiker auch als Astronom, als Geodät und als Geophysiker außerordentliche Leistungen erbracht, die Marksteine in der Entwicklung dieser Wissenschaftsdisziplinen bedeuten, und das sowohl als Theoretiker wie auch als Beobachter und Experimentator. Auf allen drei Gebieten hat er mit der Methode der kleinsten Quadrate eine wissenschaftlich einwandfreie, die bis dahin übliche Willkür ausschließende Grundlage zur Bearbeitung der Beobachtungen und Meßergebnisse geschaffen.

In der Astronomie hat GAUSS die klassische Methode zur Bahnbestimmung von Planeten entwickelt und fundamentale Beiträge zur Störungsrechnung in der Himmelsmechanik geliefert. Er wurde zum Mitbegründer und zu einem der Meister der Positionsastronomie.

In der Geodäsie hat GAUSS mit der Differentialgeometrie, mit der Lehre von den konformen Abbildungen und mit seiner Formung der Methode der kleinsten Quadrate die drei mathematischen Disziplinen geschaffen, auf denen das geodätische Kalkül seither beruht. Er hat dem Problem von der Figur der Erde eine im wesentlichen bis heute nicht überholte Fassung gegeben, und er hat zusammen mit BESSEL der Idee der Internationalen Erdmessung ein gutes Stück vorgearbeitet, die ab 1862 durch BAEYER und HELMERT von Berlin und Potsdam aus verwirklicht wurde.

In der Geophysik hat GAUSS für die internationale Zusammenarbeit im Göttinger Magnetischen Verein ein Beispiel geschaffen, das wenige Jahrzehnte später bereits voll wirksam wurde. Er hat die geomagnetische Meßtechnik entscheidend gefördert, und er hat für die mathematische Beschreibung und Analyse des geomagnetischen Hauptfeldes mit der Potentialdarstellung eine sachlich angemessene, jede Willkür ausschließende Methode geschaffen, die in ihrer vollen Wirksamkeit erst in der Gegenwart ausgeschöpft worden ist.

5. Literatur

[1] CARL FRIEDRICH GAUSS: Werke, Herausgegeben von der Gesellschaft der Wissenschaften zu Göttingen, 12 Bände, 1863—1933

1.1. Theoria motus corporum coelestium in sectionibus conicis solem ambientium, 1809 (Werke Bd. VII, 1 bis 280).

1.2. Theoria combinationis observatiorum erroribus minimis obnoxiae, pars prior. 1821, pars posterior. 1823 (Werke Bd. IV, 1 bis 53)
Supplementum. 1826 (Werke Bd. IV, 55 bis 93).

1.3. Disquisitiones generales circa superficies curvas 1827 (Werke Bd. IV, 217 bis 258).

1.4. Untersuchungen über Gegenstände der höheren Geodäsie I, 1844 (Werke Bd. IV, 259 bis 300). II, 1847 (Werke Bd. IV, 301 bis 340).

1.5. Allgemeine Auflösung der Aufgabe, die Teile einer gegebenen Fläche auf einer anderen gegebenen Fläche so abzubilden, daß die Abbildung dem Abgebildeten in den kleinsten Teilen ähnlich ist. 1825 (Werke Bd. IV, 189 bis 216).

1.6. Bestimmung des Breitenunterschiedes zwischen den Sternwarten von Göttingen und Altona durch Beobachtung am Ramsdenschen Zenithsektor. 1828 (Werke Bd. IX, 1 bis 58).
1.7. Intensitas vis magneticae terrestris ad mensuram absolutam revocata, 1832 (Werke Bd. V, 79 bis 118).
1.8. Allgemeine Theorie des Erdmagnetismus. 1839 (Werke Bd. V, 119 bis 193).
1.9. Allgemeine Lehrsätze in Beziehung auf die im verkehrten Verhältnisse des Quadrats der Entfernung wirkenden Anziehungs- und Abstoßungskräfte. 1840. (Werke Bd. V, 195 bis 242).

[2] H. WUSSING: Carl Friedrich Gauß. Leipzig 1976.
[3] L. BIEBERBACH: Carl Friedrich Gauß. Ein deutsches Gelehrtenleben. Berlin 1938.
[4] H. REICHARDT: C. F. Gauß. Gedenkband anläßlich des 100. Todestages am 23. Februar 1955. Leipzig 1957.
[5] C. F. Gauß und die Landesvermessung in Niedersachsen. Hannover 1955.
[6] TH. GERARDY: Die Anfänge von Gauß' geodätischer Tätigkeit. Z. f. Vermessungswesen **102** (1977) 1–19.
[7] F. BECKER: Geschichte der Astronomie, Bonn 1947.
[8] S. CHAPMAN, J. BARTELS: Geomagnetism. Oxford 1940.
[9] B. GUTENBERG (Herausgeber): Handbuch der Geophysik, Bd. I, Berlin 1936; Abschnitt II: Stellung und Bewegung der Erde im Weltall. Von M. Milankovitch. S. 69 bis 138. Abschnitt III: Figur der Erde, Dichte und Druck im Erdinnern. Von F. Hopfner, S. 139 bis 308.
[10] G. PERRIER: Kurze Geschichte der Geodäsie, Bamberg 1950.

Es wurden folgende weiteren Vorträge gehalten:

S. W. JABLONSKI (С. В. Яблонский)

Einige Probleme mathematischer Theorien der Teste.

Некоторые проблемы математических теорий тестов

Der Text des Vortrages lag bei Redaktionsschluß nicht vor.

A. W. POGORELOW (А. В. Погорелов)
Universität Charkow, UdSSR

Das vierte HILBERTsche Problem.

Четвёртая проблема Гильберта

Der Autor verweist auf sein Buch

Четвёртая проблема Гилберта, Verlag Nauka, Moskau 1974

Teil III

Weitere Beiträge zum Jubiläum

O. NEUMANN
Zentralinstitut für Mathematik und Mechanik der AdW der DDR, Berlin

Über einige Tagebuchnotizen von C. F. GAUSS (Zur Entstehung der Kreisteilungstheorie)

Die Kreisteilungstheorie, eine von GAUSS' einzigartigen, völlig eigenständigen Jugendschöpfungen, ist bekanntlich im siebenten Abschnitt der „Disquisitiones arithmeticae" (1801) systematisch, wenn auch nicht mit sämtlichen Beweisen, dargestellt; wichtige (algebraische) Ergänzungen sind in den nachgelassenen Fragmenten [UE] (nach R. DEDEKIND auf 1808 zu datieren) in [SO] enthalten. Sie wurde bereits zur Zeit ihrer Veröffentlichung tief bewundert und stand dann Pate bei der Schaffung der Transformations- und Teilungstheorie der elliptischen Funktionen und der allgemeinen Gleichungstheorie durch ABEL, JACOBI und GALOIS. Die Entstehungsgeschichte der Kreisteilungstheorie und der Gedankengänge von GAUSS zur allgemeinen Gleichungstheorie läßt sich an Hand brieflicher Äußerungen und des wissenschaftlichen Tagebuchs [T] wenigstens in groben Zügen rekonstruieren. (Vgl. dazu [1], [4], [6] und die Kommentare von P. BACHMANN und A. LOEWY in [T]). Aber leider sind viele Tagebuchnotizen nicht eindeutig interpretierbar. Außerdem enthalten die vorhandenen Kommentare gewisse Lücken, Widersprüche und wenig überzeugende Deutungen. Deshalb wird hier der Versuch unternommen, die Notiz Nr. 3 erstmals zu deuten, gewisse Aufzeichnungen des Tagebuchs neu zu interpretieren und sich mit einigen Kommentaren von BACHMANN und LOEWY kritisch auseinanderzusetzen. Insbesondere wird für die Notiz Nr. 38 eine neue Auffassung, die von der LOEWYschen Interpretation wesentlich abweicht, vorgeschlagen.

Zu herzlichem Dank verpflichtet bin ich H. REICHARDT (Berlin) und H. SACHS (Ilmenau), die eine vorläufige Fassung der vorliegenden Note kritisch gelesen und eine Reihe von Änderungen angeregt haben. H. REICHARDT schlug eine weitere Interpretationsvariante für die Notiz Nr. 38 vor, die ich mit seiner freundlichen Erlaubnis hier anführen werde.

Wir werden uns in dieser Note der heute üblichen Begriffe und Symbole bedienen. Mit $\mathbb{Z}$, $\mathbb{Q}$, ζ_n, μ_n bzw. $\Phi_n(x)$ bezeichnen wir den Ring der ganzen Zahlen, den Körper der rationalen Zahlen, eine primitive n-te Einheitswurzel, die Gruppe der n-ten Einheitswurzeln bzw. das n-te Kreisteilungspolynom, d.h. dasjenige Polynom, dessen Wurzeln die primitiven n-ten Einheitswurzeln sind. Die Abkürzung $\mathrm{Gal}(L/K)$ steht für die GALOIS-Gruppe einer normalen Erweiterung L/K. Eckige Klammern innerhalb von Zitaten umschließen erläuternde Ergänzungen. Als maßgebliche Übersetzung der algebraisch-zahlentheoretischen Arbeiten von GAUSS ins Deutsche wird die Übersetzung [HA] von H. MASER herangezogen.

Die erste Eintragung von GAUSS in sein wissenschaftliches Tagebuch ist auf den 30. März 1796 datiert und gibt bekanntlich die Einsicht wieder, daß z.B. das regelmäßige 17-Eck mit Zirkel und Lineal konstuierbar ist. Welche Erkenntnisse dieser grundlegenden Entdeckung *vorausgegangen* waren, können wir wohl am besten mit GAUSS' eigenen Worten in seinem Brief an CHR. L. GERLING vom 6. Januar 1819 ([GW] X/1, S. 125) schildern:

„Schon früher war alles was auf die Zerteilung der Wurzeln der Gleichung

$$[\Phi_p(x) =] \frac{x^p - 1}{x - 1} = 0 \qquad [p \text{ Primzahl}]$$

in *zwei* Gruppen sich bezieht, von mir gefunden, wovon der schöne Lehrsatz D.[isquisitiones] A.[rithmeticae] p. 637 [= [GW] I, S. 443] unten abhängt u. zwar im Winter 1796 (meinem ersten Semester in Göttingen) [...] Durch angestrengtes Nachdenken über den Zusammenhang aller Wurzeln unter einander nach arithmetischen Gründen glückte es mir [...] diesen Zusammenhang auf das klarste anzuschauen, so daß ich die specielle Anwendung auf das 17-Eck und die numerische Bestätigung auf der Stelle machen konnte [...]"

Die im Brief erwähnte Aufteilung der primitiven p-ten Einheitswurzeln in zwei Gruppen ist diejenige, die den beiden Nebenklassen (der Exponenten an einer festen primitiven p-ten Einheitswurzel) nach den quadratischen Resten modulo p entspricht. Eine Aufteilung dieser Art lag ja für GAUSS nahe, da er sich nachweislich seit Anfang 1795 mit den quadratischen Resten beschäftigte. Der im Brief angeführte „schöne Lehrsatz" aus [DA], art. 357, ist schon im art. 124 angekündigt und ohne Beweis formuliert. Dort heißt es:

„Unten im Abschnitt VII werden wir allgemein beweisen, daß der Ausdruck $[4\,\Phi_p(x) =] \frac{4(x^p - 1)}{x - 1}$ immer auf die Form $X^2 \mp pY^2$ (wo das obere Zeichen zu nehmen ist, wenn p eine Primzahl von der Form $4n + 1$, das untere, wenn es eine solche von der Form $4n + 3$ ist) gebracht werden kann, wo X und Y rationale von Brüchen freie Funktionen von x sind." (Zitiert nach [HA], S. 85)

Bevor GAUSS diesen Satz in art. 357 beweist, gibt er in art. 356 das Quadrat der heute nach ihm benannten Summen zu quadratischen Restcharakteren modulo p an: Für die Summe

$$\tau = \sum_{a=1}^{p-1} \left(\frac{a}{p}\right) \zeta_p^a \quad \text{gilt} \tag{1}$$

$$\tau^2 = (-1)^{\frac{p-1}{2}} \cdot p = p^*; \quad |\tau|^2 = p. \tag{2}$$

Daraus folgt sofort, daß in heutiger Terminologie der quadratische Körper $\mathbb{Q}(\sqrt{p^*})$ in den Körper $\mathbb{Q}(\zeta_p)$ eingebettet ist (p ist dabei ungerade Primzahl). Übrigens erhält man mit Hilfe von (2) recht leicht die Zerlegung

$$4\Phi_p(x) = X^2 - p^* Y^2, \tag{3}$$

nämlich auf folgendem Weg: Man setzt

$$U = \prod_{a \in R} (x - \zeta_p^a), \quad V = \prod_{a \in N} (x - \zeta_p^a),$$

wobei R bzw. N ein vollständiges System von quadratischen Resten bzw. Nichtresten modulo p ist. Die Koeffizienten von U und V sind ganzalgebraische Zahlen aus $\mathbb{Q}(\sqrt{p^*})$. Daher kann man schreiben

$$2U = X + \sqrt{p^*}\,Y, \qquad 2V = X - \sqrt{p^*}\,Y$$

mit $X, Y \in \mathbb{Z}[x]$. Aus $\Phi_p(x) = U \cdot V$ folgt sofort (3). GAUSS' ursprünglicher Beweis dürfte sich nicht sehr stark von diesen Überlegungen unterschieden haben. Die Zerlegung (3) wurde von R. DEDEKIND [2], § 139, auf die Polynome $\Phi_m(x)$ übertragen, wobei m eine ungerade quadratfreie natürliche Zahl und größer 1 ist.

Was also wußte GAUSS über die Gleichung $x^n - 1 = 0$ aller Wahrscheinlichkeit nach schon, *bevor* er sein Tagebuch eröffnete? Er deutete die Einheitswurzeln als Werte der

Exponentialfunktion — die entsprechenden Formeln waren ja seit EULER und DEMOIVRE bekannt —, hatte sich die zyklische Gruppe μ_n in der komplexen Zahlenebene anschaulich gemacht und damit — übrigens nicht als erster — den Zusammenhang zwischen der Teilung der Kreislinie und der Gleichung $x^n - 1 = 0$ erkannt. Er besaß den Begriff der primitiven n-ten Einheitswurzel, und man darf sehr wohl annehmen, daß ihm die kanonische Zerlegung der zyklischen Gruppe μ_n in das direkte Produkt der maximalen Untergruppen von Primzahlpotenz-Ordnung (SYLOW-Untergruppen entsprechend der Primzerlegung von n) der Sache nach in vollem Maße geläufig war (Partialbruchzerlegung der rationalen Zahlen!). Allem Anschein nach konzentrierte sich GAUSS in dieser Periode darauf, die Gleichung $x^n - 1 = 0$ für Primzahlpotenzen n „aufzulösen" und betrachtete den Fall, daß n eine Primzahl war, als den schwierigsten und interessantesten Fall. Man darf weiter annehmen, daß er Formel (2) und die Inklusion $\mathbb{Q}(\sqrt{p^*}) \subseteq \mathbb{Q}(\zeta_p)$ schon kannte.

Wenden wir uns nun der Tagebuchnotiz Nr. 3 zu! Sie lautet:

„[3.] Formulae pro cosinibus angulorum peripheriae submultiplorum expressionem generaliorem non admittent nisi in duab[us] periodis. [1796] Apr. 12. Ibid. [Brunsvigae]"

Entsprechend dem Sprachgebrauch der „Diquisitiones arithmeticae", Abschnitt VII, ist unter „peripheria" hier die volle Kreislinie, also der Winkel 2π zu verstehen. Das Adjektiv „submultiplus" ist nach [7] synonym mit „submultiplex" und bedeutet hier „Vielfaches eines echten Teils" (vgl. die Erläuterungen zu „subduplus" = „subduplex" in [8]: „twice contained in another number"). Die in der Ausgabe [T] (und auch in [T']) nicht kommentierte Notiz Nr. 3 kann wie folgt übersetzt werden:

„[3.] Die Formeln für die Cosinus der Vielfachen eines Teilwinkels der Peripherie [d. h., für $\cos \frac{2\pi a}{n}$. Siehe unten. O.N.] werden keinen allgemeineren Ausdruck zulassen als in zwei Perioden. Ebd. [Braunschweig], 12. April [1796]."

(Die in [T'] angegebene Übersetzung bedarf der Korrektur, worauf mich H. REICHARDT aufmerksam machte.) Meines Erachtens ordnet sich diese Notiz vom heutigen Standpunkt aus in folgenden Sachverhalt ein: Es sei n eine natürliche Zahl und $n \geqq 3$; man setze

$$\zeta_n = \cos \frac{2\pi}{n} + i \sin \frac{2\pi}{n};$$

dann ist der Körper $\mathbb{Q}(\zeta_n)$ total-komplex, während der maximale total-reelle Teilkörper $\mathbb{Q}(\zeta_n)^+$ durch $\cos \frac{2\pi}{n}$ erzeugt wird:

$$\mathbb{Q}(\zeta_n)^+ = \mathbb{Q}\left(\cos \frac{2\pi}{n}\right). \tag{4}$$

Durch die Relation

$$i \sin \frac{2\pi}{n} = \sqrt{\left(\cos \frac{2\pi}{n}\right)^2 - 1}$$

wird die Gradbeziehung

$$[\mathbb{Q}(\zeta_n) : \mathbb{Q}(\zeta_n)^+] = 2$$

evident. Die primitiven n-ten Einheitswurzeln bilden eine Normalbasis von $\mathbb{Q}(\zeta_n)/\mathbb{Q}$, während die Elemente

$$\zeta_n^a + \zeta_n^{-a} = 2 \cos \frac{2\pi a}{n} \text{ mit } (a, n) = 1,\ 1 \leqq a \leqq \frac{n-1}{2} \tag{5}$$

eine Normalbasis von $\mathbb{Q}(\zeta_n)^+/\mathbb{Q}$ bilden. Folglich gibt es zu jedem a mit $1 \leqq a \leqq n-1$ ein (außerdem von n abhängiges) Polynom $P_a(x)$ aus $\mathbb{Q}[x]$, dessen Grad $\frac{1}{2}\varphi(n)$ nicht übersteigt und das den Zusammenhang zwischen $\cos\frac{2\pi}{n}$ und $\cos\frac{2\pi a}{n}$ wiedergibt:

$$\cos\frac{2\pi a}{n} = P_a\left(\cos\frac{2\pi}{n}\right); \tag{6}$$

$$P_{n-a} = P_a. \tag{7}$$

Die Formeln (6) sind m. E. die „formulae pro cosinibus angulorum peripheriae submultiplorum" bei GAUSS. Wegen der Symmetriebeziehung (7) tritt jeder cos-Wert genau *zweimal* auf, wenn a alle zu n primen Werte zwischen 1 und $(n-1)$ durchläuft. Das gleiche meint der GAUSSsche Ausdruck „in duabus periodis". Die Wendung „expressionem generaliorem non admittent" erinnert an einen Passus in [DA], art. 357, der sich auf die Koeffizienten der Polynome X, Y in der Zerlegung (3) bezieht:

„[...] die übrigen Coefficienten aber [außer jeweils den beiden höchsten], die offenbar sämtlich ganze Zahlen sind, [...] lassen sich nicht unter eine allgemeine analytische Formel bringen." (Zitiert nach [HA], S. 428)

Anscheinend will GAUSS in der Notiz Nr. 3 ausdrücken, daß es zwischen den Polynomen $P_a(x)$ für festes n keine „allgemeingültigen Relationen außer (7)" gibt. In der Tat sind ja die Elemente (5) linear unabhängig über $\mathbb{Q}$.

Vielleicht war die Notiz Nr. 3 eine bedeutsame Vorstufe zur Notiz Nr. 40 (9. Oktober 1796; Irreduzibilität von $\Phi_p(x)$ für p Primzahl). Übrigens muß man hier zur Nr. 40 anmerken, daß gemäß der Original-Formulierung die Wurzeln von $x^p - 1$ linear unabhängig über $\mathbb{Q}$ seien, was natürlich nicht zutrifft; die triviale Nullstelle 1 ist auszuschließen.

Als nächste Notiz diskutieren wir die Nr. 38:

„[38.] In mentem mihi venit radices aeq[uationis] $x^n - 1$ [$=0$] ex aeq[uationibus], communes radices habentibus, elicere ut adeo plerumque tantum aequationes coefficientibus rationalibus gaudentes resolvi oporteat. Brunsvigae, 29. Sept. [1796]."

Das Schlüsselwort sind hier offenbar die „communes radices". Je nachdem wie man dieses Wort übersetzt und interpretiert, erhält man ganz verschiedene Deutungen. A. LOEWY versteht in [T], S. 505, darunter „gemeinsame Wurzeln" und schreibt a. a. O.:

„Wahrscheinlich hat GAUSS hier die Zurückführung der Auflösung der Gleichung $x^n = 1$ auf
$x^{a^\alpha} = 1, x^{a'^{\alpha'}} = 1, x^{a''^{\alpha''}} = 1, \ldots$
im Auge, wenn $n = a^\alpha \cdot a'^{\alpha'} \cdot a''^{\alpha''} \ldots$ ist und $a, a', a'', \ldots$ lauter verschiedene Primzahlen bedeuten."

Ungeachtet der Tatsache, daß das Tagebuch an wenigen Stellen auch verhältnismäßig anspruchslose oder triviale Bemerkungen verzeichnet, erscheint mir die Ausdeutung von LOEWY wenig überzeugend. Die angegebene Zurückführung der Gleichung $x^n = 1$ auf Primzahlpotenzen n hat GAUSS sicherlich schon vor Einsetzen des Tagebuchs registriert und zu benutzen versucht. Der Bedeutungsspielraum des Adjektivs „communis" (vgl. [9]) gestattet aber eine Auslegung, die sich gut der vorangehenden Notiz Nr. 37 vom 17. September 1796 anpaßt. Übereinstimmend mit BACHMANN und LOEWY [T], S. 504, sehen wir in dieser Eintragung die selbständige Wiederentdeckung der LAGRANGEschen Resolventen der Gleichungstheorie. GAUSS hatte nach seinen eigenen Worten den Eindruck, damit eine wirksame Methode zur Auflösung von Gleichungen in der Hand zu haben:

„[37.] Eine neue Methode, mit deren Hilfe es möglich sein wird, die allgemeine Auflösung von Gleichungen zu erforschen und vielleicht auch zu finden [...]“ [(T'], S. 65).

Was lag also näher, als dieses Mittel auch und vor allem auf die Gleichung $x^n - 1 = 0$ anzuwenden?

Wir schlagen deshalb vor, die „communes radices“ als „gemeine [d.h. gewöhnliche] Wurzeln“ zu deuten und die in Rede stehende Tagebuch-Eintragung Nr. 38 wie folgt zu übersetzen (frei nach [T'], S. 66):

„[38.] Mir kam in den Sinn, die Wurzeln der Gleichung $x^n - 1$ [$=0$] aus Gleichungen, die gemeine Wurzeln haben, zu gewinnen, so daß man überhaupt in der Regel nur Gleichungen, die rationale Koeffizienten besitzen, zu lösen braucht. Braunschweig, 29. Sept. [1796]

Dabei sind unter „gemeinen Wurzeln“ Nullstellen von irreduziblen „reinen“ Polynomen, d.h., irreduziblen Polynomen der Form $x^m - a$ zu verstehen. Das „resolvi“ ist dann aufzufassen als „gelöst werden in Radikalen“, d.h., das Gelöstwerden durch eine Kette von irreduziblen reinen Hilfsgleichungen. Mit dieser Auffassung stimmt überein, daß man in der Mathematik der damaligen Zeit unter einer „allgemeinen Gleichungsauflösung“ („aequationum generalis solutio“) die „Zurückführung auf reine Gleichungen“ („reductio ad aequationes puras“) verstand. GAUSS selbst äußert sich in der von ihm nicht veröffentlichten „Analysis Residuorum“ (auf 1796 bis 1797 zu datieren) in art. 262 des Caput sixtum folgendermaßen:

„Post illustrissimorum Geometrarum labores repetitos nulla spes superesse videtur Aequationum solutionem generalem possibilem esse (i. e. reductionem ad aequationes puras).“ (Zitiert nach [GW] X/1, S. 504)

Ähnliche Bemerkungen findet man in seiner Dissertation.

Bei der vorgeschlagenen Deutung darf man allerdings nicht übersehen, daß die Einordnung der „aequationes coefficientibus rationalibus gaudentes“ nicht leicht ist. Wahrscheinlich will GAUSS ausdrücken, daß man die Auflösung von $x^n - 1 = 0$ durch die Körperoperationen und ineinandergeschachtelte Wurzelzeichen bewerkstelligen kann, wobei unter den innersten Wurzelzeichen nur rationale Zahlen stehen. Er war sich der Irreduzibilitätsfragen insofern voll bewußt, als er sicher schon hier die Mehrdeutigkeit der auftretenden Wurzelzeichen möglichst einzuschränken versuchte (vgl. später [UE]). Offenbar liegt in Nr. 38 der Ursprung der „zweiten Methode“ (der Behandlung von $x^n - 1 = 0$), von der im art. 360 der [DA] die Rede ist. Diese Methode besteht darin, zu $\mathbb{Q}$ die $(n-1)$-ten Einheitswurzeln zu adjungieren (n als Primzahl vorausgesetzt) und dann die Gleichung $\Phi_n(x) = 0$ durch ein Radikal auf eine „einfachere“ Gleichung zurückzuführen.

Die „erste Methode“, die Theorie der Kreisteilungsperioden und ihrer Gleichungen, war anscheinend vor der erwähnten „zweiten Methode“ in großem Maße ausgebildet oder wurde von GAUSS eine Zeitlang parallel zur „zweiten Methode“ entwickelt. Jedenfalls dürfte mit der Eintragung Nr. 38 das Programm vorgelegen haben, dessen reife Detailausführung den siebenten Abschnitt der „Disquisitiones arithmeticae“ ausmacht. In diesem Zusammenhang ist bemerkenswert, welchen Grad von Allgemeinheit GAUSS seinen Untersuchungen a.a.O. zu geben verstand. Es sei nämlich n eine Primzahl und $n - 1 = \alpha\beta\gamma$ eine beliebige Zerlegung in natürliche Zahlen α, β, γ. Mit K_α bzw. $K_{\alpha\beta}$ bezeichnen wir den Körper zwischen $\mathbb{Q}$ und $\mathbb{Q}(\zeta_n)$ vom Grad α bzw. $\alpha\beta$. K_α und $K_{\alpha\beta}$ sind bei GAUSS implizit durch die Systeme der $\beta\gamma$- und γ-gliedrigen Kreisteilungsperioden gegeben (Vgl. [DA], artt. 350, 351, 360). Dann wird bis auf die Irreduzibilitätsaussagen de facto gezeigt: $K_{\alpha\beta}/K_\alpha$ ist eine zyklische Erweiterung und besitzt nach Adjunktion der β-ten Einheitswurzeln eine LAGRANGEsche Resolvente. In der neueren Literatur wurden die zu den Kreisteilungsperioden gehörigen LAGRANGEschen Resolventen z.B. von H. HASSE [3] (insbesondere § 20. Systematische Theorie der GAUSSschen Summen) umfassend untersucht.

Eine dritte Möglichkeit, die Notiz Nr. 38 zu deuten, besteht nach H. REICHARDT darin, von der Zerlegung

$$x^n - 1 = \prod_{d|n} \Phi_d(x)$$

auf die Zerlegung

$$\Phi_d(x) = \prod_{e|d} (x^e - 1)^{\mu\left(\frac{d}{e}\right)} = \frac{G_d(x)}{H_d(x)}$$

($\mu(..)$ = MÖBIUSsche μ-Funktion zu schließen, wie es schon GAUSS getan hatte ([GW] X/1, S. 116), allerdings in einer Schreibweise ohne die Benutzung der MÖBIUSschen μ-Funktion. Dabei sind die Bezeichnungen

$$G_d(x) = \prod_{\mu\left(\frac{d}{e}\right)=+1} (x^e - 1), \quad H_d(x) = \prod_{\mu\left(\frac{d}{e}\right)=-1} (x^e - 1)$$

benutzt. Die Polynome $G_d(x)$, $H_d(x)$ besitzen nun tatsächlich für jedes d gemeinsame Wurzeln, womit eine Deutung der „communes radices" gegeben wäre. Außerdem haben alle vorkommenden Polynome ganzzahlige und um so mehr rationale Koeffizienten.

Unbestritten stellt die Tagebuch-Eintragung Nr. 55 eine wichtige Bilanz dar. Sie lautet:

„[55.] Supplementum eximium ad polygonorum descriptionem inveni. Sc[ilicet], si $a, b, c, d, \ldots$ sint factores primi numeri primi p unitate truncati, tunc ad polygoni p laterum [descriptionem] nihil aliud requiri quam ut:
1°. arcus indefinitus in $a, b, c, d, \ldots$ partes secetur;
2°. ut polygona $a, b, c, d, \ldots$ laterum describantur.

Gotting[ae, 1797] Ianuar 19."

Die Übersetzung lautet:

„[55.] Zur Beschreibung der Polygone habe ich eine außerordentliche Ergänzung gefunden. Es wird nämlich, wenn $a, b, c, d, \ldots$ die Primfactoren der um 1 verminderten Primzahl p sind, [zur Beschreibung] des Polygons mit p Seiten nichts anderes benötigt als daß
1° ein gewisser Kreisbogen in $a, b, c, d, \ldots$ Teile zerlegt wird;
2° die Polygone mit $a, b, c, d, \ldots$ Seiten beschrieben werden.

Göttingen, 19. Jan. [1797]."

Zum Vergleich ziehe man die überraschend ähnlich formulierten Absätze von art. 360 in [DA] heran. Aus der Übersetzung von MASER ([HA], S. 434–437) zitieren wir:

„Es sei, wie immer im Vorhergehenden, n eine Primzahl [...] es ist klar, daß die Lösung der Gleichung $x^n - 1 = 0$ sogleich auf die Lösung einer reinen Gleichung $(n-1)$-ten Grades $x^{n-1} - T = 0$, wo T durch die Wurzeln der Gleichung $x^{n-1} - 1 = 0$ bestimmt wird, reduziert werden kann. Hieraus folgt mit Hilfe der eben gemachten Bemerkung, daß die Teilung des ganzen Kreises in n gleiche Teile erfordert: 1° die Teilung des ganzen Kreises in $(n-1)$ Teile; 2° die Teilung eines anderen Bogens, der nach Ausführung jener Teilung konstruiert werden kann, in $(n-1)$ Teile; 3° die Ausziehung einer einzigen Quadratwurzel, und zwar läßt sich zeigen, daß diese immer $\sqrt{n}$ ist."

Alles spricht dafür, daß es sich bei der Notiz Nr. 55 um die erste und schon recht präzise Formulierung derjenigen Einsichten handelt, die am Schluß von art. 360 der [DA] ausgesprochen und in dem nachgelassenen Fragment [UE] bewiesen sind. Im Original der oben zitierten Stelle aus [DA] steht „2° sectionem alius arcus", wobei „arcus" hier mit „Bogen" übersetzt ist und offenbar einen Kreisbogen vom Radius 1 bedeutet. Denn im vorangehenden Abschnitt des art. 360 sagt GAUSS:

„ita ut, praeter extractionem radicis quadraticae, ad solutionem *sola* sectio anguli requiratur";

in der Übersetzung:

„,so daß außer der Ausziehung einer Quadratwurzel zur Lösung [der Gleichung $x^{n-1} - T = 0$] eine *einzige* Teilung eines Winkels erforderlich ist ...".

m-Teilung eines Winkels ist gleichbedeutend mit dem Ausziehen einer m-ten Wurzel aus einer komplexen Zahl vom Betrag 1. Die Tagebuch-Notiz Nr. 55 besagt also offensichtlich sinngemäß: der Körper $\mathbb{Q}(\zeta_p)$ (p Primzahl) ist enthalten in einem Körper, der durch folgende Operationen entsteht: 1° Ausziehen der a-ten, b-ten, c-ten, d-ten ... Wurzel aus gewissen komplexen Zahlen vom Absolutbetrag 1; 2° Adjunktion der a-ten, b-ten, c-ten, d-ten ... Einheitswurzeln. Von GAUSS unerwähnt (gegenüber den [DA] loc. cit.) in der Tagebuchnotiz bleibt allerdings die Adjunktion von $\sqrt{p}$ (und die eventuelle Adjunktion von $\sqrt{-1}$, um $\sqrt{p^*}$ zu bekommen). Dies geschieht anscheinend deshalb, weil GAUSS schon verhältnismäßig lange wußte, daß nach (2) $\mathbb{Q}(\sqrt{p^*})$ in $\mathbb{Q}(\zeta_p)$ enthalten ist. Unseres Erachtens hatte GAUSS alle diese Resultate ursprünglich mit Hilfe der LAGRANGEschen Resolvente von $\Phi_p(x) = 0$ erhalten, d.h. mit Hilfe der Inklusion

$$\mathbb{Q}(\zeta_p) \subseteqq \mathbb{Q}\left(\zeta_{p-1}, \sqrt[p-1]{\omega}\right), \quad \omega \in \mathbb{Q}(\zeta_{p-1}). \tag{8}$$

Dabei hat die Resolvente

$$\tau = \sqrt[p-1]{\omega}$$

nach GAUSS [UE] = [GW] II, art 9, S. 250 = [HA], S. 637 den absoluten Betrag $\sqrt{p}$:

$$|\tau|^2 = p. \tag{9}$$

Unsere Deutung der Notiz Nr. 55 legt natürlich nahe, daß GAUSS am 19. Januar 1797 schon die Formel (9) gekannt hat. Einen Beweis von (9) siehe auch bei HASSE [3], § 20, 2. Die Adjunktion von ζ_{p-1} kann entsprechend der Primzerlegung von $(p - 1)$:

$p - 1 = \bar{a}.\bar{b}.\bar{c}.\bar{d}$ ... ($\bar{a}$ Potenz von a, $\bar{b}$ Potenz von b usw.)

durch die Adjunktion von $\zeta_{\bar{a}}, \zeta_{\bar{b}}, \ldots$, also durch die Adjunktion von $\zeta_a, \zeta_b, \ldots$ und (eventuell wiederholte) Anwendung der Operation 1° ersetzt werden.

Vergleichen wir diese Interpretation mit dem Kommentar von BACHMANN [*T*], S. 511f.! Dieser Autor schreibt:

„Hier ist jedenfalls Folgendes gemeint. Bedeuten wie im Texte $a, b, c, \ldots$ die Primteiler von $(p - 1)$ und setzt man

$p - 1 = aA,\ A = bB,\ B = cC, \ldots$

so bestimmen sich die A-gliedrigen Perioden nach der in art. 352 der [DA] entwickelten Methode durch eine Gleichung a-ten Grades, die durch Auflösung von $x^a = 1$ und Teilung eines gewissen Winkels in a gleiche Teile gelöst wird; darauf die B-gliedrigen Perioden durch eine Gleichung b-ten Grades, die durch Auflösung von $x^b = 1$ und Teilung eines gewissen Winkels in b gleiche Teile gelöst wird usw. ..."

Nur wenn man unter „Teilung eines gewissen Winkels in m gleiche Teile" das Ausziehen einer m-ten Wurzel aus einer gewissen komplexen Zahl (deren Betrag von 1 verschieden sein darf) versteht, kann man dieser Deutung zustimmen. Wir sind aber der Ansicht, daß die BACHMANNsche Deutung, die teils mehr, teils weniger als die von uns vorgeschlagene Deutung besagt, am ehesten auf die Tagebuchnotizen Nr. 65 und 66 zutrifft:

„[65.] Die zweite Ableitung der Theorie der Polygone habe ich verfeinert.

Göttingen, 17. Jul. [1797]"

„[66.] Durch beide Methoden kann gezeigt werden, daß nur reine Gleichungen gelöst zu werden brauchen. [Jul. 1797]“

(Vgl. [T'], S. 70; die dort angegebene Übersetzung von Nr. 66 bedarf einer Änderung.)

Auf jeden Fall kann man sich mit BACHMANN einverstanden erklären, wenn er bemerkt:

„Es scheint übrigens, daß GAUSS das Wesen dieser Methode [gemeint ist die Anwendung der LAGRANGEschen Resolventen auf die Lösung der Kreisteilungsgleichung. O. N.] schon erkannt hatte, als er die Tagebuchnotiz Nr. 55 schrieb. und daß es sich bei Nr. 65 nur mehr um die vollständige Durchführung handelte.“ ([*T*], S. 519)

Dagegen muß man A. LOEWY widersprechen, wenn er schreibt:

„Die Anwendung dei LAGRANGEschen Resolvente auf die Kreisteilungsgleichung ... ist erst in den Tagebuchnotizen Nr. 65 und 66 vom Juli 1797 angezeigt.“ ([T], S. 505)

Die Tagebuchnotizen Nr. 40 vom 9. Oktober 1796 und Nr. 136 vom 12. Juni 1808 drücken eindeutig die Einsicht in die Irreduzibilität von $\Phi_p(x)$ (p Primzahl) und $\Phi_n(x)$ (n beliebig) aus. Die Notiz Nr. 116 vom 6. April 1801 bezieht sich auf die Irreduzibilität der von GAUSS eingeführten Hilfsgleichungen der Kreisteilung. Mit den mutmaßlichen Originalbeweisen dieser Irreduzibilitätsaussagen und den verbleibenden Lücken hat sich LOEWY ([T], S. 556ff.) sehr eingehend beschäftigt, und zwar in einer Weise, der wir hier nichts hinzusetzen möchten.

Um die mathematische Diskussion abzuschließen, gehen wir noch auf eine Frage ein, die neues Licht auf die Notiz Nr. 55 wirft und die wir zunächst heuristisch vom Standpunkt der GALOIS-Theorie betrachten. Sei p eine Primzahl, q ein Primteiler von $(p-1)$. Wir setzen $\bar{q} :=$ die in $(p-1)$ steckende Potenz von q; $\check{q} := (p-1) \cdot \bar{q}^{-1}$. Der zyklische Körper $\mathbb{Q}(\zeta_p)$ ist dann entsprechend der Zerlegung von $\mathrm{Gal}(\mathbb{Q}(\zeta_p)/\mathbb{Q}) \cong \mathbb{Z}/(p-1)$ gleich dem Kompositum von zyklischen Körpern $K_{\bar{q}}$ der Absolutgrade $\bar{q}$, wobei q alle Primteiler von $(p-1)$ durchläuft. Dann gilt:

ζ_p ist eine rationale Funktion der $\check{q}$-gliedrigen Kreisteilungsperioden, wobei q alle Primteiler von $(p-1)$ durchläuft. (10)

Diese Aussage enthält nur Begriffe, die GAUSS 1796/97 schon zur Verfügung standen. Hier erhebt sich die Frage: Hat GAUSS die Behauptung (10) schon gekannt? In GAUSS' Werken scheint es keinen Hinweis auf eine bejahende Antwort zu geben. Es ist aber interessant, daß man für eine Abschwächung von (10) einen Beweis mit GAUSSschen Mitteln rekonstruieren kann. Dabei handelt es sich um die Behauptung

ζ_p ist eine rationale Funktion der $\check{q}$-gliedrigen Kreisteilungsperioden (q durchläuft alle Primteiler von $(p-1)$) und der $(p-1)$-ten Einheitswurzeln. (11)

Man geht zuerst zu den LAGRANGEschen Resolventen der Kreisteilungsperioden über. Im Anschluß an HASSE [3], § 20, bezeichnen wir mit χ einen Restklassencharakter mit dem Führer p und setzen

$$\tau(\chi) = \sum_{\substack{a \bmod p \\ (a,p)=1}} \chi(a) \cdot \zeta_p^a$$

(zum Charakter χ gehörige GAUSSsche Summe). Wenn χ die Ordnung k hat und K_k der (zyklische) Teilkörper in $\mathbb{Q}(\zeta_p)$ vom Grad k ist, dann haben wir

$$\mathbb{Q}(\zeta_k) \cdot K_k = \mathbb{Q}(\zeta_k)\,(\tau(\chi)), \tag{12}$$

und $\tau(\chi)$ genügt einer über $Q(\zeta_k)$ irreduziblen reinen Gleichung k-ten Grades

$$\tau(\chi)^k = \omega(\chi) \in Q(\zeta_k). \tag{13}$$

Die Gleichung (13) war GAUSS bekannt (vgl. [UE]). Jeden Charakter χ der Ordnung $(p - 1)$ kann man bekanntlich aufspalten in ein Produkt von Charakteren der Ordnungen $\bar{q}$, wobei q, $\bar{q}$ die oben angegebene Bedeutung haben:

$$\chi = \prod_{q|(p-1)} \chi_{\bar{q}} \tag{14}$$

Man kann nun zeigen, daß

$$\tau(\chi) = \prod_{q|(p-1)} \tau(\chi_{\bar{q}}) \text{ mal Faktor aus } Q(\zeta_{p-1}) \tag{15}$$

(vgl. HASSE [3], § 20.4 (VIII)). Auch diese Tatsache war GAUSS bekannt, weil er die zugrundeliegenden expliziten Formeln für die Faktoren

$$\frac{\tau(\chi_1) \cdot \tau(\chi_2)}{\tau(\chi_1 \cdot \chi_2)}$$

(χ_1, χ_2 beliebige Charaktere) besaß (s. [UE], art. 11, p. 252 = [HA], S. 639f.). Wenn man berücksichtigt, daß sich ζ_p sehr einfach mit Hilfe der $\tau(\chi)$ ausdrückt, dann sieht man: GAUSS hätte sehr wohl die Behauptung (11) ausrechnen können. Die Anwendung der LAGRANGEschen Resolventen jeweils auf die einzelnen Körper $K_{\bar{q}}$ liefert von neuem den Inhalt der Tagebuchnotiz Nr. 55. Diese Einordnung von Nr. 55 in die Gesamtheit GAUSSscher Gedankengänge darf man aber schwerlich deren ursprünglicher Herleitung gleichsetzen. Einer solchen Gleichsetzung widersprechen schon chronologische Gründe.

Abschließend ergreifen wir die Gelegenheit, auf ein Versehen in [T] (und in [T']) aufmerksam zu machen. Die Tagebuchnotiz Nr. 27 lautet im Original:

„[27.] Si P, Q functiones alg[ebraicae] quantitatis indeterminatae fuerint inc. Datur:
$tP + uQ = 1$
in algebra tum speciata tum numerica. 1796 Aug. 19. G.[ottingae]"

Unter „functiones algebraicae quantitatis indeterminatae" sind ganz offensichtlich Polynome in einer Variablen zu verstehen, und die Relation $tP + uQ = 1$ deutet darauf hin, daß P, Q als zueinander teilerfremd vorausgesetzt werden. Die Abkürzung „inc." ist dann sachgemäß als „zueinander teilerfremd" zu übersetzen und wahrscheinlich mit „incommensurabiles" (oder „incomparabiles"?) zu entziffern, auf keinen Fall aber als „incognitae" wie in [T] und [T'] zu lesen. Die Lesart „incommensurabiles" wird durch die geometrische Deutung des euklidischen Algorithmus (durch Streckenabtragung), durch den Gebrauch von „mensura" in der Notiz Nr. 4 und durch die Verbform „metietur" (als „wird geteilt") in der Notiz Nr. 69 gestützt.

Die Eintragungen des Tagebuchs zeigen, in welch staunenswertem Tempo GAUSS von Entdeckung zu Entdeckung eilte. Sein überwältigender Ideenreichtum ist das breite Fundament, auf dem sich die „Disquisitiones arithmeticae" erheben. Die wirkliche Weiterentwicklung der Ideen der „Disquisitiones arithmeticae" (außer durch GAUSS selbst) setzte allerdings erst durch das Werk solcher Mathematiker wie N. H. ABEL (1802–1829), C. G. J. JACOBI (1804–1851), P. G. LEJEUNE-DIRICHLET (1805–1859), E. E. KUMMER (1810–1893) und E. GALOIS (1811–1832) ein. Daß aber GAUSS' Kreisteilungstheorie auch über den engeren Kreis der Fachgenossen hinaus als Errungenschaft ersten Ranges von den Zeitgenossen gewürdigt wurde, kann z. B. durch ein Zitat aus der „Wissenschaft der Logik" (1. Aufl. 1816, 3. Aufl. 1834) des Philosophen G. W. F. HEGEL (1770–1831) belegt werden:

„So ist die Auflösung der Gleichung $x^m - 1 = 0$ mit Hülfe der Sinus, auch die immanente bekanntlich durch GAUSS gefundene algebraische Auflösung mit Hülfe der Betrachtung des Residuums von $x^{m-1} - 1$ durch m dividiert, und der sogenannten primitiven Wurzeln, — eine der wichtigsten Erweiterungen der Analysis der neueren Zeit, — eine synthetische Auflösung, weil die zu Hülfe genommenen Bestimmungen, die Sinus oder die Betrachtung der Residuen, nicht eine Bestimmung der Aufgabe selbst ist." (Zitiert nach dem Nachdruck der 3. Aufl. Stuttgart 1949, S. 286)

(*Anmerkung*: HEGEL meint mit dem „Residuum von $x^{m-1} - 1$ durch m dividiert" folgendes: m wird hier wie z. B. in [DA] art. 350 als Primzahl vorausgesetzt; „Residuum" ist die Restklasse modulo m (vgl. die GAUSSsche Bezeichnung „Analysis Residuorum" für die Theorie der Kongruenzen!); die Lösungen der Kongruenz $x^{m-1} - 1 \equiv 0 \pmod{m}$ sind gerade die primen Restklassen modulo m, auf deren Struktur es bei der Untersuchung der primitiven m-ten Einheitswurzel ankommt.)

Literatur

I. Schriften von C. F. GAUSS

[GW] Werke. Band I—XII. Herausgegeben von der Gesellschaft der Wissenschaften zu Göttingen. 1863—1933.

[HA] Untersuchungen über höhere Arithmetik von C. F. GAUSS. Deutsch herausgegeben von H. MASER. Berlin 1889. Unveränderter Nachdruck Bronx, New York, 1965.

[DA] Disquisitiones arithmeticae Leipzig 1801
= [GW] I (2. Aufl. 1870), S. 1—463,
= [HA], Arithmetische Untersuchungen. S. 1—453.

[UE] Disquisitionum circa aequationes puras ulterior evolutio [nach R. DEDEKIND auf 1808 zu datieren]
= [GW] II (2. Aufl. 1867), S. 243—265,
= [HA], Weitere Entwicklung der Untersuchungen über die reinen Gleichungen. S. 630—652.

[SO] Sectio octava. Quarundam disquisitionum ad circuli sectionem pertinentium uberior consideratio
= [GW] II (2. Aufl. 1867), S. 510—514
= [HA], Achter Abschnitt. Eingehendere Betrachtung gewisser auf die Kreisteilung bezüglicher Untersuchungen. S. 678—682.

[T] Abdruck des Gaussschen Tagebuchs (Notizenjournals) mit Erläuterungen. In: [GW] X/1 (1917), S. 483—574.

[T'] Mathematisches Tagebuch 1796—1814. Mit einer historischen Einführung von K.-R. BIERMANN. Ins Deutsche übertragen von E. SCHUHMANN. Durchgesehen und mit Anmerkungen versehen von H. WUSSING. OSTWALDS Klassiker der exakten Wissenschaften Band 256. Leipzig 1976.

[S] Übersicht der Gründe der Constructibilität des Siebenzehnecks. Archiv der Kaiserl. Akad. d. Wiss. St. Petersburg 1801. Ins Russische übertragen von M. V. KRUTIKOVA. Veröffentlicht und mit Anmerkungen versehen von E. P. OŽIGOVA. Istoriko-matem. issledov. XXI (1976), 285—291.

II. Schriften anderer Autoren

[1] BACHMANN, P., Über Gauss' zahlentheoretische Arbeiten. In: [GW] X/2 (1917), S. 1—69.

[2] LEJEUNE DIRICHLET P. G., Vorlesungen über Zahlentheorie. Herausgegeben und mit Anmerkungen versehen von R. DEDEKIND. 3. Auflage. Braunschweig 1879.

[3] HASSE, H., Vorlesungen über Zahlentheorie. Berlin-Göttingen-Heidelberg 1950.

[4] KOCHENDÖRFFER, R., Gauss' algebraische Arbeiten. In: [5], S. 79—91.

[5] REICHARDT, H. (Hrsg.), C. F. GAUSS. Gedenkband anläßlich des 100. Todestages am 23. Februar 1955. Leipzig 1957.

[6] RIEGER, G. J., Die Zahlentheorie bei Gauss. In: [5], S. 37—77.

III. Wörterbücher

[7] FORCELLINI, A., Totius latinitatis Lexicon ed. VINC. DE-VIT. Prato 1859—1879.

[8] SOUTER, A., A Glossary of Later Latin to 600 A. D. Oxford 1949.

[9] Mittellateinisches Wörterbuch bis zum ausgehenden 13. Jahrhundert. Berlin 1967—1976.

[10] Thesaurus linguae latinae. Leipzig 1900—1976.

Hans Wussing
Prof. Dr. sc., Nationalkomitee für Geschichte und Philosophie der Wissenschaften, DDR, Leipzig

Carl Friedrich Gauss – Leben und Wirken[1])

I.

Die Zeitgenossen bereits verliehen Gauss den Ehrennamen „Mathematicorum princeps". Sein wissenschaftliches Lebenswerk galt bereits zur Mitte des 19. Jahrhunderts als ein Monument gedanklicher Tiefe, mathematischer Erfindungskraft und naturwissenschaftlichen Forschergeistes.

Gauss starb am 23. Februar 1855. Ein Jahr nur nach seinem Tode widmete der Göttinger Professor der Mineralogie und Geologie, Sartorius Freiherr von Waltershausen (1809–1876) seinem Freunde eine erste Biographie, „Gauss zum Gedächtnis"; dort heißt es unter anderem:[2])

„Gauss war ein Mann von eisernem Character, der auch nur kräftigere Charactere hochachten konnte; alle unsteten unentschlossenen Lebensrichtungen, alles halbe Wesen so vieler Menschen war ihm durchaus zuwider. Sein eigentlicher, allen anderen Zwecken vorangehender Lebensplan, bestand in der Verkörperung seiner grossen wissenschaftlichen Ideen, in dem beharrlichen Streben die exacten Wissenschaften des 19. Jahrhunderts einem neuen Aufschwung einer neuen Vollendung entgegenzuführen. Während jeder andere Zweck des Daseins ihm nur als untergeordnet erschien, wurde dieser mit unbeschreiblicher Energie verfolgt. Bei der Durchführung dieser grossen Aufgabe wurde er von einer Willens- und Arbeitskraft beseelt, wie sie einem Sterblichen nur selten in ähnlicher Weise beschieden sein dürfte; er konnte daher wahrhaft Herculische Arbeiten in verhältnismäßig kurzer Zeit bewältigen. Die innige Verbindung dieser besonderen Anlagen mit jenem göttlichen Genie und einer fast bis zu seinen letzten Jahren kräftigen Gesundheit hat jene bewunderungswürdigen Schöpfungen hervorgebracht, welche unser Jahrhundert erkennt und welche die Nachwelt dankbar verehren wird." (Sartorius von Waltershausen: Gauss zum Gedächtnis. Leipzig 1856, S. 95/96)

In diesen Zeilen, niedergeschrieben noch unmittelbar unter dem Eindruck des lebenden Gauss, drücken sich nahezu grenzenlose Bewunderung für dessen wissenschaftliche Leistung ebenso aus wie, indirekt, ein Gefühl der Unüberbrückbarkeit des Abstandes eines gewöhnlichen Sterblichen zu dem auf dem Olymp der Wissenschaften thronenden Gauss.

Bereits zu Lebzeiten stand Gauss in dem Rufe, noch weit mehr entdeckt als veröffentlicht zu haben, getreu einem seiner Leitsprüche „Pauca sed matura". Spätere Nachforschungen im Nachlaß und insbesondere die Wiederauffindung seines mathematischen Tagebuches bestätigten die Vermutungen und zeigten das Bild eines Mathematikers, der auf fast allen Gebieten damaliger Mathematik Epochemachendes und Grundlegendes schuf und eines Naturforschers, der in Astronomie, Geodäsie und Physik Bleibendes und Wesentliches beigesteuert hat.

[1]) Vortrag, gehalten bei der Verleihung des Namens Carl Friedrich Gauss an die EOS „Spezialschule physikalisch/technische Richtung" in Frankfurt/O. am 30. 4. 1977.
[2]) Vergleiche hierzu auch die Ausführungen von Biermann, dieser Band S. 39–49.

Aus gesichertem historischem Abstand vermögen wir heute diese Einschätzung, die GAUSS unter die bedeutendsten Mathematiker der Menschheitsgeschichte einordnet, nur zu bestätigen und zu bekräftigen. Die von GAUSS in den Gang der Geschichte der Mathematik eingebrachten Ideen, Methoden und Ergebnisse sind unverlierbarer Bestandteil heutiger Mathematik geworden. Einiges wirkt sogar noch heute anregend und befruchtend auf deren weitere Entwicklung. Die 200. Wiederkehr seines Geburtstages am 30. April 1977 und die damit verbundenen Würdigungen für GAUSS in der DDR seien uns Anlaß, auf Leben und Wirken eines der ganz Großen in der Entwicklungsgeschichte der Wissenschaften zurückzublicken und sein wissenschaftliches Werk als Vermächtnis an uns und an die nach uns Kommenden zu würdigen.

II.

Die Stationen des äußeren Lebens von GAUSS kennzeichnen die Stellung eines Gelehrten in der Übergangsperiode vom Feudalabsolutismus zum Kapitalismus. Typisch war die lebenslange Abhängigkeit von einem Fürsten, bei GAUSS zunächst von einem mittelkleinen Vertreter deutscher Kleinstaaterei, später vom König von England und Hannover. Typisch war es auch, daß eine Universität ihm zur wissenschaftlichen Heimat wurde; seine Berufsstellung als Direktor der Göttinger Universitätssternwarte, also eine Tätigkeit als Astronom, ließ ihm Spielraum für ein weites Feld wissenschaftlicher Tätigkeit eigener Wahl. Hinzu kam noch die relativ geringe Vorlesungstätigkeit und die kleine Zahl seiner Schüler und Studenten.

Untypisch aber war es, daß GAUSS als Kind des Volkes der Weg zur höheren Bildung und zum Studium geebnet wurde, durch einsichtsvolle Lehrer und Förderer, auf deren Zureden hin der damalige Herzog von Braunschweig finanzielle Mittel für die Ausbildung des ihm untertanen Wunderkindes bereitstellte. Viele andere Talente aber, die wie GAUSS aus bescheidenen sozialen Verhältnissen stammten, konnten sich unter den damaligen gesellschaftlichen Bedingungen nicht entfalten.

Es veranschaulicht nur die Situation, daß GAUSS' Mutter, eine Dienstmagd, nie eine Schulbildung hatte erhalten können; sie konnte nicht schreiben und nur ein wenig lesen. Der Vater hat eine Reihe von Berufen ausgeübt und war unter anderem als Gassenschlächter, Gärtner und Maurer tätig.

GAUSS pflegte später scherzend zu erzählen, daß er eher rechnen als sprechen gelernt habe; eine Anekdote berichtet glaubhaft, der Dreijährige schon habe einen Fehler seines Vaters bei Lohnabrechnungen bemerkt. Ähnlich erstaunlich ist die andere verbürgte Geschichte, daß der siebenjährige Elementarschüler selbständig das Bildungsgesetz zur Summation arithmetischer Reihen gefunden hat. Das führte zur Entdeckung des Talentes von GAUSS durch den Lehrer BÜTTNER und zur Förderung durch den damaligen Lehrergehilfen J. CHR. M. BARTELS (1769—1836), der später zum Professor der Mathematik in Kasan und Dorpat (Tartu) aufsteigen sollte.

Im Jahre 1788 gelangte GAUSS durch Fürsprache von BÜTTNER und BARTELS auf das Gymnasium, 1792 auf das sog. Collegium Carolinum, eine technisch orientierte Institution zur Ausbildung von Offizieren, Architekten, Ingenieuren, Kaufleuten und Landwirten; aus dem Collegium Carolinum ist später eine Technische Hochschule hervorgegangen. Gerade dort erfuhr der heranwachsende Jüngling GAUSS die vielleicht entscheidende Förderung durch den dort wirkenden Professor E. A. W. ZIMMERMANN (1743—1815) für theoretische Mathematik und Naturlehre. ZIMMERMANN vermittelte

1796 auch die erste wissenschaftliche Publikation von Gauss, die über die Konstruierbarkeit des 17-Ecks.

„Neue Entdeckungen

Es ist jedem Anfänger der Geometrie bekannt, daß verschiedene ordentliche Vielecke, namentlich das Dreyeck, Fünfeck, Fünfzehneck, und die, welche durch wiederholte Verdoppelung der Seitenzahl eines derselben entstehen, sich geometrisch construiren lassen. So weit war man schon zu Euklids Zeit, und es scheint, man habe sich seitdem allgemein überredet, daß das Gebiet der Elementargeometrie sich nicht weiter erstrecke: wenigstens kenne ich keinen geglückten Versuch, ihre Grenzen auf dieser Seite zu erweitern. Desto mehr dünkt mich, verdient die Entdeckung Aufmerksamkeit, dass ausser jenen ordentlichen Vielecken noch eine Menge anderer, z. B. das Siebzehneck, einer geometrischen Construction fähig ist. Diese Entdeckung ist eigentlich nur ein Corollarium einer noch nicht ganz vollendeten Theorie von grösserm Umfange, und sie soll, sobald diese ihre Vollendung erhalten hat, dem Publicum vorgelegt werden.

C. F. Gauss, a. Braunschweig
Stud. der Mathematik zu Göttingen

Es verdient angemerkt zu werden, dass Hr. Gauss jetzt in seinem 18ten Jahre steht, und sich hier in Braunschweig mit eben so glücklichem Erfolge der Philosophie und der classischen Litteratur gewidmet hat.
Den 18. April 96

E. A. W. Zimmermann, Prof.“
(Gauss, Werke, Bd. X, 1, S. 3)

Zu diesem Zeitpunkt, seit dem Herbst des vergangenen Jahres 1795, studierte Gauss in Göttingen. Erst unter dem Eindruck der im Frühjahr 1796 gemachten Entdeckung der 17-Teilung des Kreises mit Zirkel und Lineal entschloß er sich zur Mathematik als Studienfach; bis dahin hatte er auch klassische Philologie in Erwägung gezogen und durfte auch auf diesem Gebiet als überragend begabt gelten, Gauss blieb Zeit seines Lebens seinen philologischen Neigungen treu: Neben Latein, in dem ein Großteil seiner Arbeiten niedergelegt ist, heherrschte er aktiv die französische, englische und russische Sprache. Darüber hinaus las er dänische, schwedische, spanische und italienische Literatur ohne Schwierigkeiten in der Originalsprache.

Übrigens begann Gauss mit dem dem Tage der Entdeckung folgenden Tage, dem 30. März 1796, sein wissenschaftliches Tagebuch. Die erste Eintragung lautet:

„Principia quibus innititur sectio circuli, ac divisibilitatis eiusdem geometrica in septemdecim partes etc.“ Zu deutsch heißt das: „Die Grundsätze, auf die sich die Teilung des Kreises stützt, und seine Zerlegung in 17 Teile usw.“

Gerade das Tagebuch der Jahre zwischen 1796 und 1814 — in diesen Zeitraum fällt die Göttinger Studienzeit und der nachfolgende Aufenthalt in Braunschweig als Privatgelehrter mit herzoglicher finanzieller Unterstützung — zeigt die Fülle der auf Gauss in dichter Folge einströmenden neuen Ideen sehr deutlich. In die Studienzeit fällt auch der Beginn der lebenslangen Freundschaft mit dem siebenbürgisch-ungarischen Mathematiker Wolfgang (Farkas) Bolyai von Bolyai (1775—1856), dessen Sohn Johann (Janos) von Bolyai (1802—1860) neben N. I. Lobačevskij (1792—1856) und Gauss zu einem der selbständigen Entdecker und Begründer der nichteuklidischen Geometrie werden sollte.

Gauss hatte sich für Göttingen als Studienort entschieden wegen der dortigen hervorragenden Bibliothek. Für die Stätte der Promotion aber wünschte der Herzog die Landesuniversität, nämlich Helmstedt; und so promovierte Gauss am 16. Juli 1799 bei dem vielleicht bedeutendsten deutschen Mathematiker der Generation vor Gauss, bei J. FR. PFAFF (1765–1825), mit einer hervorragenden Dissertation, die den ersten lückenlosen und strengen Beweis des Fundamentalsatzes der Algebra zum Gegenstand hatte.

Die Eroberungskriege NAPOLEONS I. beeinflußten indirekt ganz entscheidend den Lebensweg von GAUSS. Als in der Doppelschlacht von Jena und Auerstädt 1806 das feudal-absolutistische Peußen militärisch zusammenbrach, und der mit Preußen verbündete braunschweigische Herzog tödliche Verletzungen erlitt, erlosch auch die GAUSS gewährte materielle Unterstützung. Er nahm daher 1807 eine ihm schon 1804 angebotene Berufung als Professor der Astronomie und Direktor der Sternwarte nach Göttingen an und blieb dieser Universität bis an sein Lebensende treu, obgleich er ehrenvolle Berufungen u.a. nach St. Petersburg (Leningrad) und Dorpat (Tartu) erhielt. Insbesondere schlug er eine Berufung nach Berlin aus, wo einige Jahre ernsthafte Pläne zur Errichtung einer polytechnischen Schule nach Pariser und Prager Vorbild erwogen wurden, die indessen nach der endgültigen Absage von GAUSS einschliefen. Der Bau der neuen Sternwarte in Göttingen verzögerte sich allerdings wegen der durch die Napoleonischen Kriege verursachten finanziellen Schwierigkeiten; erst im Herbst 1816 bezog GAUSS seine Dienstwohnung in der Sternwarte vor den Toren Göttingens.

Der alternde GAUSS insbesondere galt als unnahbar und verschlossen, auch im Umgang mit Fachkollegen. Er war gewiß spröde im Verhältnis zu Menschen, die er nicht näher kannte. Doch in seinen Briefen an Freunde, zumal aus seiner Jugendzeit, tritt uns ein Mensch entgegen, der starker Freuden und echter Gefühle fähig war und schwer unter persönlichen Schicksalsschlägen gelitten hat. Der plötzliche unerwartete Verlust (1809) seiner ersten Frau Johanna, der er in tiefer Liebe zugetan war, hat GAUSS schwer getroffen; seine zweite Frau starb nach langen Jahren schweren Leidens an Lungentuberkulose. Aus beiden Ehen gingen fünf erwachsene Kinder hervor; zwischen GAUSS und dem Sohn Eugen kam es zu schweren Zerwürfnissen. Im Alter wurde GAUSS von der ihm sehr nahestehenden Tochter Therese aus zweiter Ehe liebevoll betreut.

In jener letzten Lebensphase fand GAUSS in B. RIEMANN (1826–1866) und R. DEDEKIND (1831–1919) noch zwei Schüler, die ihrerseits Entscheidendes zum Fortschritt der Mathematik im 19. Jahrhundert beigetragen haben, Von DEDEKIND stammt übrigens die nachfolgende plastische Schilderung des Lehrstils von GAUSS:

„GAUSS trug ein leichtes schwarzes Käppchen, einen ziemlich langen braunen Gehrock, graue Beinkleider. Er saß meist in bequemer Haltung, etwas gebeugt vor sich niedersehend, mit über den Leib gefalteten Händen. Er sprach ganz frei, sehr deutlich, einfach und schlicht. Wenn er aber einen neuen Gesichtspunkt hervorheben wollte, wobei er ein besonderes charakteristisches Wort gebrauchte, so erhob er wohl plötzlich den Kopf, wandte sich zu seinem Nachbarn und blickte ihn während der nachdrücklichen Rede ernst mit seinen schönen, durchdringenden blauen Augen an. Das war unvergeßlich ... Ging er von einer prinzipiellen Erörterung zur Entwicklung mathematischer Formeln über, so erhob er sich, und in stattlicher, ganz aufrechter Haltung schrieb er an einer neben ihm stehenden Tafel mit der ihm eigenen Handschrift, wobei es ihm immer durch Sparsamkeit und zweckmäßige Anordnung gelang, mit dem ziemlich kleinen Raume auszukommen. Für die Zahlenbeispiele, auf deren sorgfältige Durchführung er besonderen Wert legte, brachte er die erforderlichen Daten auf kleinen Zetteln mit.“ (R. DEDEKIND. Gesammelte Werke, Bd. 2, Braunschweig 1931, S. 294)

III.

GAUSS ist fünf Jahrzehnte wissenschaftlich produktiv gewesen, eine ungewöhnlich lange Zeit. Es ist hier kaum möglich, das wissenschaftliche Werk in seiner ganzen Tiefe und Breite zu würdigen. Daher seien einige Aspekte besonders hervorgehoben, während andere nur angedeutet werden können oder sogar ganz vernachlässigt werden müssen.

Der Jüngling bereits stieß in mathematisches Neuland vor oder wiederholte aus eigener Kraft Entdeckungen, die vor ihm von den bedeutendsten Mathematikern des 18. Jahrhunderts, u.a. von L. EULER (1707—1783), J. L. LAGRANGE (1736—1812) und A. M. LEGENDRE (1752—1833) gemacht worden waren. An Hand des Tagebuches und aus Korrespondenzen lassen sich diese frühen GAUSSschen Entdeckungen sogar ziemlich genau datieren.

Bereits 1791 beschäftigte er sich mit dem arithmetisch-geometrischen Mittel; 1799 entdeckte er den Zusammenhang zum allgemeinen elliptischen Integral 1. Gattung. Dies mündete ganz rasch danach in eine allgemeine Theorie der elliptischen Funktionen, die GAUSS jedoch nie publizierte; erst ein Vierteljahrhundert später wurde sie durch N. H. ABEL (1802—1829) und C. G. J. JACOBI (1804—1851) abermals aufgebaut und zum Gemeingut der Mathematiker.

Bereits 1792 (oder 1793) fand GAUSS im Integrallogarithmus eine asymptotische Annäherung für die unterhalb einer gewissen Schranke gelegenen Primzahlen. Um eben diese Zeit begann GAUSS über die Grundlagen der Geometrie nachzudenken. Schon 1794 kannte und beherrschte er die Methode der kleinsten Quadrate zum Fehlerausgleich. Mit dem Jahre 1795 setzte eine Serie zahlentheoretischer Entdeckungen ein, die ihren ersten Höhepunkt in der Entdeckung des quadratischen Reziprozitätsgesetzes erreichte.

Die im März 1796 als junger Student gemachte Entdeckung, daß sich auch das 17-Eck mit Zirkel und Lineal konstruieren läßt, mündete in die umfassendere Theorie der Kreisteilung ein, d.h. in die Angabe aller mit Zirkel und Lineal konstruierbaren n-Ecke. Inhaltlich und methodisch wurde sie später sogar zum Vorbild für die allgemeine Auflösungstheorie algebraischer Gleichungen, wie sie von ABEL und E. GALOIS (1811—1832) geschaffen wurde.

Bei dem ersten Beweis — GAUSS hat 1815, 1816 und 1849 noch drei weitere Beweise gegeben — des Fundamentalsatzes der Algebra, dem Gegenstand seiner Dissertation, hat GAUSS den expliziten Gebrauch komplexer Zahlen noch vermieden, weil sie noch immer auf Unverständnis stießen. Frühere Formen der geometrischen Interpretation komplexer Zahlen, wie sie durch den norwegischen Geodäten C. WESSEL (1745—1818) und den Franzosen J. R. ARGAND (1768—1822) veröffentlicht worden waren, waren weitgehend unbekannt geblieben. Erst durch die Autorität von GAUSS erhielten die komplexen Zahlen volles Heimatrecht in der Mathematik. Im Jahre 1831 schlug GAUSS jene geometrische Veranschaulichung der komplexen Zahlen vor, die wir heute als GAUSSsche Zahlenebene bezeichnen. Dabei hob er hervor, daß „... die Arithmetik der complexen Zahlen der anschaulichsten Versinnlichung fähig“ sei und daß die reellen Zahlen nur eine „Unterart“ der komplexen darstellen. Schließlich fügt er hinzu:

> „Wir haben geglaubt, den Freunden der Mathematik durch diese kurze Darstellung der Hauptmomente einer neuen Theorie der sogenannten imaginären Grössen einen Dienst zu erweisen. Hat man diesen Gegenstand bisher aus einem falschen Gesichtspunkt betrachtet und eine geheimnisvolle Dunkelheit dabei gefunden, so ist dies grossentheils den wenig schicklichen Benennungen zuzuschreiben. Hätte man $+1$, -1, $\sqrt{-1}$ nicht positive, negative, imaginäre (oder gar unmögliche) Einheit, sondern directe, inverse, laterale Einheit genannt, so hätte von einer solchen Dunkelheit kaum die Rede sein können.“ (GAUSS, Werke, Bd. II, S. 177/178).

Bis zu einem gewissen Grade stellen die 1801 erschienenen „Disquisitiones arithmeticae“ den Abschluß der ersten mathematischen Schaffensperiode von GAUSS dar. Dort findet sich, in dem bewunderungswürdigen Werk eines etwa Zwanzigjährigen, neben der Kreisteilungstheorie eine Theorie der quadratischen Formen, die u.a. — nach moderner Terminologie — in impliziter Form eine Theorie kommutativer Gruppen enthält. Und schließlich enthalten die „Disquisitiones“ eine detaillierte Darstellung der Theorie der Kongruenzen; GAUSS selbst führte die Bezeichnung ≡ für diese grundlegende Äquivalenzrelation ein.

Mit den „Disquisitiones“ rückte GAUSS fast mit einem Schlage unter die führenden Mathematiker auf. Die Zahlentheorie selbst, bisher eine Sammlung von vielen zerstreuten, wenn auch teilweise sehr tiefliegenden Einzelergebnissen, wurde zu einer selbständigen zusammenhängenden mathematischen Disziplin.

IV.

Um die Jahrhundertwende, noch bevor die „Disquisitiones“ im Druck vorlagen, vollzog GAUSS eine Art Umorientierung seiner wissenschaftlichen Hauptinteressen, die Hinwendung zur Astronomie. Der Anlaß war eines GAUSS würdig: In der Neujahrsnacht des 1. Januar 1801 hatte der italienische Astronom G. PIAZZI (1746—1826) aus Palermo einen sich bewegenden Himmelskörper — einen Planetoiden, wie sich herausstellen sollte — entdeckt, aber nur kurze Zeit beobachten können. GAUSS machte sich an die sehr schwierige Aufgabe, die Bahn des Ceres genannten Körpers aus den wenigen bekannten Beobachtungsdaten zu berechnen. Tatsächlich konnte Ceres fast genau an der von GAUSS berechneten Stelle wiedergefunden werden. GAUSS hatte, unter Annahme einer elliptischen Bahn, Näherungsverfahren angewandt, die auf der Methode der kleinsten Quadrate und dem damit zusammenhängenden Fehlerverteilungsgesetz beruhen. Diese prinzipiell neuen und sehr weitreichenden Methoden publizierte GAUSS in dem 1809 erschienenen schrittmachenden Werk „Theoria motus corporum coelestium ...“, das man gelegentlich als Gesetzbuch der rechnenden Astronomie bezeichnet hat.

Im astronomischen Zusammenhang wandte sich GAUSS auch Reihenuntersuchungen zu, da bei Störungsrechnungen Reihenentwicklungen auftreten, deren Konvergenzverhalten abzuschätzen ist. In einem unvollendet gebliebenen Artikel vom Jahre 1800 über „grundlegende Konzeptionen der Prinzipien der Reihenlehre“ formulierte er den ganz modernen strengen Grenzwertbegriff, zeitlich vor B. BOLZANO (1781—1848) und A. L. CAUCHY (1789—1857).

Der bedeutendste Einzelbeitrag von GAUSS zur Reihenlehre bestand in der Untersuchung (1813) der heute „hypergeometrisch“ genannten Reihe.

Auch mit Funktionentheorie, d.h. mit Funktionen komplexer Variabler hat sich GAUSS befaßt und gelangte schon 1811 zum Hauptsatz der Funktionentheorie, den CAUCHY, nach dem er im allgemeinen benannt wird, erst 1825 bekannt gemacht hat.

V.

Auch die Geometrie gehört zu jenen Arbeitsgebieten, die das Lebenswerk von GAUSS geprägt haben. Neben Differentialgeometrie und konformer Abbildung hat sich GAUSS insbesondere um die Begründung der nichteuklidischen Geometrie verdient gemacht.

Das fünfte Euklidische Postulat der Geometrie war schon seit der Antike Gegenstand von Beweisversuchen gewesen, schien es doch, gemessen an den anderen vier, zusammengesetzter Art zu sein. Doch bei allem Bemühen, diesen „Makel des Euklid“ zu beseitigen, war im Grunde bis zum Ende des 18. Jahrhunderts nur erkannt worden, daß das fünfte Postulat bezüglich des Aufbaues der Euklidischen Geometrie mit einer Reihe anderer Grundannahmen äquivalent ist.

Bei der Wahl jedoch eines nicht äquivalenten Postulates entsteht — wie wir heute wissen — zwar ebenfalls eine in sich richtige, einwandfreie, aber eben eine nichteuklidische Geometrie. Am Ausgang des 18. Jahrhunderts schien dies jedoch völlig unsinnig, weil die geometrischen Sachverhalte dann von den vertrauten räumlichen Erfahrungen abweichen. Es gab damals noch keine begriffliche Unterscheidung zwischen Geometrie als mathematischer Disziplin und einer „Raumwissenschaft" im Sinn einer Wissenschaft vom objektiv existierenden, physikalischen Raum.

GAUSS hat den sehr kühnen erkenntnistheoretischen Vorstoß in Richtung einer Unterscheidung zwischen Geometrie und Raum wohl schon 1792 getan. Nach einem ersten Schritt — der Überzeugung von der Nichtbeweisbarkeit des Parallelenpostulates — gelangte GAUSS erst nach langem gedanklichem Ringen um 1815/16 zur vollen Einsicht in den inneren Zusammenhang zwischen der euklidischen und der nichteuklidischen Geometrie. Auch die nichteuklidischen Geometrien sind mathematisch richtig; über die wirkliche Struktur des Raumes müssen Erfahrung, Experiment und damit Physik und Astronomie entscheiden. GAUSS drückte dies 1817 so aus:

„Ich komme immer mehr zu der Überzeugung, daß die Notwendigkeit unserer Geometrie nicht bewiesen werden kann, wenigstens nicht vom menschlichen Verstand. Vielleicht kommen wir in einem anderen Leben zu anderen Einsichten in das Wesen des Raums, die uns jetzt unerreichbar sind. Bis dahin muß man die Geometrie nicht mit der Arithmetik, die rein a priori steht, sondern etwa mit der Mechanik in gleichen Rang setzen." (GAUSS, Werke, Bd. VIII, S. 177).

Mit dieser Auffassung stand GAUSS im direkten Widerspruch zur damals vorherrschenden Naturphilosophie I. KANTS (1724—1804), in dessen System die euklidische Geometrie als schlechthin denknotwendig galt. Daher kritisiert GAUSS, in einem Brief an seinen Jugendfreund W. BOLYAI vom Jahre 1832, KANT zu Recht:

„Gerade in der Unmöglichkeit zwischen Σ (Euklidischer Geometrie, H. W.) und S (nichteuklidischer Geometrie, H. W.) a priori zu entscheiden, liegt der klarste Beweis, daß KANT Unrecht hatte zu behaupten, der Raum sei nur Form unserer Anschauung." (GAUSS, Werke, Bd. VIII, S. 224)

Aus Furcht indessen vor Auseinandersetzungen, vor dem „Geschrei der Böoter", hat GAUSS nichts zur nichteuklidischen Geometrie publiziert. Er beobachtete allerdings sehr aufmerksam den Gang dieser Dinge, insbesondere nachdem LOBAČEVSKIJ und F. BOLYAI als erste in den 20er und 30er Jahren den Weg der Veröffentlichungen über nichteuklidische Geometrie beschritten hatten. GAUSS zollte ihren Arbeiten die gebührende Anerkennung, freilich nur in brieflicher Form. Er bezeichnete F. BOLYAI als ein „Genie erster Größe" und Abhandlungen von LOBAČEVSKIJ als geschrieben „auf eine meisterhafte Art in echt geometrischem Geist".

Doch konnte die nichteuklidische Geometrie ihre volle Anerkennung erst finden, als nach den Arbeiten von B. RIEMANN über die Grundlagen der Geometrie durch A. CAYLEY (1821—1895) F. KLEIN (1849—1925) und andere in den 70er Jahren Modelle nichteuklidischer Geometrien entwickelt worden waren.

VI.

Um 1818/20 wandte sich GAUSS einem neuen Arbeitsgebiet zu, der Geodäsie. Von GEORGE IV., König von England und Hannover, seinem Landesherren, mit der Vermessung des Königreiches Hannover beauftragt, leitete GAUSS während der Jahre 1821 bis 1825 die zeitaufwendigen und beschwerlichen Arbeiten im Gelände selbst. Eigens zu diesem Zwecke hatte GAUSS 1820 ein Vermessungsinstrument erfunden, den Heliotropen, mit dem mit Hilfe des Sonnenlichtes Signale gegeben werden konnten. Später übernahm er die Koordinierung und Auswertung der Ergebnisse von Göttingen aus, während Offiziere der hannoverschen Armee – unter ihnen sein Sohn Joseph – die Vermessungen an Ort und Stelle leiteten.

Die Vermessung Hannovers wurde – und GAUSS hatte seinen Ehrgeiz darein gesetzt – zu einem Muster an Genauigkeit und Zuverlässigkeit, das noch lange unerreichtes Vorbild blieb. GAUSS hat einmal geschätzt, daß er bei geodätischen Rechnungen mehr als eine Million Meßwerte rechnerisch verarbeitet hat! Erst Ende 1848 war die titanenhafte Arbeit abgeschlossen; die Koordinaten von 2578 trigonometrischen Punkten waren bestimmt worden.

Wiederum entstanden als Frucht seiner praktischen Arbeit theoretisch-mathematische Meisterleistungen, nämlich grundlegende Arbeiten zur Theorie der konformen Abbildungen sowie die berühmte Monographie zur Differentialgeometrie unter dem Titel „Disquisitiones generales circa superficies curvas“ und schließlich unter anderem Teildarstellungen über Gegenstände der höheren Geodäsie.

Die „Disquisitiones generales circa superficies curvas“ untersuchen gekrümmte Flächen durch das Studium der sie beschreibenden Differentialformen und enthalten unter anderem Sätze über Krümmungsmaß und Invarianz bei Verbiegungen.

VII.

Im Jahre 1828 nahm GAUSS auf Einladung ALEXANDER VON HUMBOLDTS (1769–1859) an der in Berlin stattfindenden Versammlung deutscher Naturforscher und ausländischer Gäste teil und lernte dort ein Vielzahl führender Naturwissenschaftler seiner Zeit persönlich kennen. In Berlin geriet er in enge Beziehungen zu dem jungen Hallenser Physiker WILHELM WEBER (1804–1891); auf Betreiben von GAUSS wurde WEBER 1831 nach Göttingen berufen. In den 20er und 30er Jahren war die Physik, insbesondere die Elektrodynamik, in stürmischer Entwicklung begriffen; A. M. AMPÈRE (1775–1836), H. CHR. OERSTED (1777–1851) und M. FARADAY (1791–1867) unter anderen gelangen grundlegende Entdeckungen zur Wechselwirkung zwischen Elektrizität und Magnetismus.

Zwischen GAUSS und WEBER kam es bald zu einer überaus fruchtbaren wissenschaftlichen Zusammenarbeit. Dabei standen Erdmagnetismus, physikalische Maßsysteme und elektromagnetische Telegraphie im Mittelpunkt.

Im Jahre 1832 schlug GAUSS das absolute physikalische Maßsystem vor, das c-g-s-System. Er entwickelte wesentlich verfeinerte Meßmethoden zur Bestimmung des erdmagnetischen Feldes. Bei der Bestimmung der abstoßenden und anziehenden Kräfte von Elektrizität und Magnetismus ging GAUSS von der Analogie zu den Erscheinungen des Gravitationsfeldes aus, bildete den allgemeinen Begriff des Potentials und publizierte 1839/40 eine Abhandlung, in der die Potentialtheorie als mathematisch-physikalische Theorie begründet wurde.

GAUSS und WEBER beteiligten sich rege an den Arbeiten des erdumspannenden „Verein zum Zwecke erdmagnetischer Beobachtungen“; sie publizierten u.a. 1838/39 eine „Allgemeine Theorie des Erdmagnetismus“. Die GAUSSschen Berechnungen führten übrigens zu dem Ergebnis, daß die magnetischen Pole der Erde sich nicht mit den geographischen decken; spätere Expeditionen bestätigten die GAUSSschen Angaben recht genau.

Der gemeinsamen theoretisch-praktischen Arbeit von WEBER und GAUSS und des Mechanikers MICHELMANN verdankt auch der erste elektromagnetische Telegraph seine Entstehung, der 1833/34 konstruiert wurde. Er verband das physikalische Kabinett der Göttinger Universität mit der Sternwarte über ungefähr zwei Kilometer Distanz; erst ein Blitzschlag zerstörte 1845 den zu voller Zufriedenhheit arbeitenden Telegraphen.

Bei aller Neigung zur theoretisch-mathematischen Durchdringung der physikalischen Beobachtungen erkannte GAUSS sehr wohl die beträchtlichen praktischen Möglichkeiten der Telegraphie. So beklagte er sich einmal über die geringen finanziellen Möglichkeiten der Sternwarte, um dann fortzufahren:

„Könnte man darauf (auf elektromagnetische Experimente H. W.) aber Tausende von Thalern wenden, so glaube ich, daß z. Bsp. die Elektromagnetische Telegraphie zu einer Vollkommenheit und zu einem Maaßstabe gebracht werden könnte, vor der die Phantasie fast erschrickt. Der Kaiser von Rußland könnte seine Befehle ohne Zwischenstation nach Odessa, ja vielleicht nach Kiachta geben..." (Briefwechsel GAUSS-SCHUMACHER, Bd. 2, S. 411).

Insbesondere erkannte GAUSS die Bedeutung der Telegraphie für das sich rasch entwickelnde Eisenbahnwesen; überhaupt war GAUSS vom Eisenbahnbau fasziniert und hat noch kurz vor seinem Tod Reisen an nahegelegene Baustellen unternommen. Als C. A. STEINHEIL (1801–1870), der übrigens bei GAUSS studiert hatte, längs der ersten deutschen Eisenbahnlinie zwischen Nürnberg und Fürth eine Telegraphenlinie anlegte, empfahl ihm GAUSS, an Stelle der beiden teuren Leitungsdrähte die Schienen für Hin- und Rückleitung des Stromes zu benutzen. Der entstehende Kurzschluß führte immerhin zur Entdeckung des beträchtlichen Leitungsvermögens der Erde und damit zur Vereinfachung, daß nur noch ein isolierter Leiter benötigt wird.

Die überaus fruchtbare wissenschaftliche Kooperation von GAUSS und WEBER wurde indes gewaltsam unterbrochen. WEBER weigerte sich, einen Verfassungsbruch mit reaktionärer Zielstellung des hannoverschen Königs zu akzeptieren und wurde — zusammen mit sechs weiteren fortschrittlichen Göttinger Professoren — 1837 aus seinem Amt entlassen und ging später an die Leipziger Universität.

VIII.

Bei aller Vielgestaltigkeit des wissenschaftlichen Werkes von GAUSS gibt es doch ein wesentliches Moment, das durchgängig sein Wirken kennzeichnet — es ist die ständige Verbindung von Theorie und Praxis. In seiner eigenen Person vermochte er den grundlegenden Dreierschritt des Erkenntnisprozesses, das Wechselspiel Praxis-Theorie-Praxis, in hervorragender Weise zu gestalten. Aber dies allein erklärt noch nicht die überragende Stellung, die GAUSS in der Geschichte der Wissenschaft einnimmt. Die Gründe liegen noch tiefer und sind dabei ziemlich diffizil.

Es ist und bleibt für uns heute in einer sich stürmisch entwickelnden gesellschaftlichen Umwelt ein Phänomen, daß GAUSS auf der einen Seite auf entscheidenden Gebieten der Mathematik und Naturwissenschaft revolutionäre Wirkungen erzielen konnte und zugleich andererseits in weltanschaulich-politischen Fragen, zumal in fortgeschrittenem Alter, konservativ blieb.

GAUSS war politischen Reformen durchaus nicht abgeneigt. Er sah und kannte die sozialen Spannungen und die furchtbare Lage der arbeitenden Bevölkerung in den Elendsgebieten, die der aufkommende Industriekapitalismus schuf. Aber er sah sich erschreckt und abgeschreckt durch drohende Unruhen, Revolutionen und Bürgerkrieg.

Um so schärfer aber erkannte und erfüllte er die von der Wissenschaft selbst gestellten Forderungen seiner Zeit, des Überganges von Manufakturkapitalismus zum Fabriksystem der industriellen Revolution.

Mitten in der revolutionären Situation des Jahres 1848 hatten K. MARX und F. ENGELS über die Folgen der industriellen Revolution geschrieben:

„Die Bourgeoisie hat in ihrer kaum hundertjährigen Klassenherrschaft massenhaftere und kolossalere Produktionskräfte geschaffen als alle vorangegangenen Generationen zusammen. Unterjochung der Naturkräfte, Mechanerie, Anwendung der Chemie auf Industrie und Ackerbau, Dampfschiffahrt, Eisenbahnen, elektrische Telegraphen, Urbarmachung ganzer Erdteile, Schiffbarmachung der Flüsse, ganze aus dem Boden hervorgestampfte Bevölkerungen — welch früheres Jahrhundert ahnte, daß solche Produktionskräfte im Schloß der gesellschaftlichen Arbeit schlummerten."
(K. MARX/F. ENGELS. Werke. Berlin 1959 Bd. 4 S. 467)

Die Naturwissenschaften haben das ihre dazu beigetragen. Die sich stürmisch entwickelnden Produktivkräfte hatten den Naturwissenschaftlern eine Fülle von Anregungen gegeben und ihnen zugleich ein neues, ungeahnt weites Anwendungsfeld bereitet. Dies bildete den Hintergrund, auf dem Mathematik und Naturwissenschaften ihren innerwissenschaftlichen Triebkräften folgen und sich ihrerseits rasch entwickeln konnten: Chemie und Astronomie, Mathematik und Geologie, Physik und Paläontologie erzielten in der ersten Hälfte des 19. Jahrhunderts eine Fülle von tiefliegenden Einsichten. Dazu konnte die metaphysische Naturbetrachtung überwunden und nun endlich die Natur als einer Entwicklung in Zeit und Raum unterliegend begriffen und erforscht werden.

Das wissenschaftliche Lebenswerk von GAUSS erweist sich deutlich als Ergebnis der mit der industriellen Revolution ursächlich verbundenen Neuorientierung des Inhaltes und der gesellschaftlichen Relevanz der Naturwissenschaften. Das Wirken von GAUSS bildet eine innere Einheit, aber es ist ziemlich deutlich in Phasen geschieden, in denen unterschiedliche Arbeitsgebiete vorherrschten. Und so vollzog GAUSS schrittweise den Übergang von der reinen Mathematik zur unmittelbaren praktischen Anwendung: Von der Zahlentheorie, Arithmetik, Analysis und den Grundlagen der Geometrie über Astronomie, Fehlerausgleichsrechnung zur Geodäsie, Differentialgeometrie und Wahrscheinlichkeitsrechnung, vom Erdmagnetismus, vom Elektromagnetismus zur elektromagnetischen Telegraphie bis hin zu den Fragen des Nachrichtenwesens im aufkommenden Eisenbahnverkehr.

Unverkennbar ist diese zeitliche Abfolge der Hauptarbeitsgebiete von den Erfordernissen der industriellen Revolution an die Naturwissenschaften geprägt. Es macht die Größe der Leistung von GAUSS aus, daß er — neben Begabung und Charaktereigenschaften wie Fleiß, Beharrlichkeit, Gründlichkeit — objektive Forderungen seiner Zeit an die Wissenschaften zu erkennen und wahrzunehmen verstand.

GAUSS selbst war sich, — dabei ohne Überheblichkeit und Eitelkeit —, des von ihm Geleisteten durchaus bewußt; er empfand sich als Diener an der Mathematik und den Naturwissenschaften. Zur Bezeichnung der Absichten und Motive seines Handelns und Wirkens pflegte der sehr belesene GAUSS mit besonderer Vorliebe nach SHAKESPEARE, King Lear, in leichter Abänderung die folgenden Verse zu zitieren:

Thou, nature art my goddess;
to thy laws my services are bound.

Du, Natur, bist meine Gottheit;
Deinen Gesetzen diene ich.